21世纪高等职业教育规划教材
高职高专机械类专业通用技术平台精品课程教材

数控加工工艺及编程

第 二 版

主　　编　李秀霞
副主编　侯培红
主　　审　方林中
参　　编　王利全　董建民　许晋仙
　　　　　倪同强　朱　勇

上海交通大学出版社
SHANGHAI JIAO TONG UNIVERSITY PRESS

内容提要

本书介绍数控加工工艺与数控编程,既注意了知识的系统性、完整性,又实现了两者的融会贯通。书中以提升学生的数控技术实践能力为目标,以数控工艺设计和编程为主线,力求讲解新技术、新知识和实践应用技巧。全书分7章,内容包括:数控加工概述;数控加工编程基础;数控车削加工工艺;数控车削程序的编制;数控铣削与加工中心加工工艺;数控铣削与加工中心程序的编制;数控电火花、线切割工艺与编程等。

本书可作为职业技术学院、高等专科学校、本科二级职业技术学院、民办高校、成人高校等数控技术专业、模具设计与制造等专业的教学用书,也可供数控相关技术人员参考。

图书在版编目(CIP)数据

数控加工工艺及编程/李秀霞主编. —2版. —上海:上海交通大学出版社,2014
ISBN 978-7-313-10834-0

Ⅰ.数... Ⅱ.李... Ⅲ.①数控机床—加工工艺—高等职业教育—教材 ②数控机床—程序设计—高等职业教育—教材 Ⅳ.TG659

中国版本图书馆 CIP 数据核字(2014)第 018333 号

数控加工工艺及编程(第二版)

主　　编:李秀霞

出版发行:上海交通大学出版社　　　　　　　地　　址:上海市番禺路 951 号
邮政编码:200030　　　　　　　　　　　　　电　　话:021-64071208
出 版 人:韩建民
印　　制:上海亿顺印务有限公司　　　　　　经　　销:全国新华书店
开　　本:787mm×1092mm　1/16　　　　　　印　　张:19
字　　数:453 千字
版　　次:2007 年 9 月第 1 版　2014 年 2 月第 2 版　　印　　次:2014 年 2 月第 6 次印刷
书　　号:ISBN 978-7-313-10834-0/TG
定　　价:39.00 元

前　言

随着现代科学技术的迅猛发展,机械制造技术的内涵和外延都发生了根本性的变化。传统的普通加工设备和加工技术已难以适应加工制造业高质量、高效率和高柔性的要求,数控加工技术已广泛应用于机械制造生产领域。数控技术人才培养的问题已经成为瓶颈,制约了制造业的长足发展。根据企业对数控技术人才需求的调研结果显示,目前企业急需大批既熟悉数控加工工艺,又精通数控编程、操作的技术人才,特别是具备较深厚的综合职业技术素养、能解决数控技术工程实践问题的复合型人员非常紧缺。这要求我们在数控技术的教学和人才培养过程中,必须充分考虑技术的实用性和先进性,遵循"必需、够用、实用及可操作性"的原则。

本教材在案例的遴选上注重技术的实用性,精心挑选了大量工程实践中的案例进行讲解;在知识点的编排上,充分考虑学生的认知规律和学习能力,既有重点讲解又有适当的延续和重复;在内容编排上,将数控车削加工工艺、数控铣削加工工艺独立成章,而且在数控车削编程、数控铣削编程章节,又结合所涉及的相关工艺知识融汇贯通地进行讲解,工艺、编程既独立又结合地编排,保证了知识的系统性、完整性,非常方便师生在教学过程中,根据学生实际的基础情况有选择性地进行学习。

本教材的案例程序指令均基于 FANUC 0i 数控系统,经过验证,确保知识的正确性;综合性案例都取材于上海市数控中级工技能鉴定真题以及工程实践,具有很好的技能训练作用;在重要的知识点或者指令群的介绍后都及时安排了针对性的案例讲解、阶段性训练;很多工艺、编程的实践技巧都以"技能提升"为标识做出了总结归纳,以加深学生的理解,拓展技术视野;本教材各章节后面都配有实用性较强的习题与复习题,方便学生对知识点的巩固,提升学习效果。

本教材可以作为高职高专以及本科二级学院的数控技术、模具技术、机械制造技术、机电一体化技术等专业的教材,也可以用于行业组织的数控技术人员技术培训。

本教材由上海电子信息职业技术学院李秀霞老师任主编,上海电机学院侯培红老师任副主编。上海电子信息职业技术学院倪同强、朱勇老师编写第 1 章;上海建峰职业技术学院许晋仙老师编写第 2 章;甘肃机电职业技术学院董建民老师、包头职业技术学院王利全老师编写第 3 章,李秀霞老师编写第 4、5、6 章;包头职业技术学院王利全老师编写第 7 章;侯培红老师参编第 1、2、3 章节内容。上海电子信息职业技术学院方林中老师主审整本教材。在教材的编写过程中,陈颂祥、王超、朱良炜、杨朝发等在校对、编辑、组图等过程中做了大量辛苦的工作,在此表示真挚的感谢。

由于编者水平有限,书中存在的不妥之处,恳请读者提出宝贵意见。

编　者

2013 年 12 月

目　　录

第1章 数控加工概述

【学习目标】

通过本章的学习，了解数控加工技术的产生和发展趋势，掌握数控机床、数控加工有关概念，了解数控机床的工作原理、数控机床的组成及数控加工的特点，掌握数控机床按照加工工艺形式、伺服反馈形式等不同角度的分类。

1.1 数控加工的产生与发展

1.1.1 数控加工的基本概念

数控加工技术是伴随着数控机床的产生而出现并随其发展而得以逐步完善的一种应用技术，是人们进行大量数控加工实践的总结。数控加工工艺就是采用数控机床加工零件所采用的各种技术方法。与传统加工工艺相比较，在许多方面，它们遵循的原则基本上是一致的，只是数控机床比传统机床具有更多的功能，可以加工普通机床难以加工或不能加工的具有复杂形面的零件。

1. 数字控制与数控机床

数字控制，简称数控(Numerical Control，NC)是一种采用数字化信息对机床等受控对象的动作过程进行自动控制的一种技术，该技术从 20 世纪 50 年代开始发展起来，现在已经被广泛应用于航空航天、医疗、机械加工等众多领域。

在数控技术中引进计算机技术，简称为计算机数控(Computer Numerical Control，简称CNC)。CNC 具有柔性好、功能强、可靠性高、经济性好、易于实现机电一体化等优点。

数控机床是指装备了数控系统的机床。它运用计算机数控技术，对机床的运动以及加工过程进行自动控制。

数控加工工艺是指利用数控机床对工件进行自动加工所采取的技术、方法、手段的总和。

2. 数控机床的工作原理

数控机床加工工件时，首先根据工件的图纸和工艺方案，把工件的形状尺寸结合加工过程中的各种操作步骤(如主轴变速、装夹刀具、进刀退刀、自动关停冷却液、程序的启停等)，用规定的代码和格式编写加工程序，制作加工控制介质(磁盘、串口、网络)送入数控装置，数控装置对输入的信息进行处理与运算，发出相应的控制信号，控制机床的伺服系统或其他驱动原件，实现刀具与工件的相对运动，完成零件的加工。

1.1.2 数控机床的产生与发展

数控机床的产生、发展主要有下列原因：

1. 机械产品技术要求逐渐提高

随着科学技术和社会生产的迅速发展,机械产品日趋复杂,社会对机械产品的质量和生产率提出了越来越高的要求。特别是在航空航天、造船和计算机等工业中,零件精度高、形状复杂、多品种、小批量、加工困难、劳动强度大,传统的机械加工方法已经难以保证质量和零件的互换性。零件加工的现状迫切需要一种精度高、柔性好的加工设备。

2. 科学技术的飞速发展和交叉应用

电子技术、计算机技术、传感技术、通信技术、自动控制技术等多学科技术的飞速发展和交叉发展是数控机床产生的技术保障。

1948年美国空军部门提供设备研究经费,组织 Parsons 公司与 MIT(麻省理工学院)合作研究制造复杂的飞机零件。1952年,研制成功了世界上第一台数控铣床,它可以进行直线插补,加工直升飞机叶片轮廓检查样板。该机床的诞生,标志着电子技术、通信技术、自动控制技术以及机电一体化技术等多学科技术在机械加工领域交叉应用的重大变革。

数控机床为单件、小批生产的精密复杂零件提供了自动化加工手段。半个世纪以来,数控技术得到了迅猛的发展,加工精度和生产效率不断提高。数控机床的发展至今已经历了2个阶段和6个时代。

(1) 数控(NC)阶段(1952—1970年)。早期的计算机运算速度慢,不能适应机床实时控制的要求,人们只好用数字逻辑电路"搭"成一台机床专用计算机作为数控系统,这就是硬件连接数控,简称数控(NC)。随着电子元器件的发展,这个阶段经历了3代,即1952年的第1代——电子管数控机床,1959年的第2代——晶体管数控机床,1965年的第3代——集成电路数控机床。

(2) 计算机数控(CNC)阶段(1970年—现在)。1970年,通用小型计算机已出现并开始成批生产,人们将它移植过来作为数控系统的核心部件,从此进入计算机数控阶段。这个阶段也经历了3代,即1970年的第4代——小型计算机数控机床,1974年的第5代——微型计算机数控系统,1990年的第6代——基于PC的数控机床。

随着微电子技术和计算机技术的不断发展,数控技术也随之不断更新,更新换代非常迅速,在制造领域的加工优势逐渐体现出来。当今的数控机床已经在机械加工中占有举足轻重的地位,是计算机直接数控(DNC)系统、柔性制造系统(FMS)、计算机集成制造系统(CIMS)、自动化工厂(FA)的基本组成单位。努力发展数控加工技术,并向更高层次的自动化、柔性化、敏捷化、网络化和数字化制造方向推进,是当前机械制造业发展的方向。

我国从1958年开始研制数控机床,1966年研制成功晶体管数控系统,并将样机应用于生产。1968年成功研制 X53K-1 立式铣床。20世纪70年代初,加工中心研制成功。1980年,北京机床研究所引进了日本的 FANUC5、7、3、6 数控系统,上海机床研究所引进了美国 GE 公司的 MTC1 数控系统,辽宁精密仪器厂引进了美国 Bendix 公司的 Dynapth LTD10 数控系统。在引进、消化、吸收国外先进技术的基础上,北京机床研究所开发出 BS03 经济型数控系统和 BS04 全功能数控系统,航天部706所也研制出 MNC864 数控系统。"八五"期间,我国又组织近百个单位进行了以发展自主版权为目标的"数控技术攻关",从而为数控技术产业化奠定了基础。20世纪90年代末,华中数控公司自主开发出基于 PC-NC 的 HNC 数控系统,达到了国际先进水平,加强了我国数控机床在国际上的竞争力度。近年来,我国在五轴联动的数控系统研究上做了大量工作,为柔性制造单元配套的数控系统也陆续开发出来。目前我国数控机床生产已经初步建立了以中、低档为主的产业体系,为今后的发展奠定了基础,与发达国家的差距在不断缩小。

1.2 数控机床的组成

1.2.1 数控机床的组成

数控机床包括输入输出设备、数控装置、伺服控制系统、可编程控制器 PLC、机床本体、位置检测反馈装置以及操作面板等部分。而伺服控制系统又包括进给伺服系统、主轴驱动系统等。如图 1-1 所示,机床本体以外的部分统称为数控系统,数控装置是数控系统的核心。数控机床各部分的功能如下:

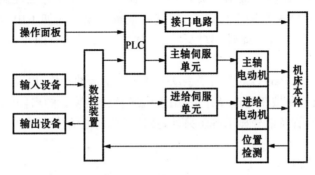

图 1-1　数控机床的组成

1. 输入输出设备

数控机床加工前,必须输入操作人员编好的零件加工程序。在加工过程中,要把加工状态,包括刀具的位置、各种报警信息等告诉操作人员,以便操作人员了解机床的工作情况,及时解决加工中出现的各种问题。这就是输入输出设备的作用。

常见的输入设备是键盘,此外还有光电阅读机和串行输入输出接口。光电阅读机用来读入记录在纸带上的加工程序,串行输入输出接口用来以串行通信的方式与上级计算机或其他数控机床传递加工程序。现在普遍流行两种输入方式:其一是操作人员利用键盘输入比较简单的数控程序、编辑修改程序和发送操作命令,即进行手动数据输入(Manual Data Input,简称 MDI);其二是用 DNC 串行通信方式将比较复杂的数控程序由编程计算机直接传送至数控装置。

常见的输出设备是显示器,数控系统通过显示器为操作人员提供必要的信息。显示的信息一般包括正在编辑或运行的程序,当前的切削用量、刀具位置、各种故障信息、操作提示等。简单的显示器是由若干个数码管构成的七段 LED 显示器,这种显示器能显示的信息有限。高级的数控系统一般都配有 CRT 显示器或点阵式液晶显示器,显示信息丰富。高档的 CRT 显示器或液晶显示器除能显示字符外,还可以显示加工轨迹图形。

2. 数控装置

数控装置是数控机床的核心,包括微型计算机、各种接口电路、显示器等硬件及相应的软件。它能完成信息的输入、存储、变换、插补运算及各种控制功能。它接受输入装置送来的数字信息,经过控制软件和逻辑电路进行译码、运算和逻辑处理后,将各种指令信息输出给伺服系统,控制机床相应部位按规定的动作执行,加工出所需的零件。这些控制信号包括:各坐标轴的进给位移量、进给方向和速度的指令信号;主运动部件的变速、换向和启停指令信号;选择和交换刀具的刀具指令信号;控制冷却、润滑的启停,工件和机床部件松开、夹紧,分度工作台转位等的辅助信号等。其中,机床辅助动作信号通过 PLC 对机床电器的逻辑控制来实现。目前数控装置一般使用多个微处理器,以程序化的软件形式实现控制功能。

3. 操作面板

数控机床的操作是通过操作面板实现的,操作面板由数控面板和机床面板组成。

数控面板是数控系统的操作面板,多数由显示器和手动数据输入(简称 MDI)键盘组成,又称为 MDI 面板。显示器的下部常设有菜单选择键,用于选择菜单。键盘除各种符号键、数字键和功能键外,还可设置用户定义键等。操作人员可以通过键盘和显示器,实现系统管理,对数控程序及有关数据进行输入、存储和编辑修改。在加工中,屏幕可以动态显示系统状态和故障诊断报警等。此外,数控程序及数据还可以通过磁盘(即软盘)或通信接口输入。

机床面板(Operator Panel)主要用于手动方式下对机床的操作,以及自动方式下对运动的控制或干预。其上有各种按钮与选择开关,用于机床及辅助装置的启停、加工方式选择、速度倍率选择等;还有数码管及信号显示等。另外,数控系统的通信接口,如串行接口,常设置在操作面板上。

4. 进给伺服系统

进给伺服系统主要由进给伺服单元和伺服进给电动机组成。对于闭环和半闭环控制的进给伺服系统,还应包括位置检测反馈装置。进给伺服单元接收来自 CNC 装置的运动指令,经变换和放大后,驱动伺服电动机运转,实现刀架或工作台的运动。

在闭环和半闭环控制伺服进给系统中,位置检测反馈装置安装在机床上(闭环控制)或伺服电动机上(半闭环控制),其作用是将机床或伺服电动机的实际位置信号反馈给 CNC 系统,以便与指令位移信号相比较,用其差值控制机床运动,达到消除运动误差,提高定位精度的目的。

一般说来,数控机床功能的强弱主要取决于 CNC 装置;而数控机床性能的优劣,如运动速度与精度等,则主要取决于伺服驱动系统。

数控技术的不断发展对进给伺服驱动系统的要求越来越高,一般要求定位精度为 $0.01\sim0.001$mm,高精设备要求达到 0.0001mm。为保证系统的跟踪精度,一般要求动态过程在 200 微秒,甚至几十微秒以内,同时要求超调要小;为保证加工效率,一般要求进给速度为 $0\sim24$mrn/min,高档设备要求在 $0\sim240$m/min 内连续可调。此外,要求低速时有较大的输出转矩。

5. 主轴驱动系统

主轴驱动系统主要由主轴伺服单元和主轴电动机组成,数控机床的主轴驱动与进给驱动区别很大,现代数控机床对主轴驱动提出了更高的要求,要求主轴具有很高的转速和很宽的无级调速范围,进给电动机一般是恒转矩调速,而主电动机除了有较大范围的恒转矩调速外,还要有较大范围的恒功率调速；电动机功率输出应为 2.2～250kW，既能输出大的功率，又要求主轴结构简单。

对于数控车床，为了能加工螺纹和实现恒线速度切削，要求主轴和进给驱动能实现同步控制。对于加工中心，为了保证每次自动换刀时刀柄上的键槽对准主轴上的端面键，以及精镗孔后退刀时不会划伤已加工表面，要求主轴具有高精度的准停和分度功能。在加工中心上，为了能自动换刀，还要求主轴能实现正反方向的转动和加、减速控制。现代数控机床绝大部分采用交流主轴驱动系统，由可编程序控制器进行控制。

6.　可编程序控制器(PLC)

PLC 和数控装置配合共同完成对数控机床的控制，数控装置主要完成与数字运算和管理等有关的功能，如零件程序的编辑、译码、插补运算、位置控制等；而 PLC 主要完成与逻辑运算有关的动作，将工件加工程序中的 M 代码、S 代码、T 代码等顺序动作信息，译码后转换成对应的控制信号，控制辅助装置完成机床的相应开关动作，如机床启停、工件装夹、刀具更换、切削液开关等一些辅助功能。PLC 是一种以微处理器为基础的通用型自动控制装置。PLC 接受来自机床操作面板和数控装置的指令，一方面通过接口电路直接控制机床的动作，另一方面将有关指令送往 CNC 用于加工过程控制。

CNC 系统中的 PLC 有内置型和独立型。内置型 PLC 与 CNC 是综合在一起设计的，又称集成型，是 CNC 的一部分。独立型 PLC 由独立的专业厂生产，又称外装型。

7.　检测反馈装置

检测反馈装置的工作原理，首现是将机床的实际位置、速度等参数检测出来，转变成电信号，输送给数控装置；其次将机床的实际位置、速度与指定位置、速度进行比较，继而由数控装置发出指令修正所产生的误差。目前数控机床上常用的检测反馈装置主要有光栅、磁栅、感应同步器、码盘、旋转变压器、测速发电动机等。

8.　机床本体

机床本体是数控机床实现切削加工的机械结构部分，数控机床的机械结构的设计与制造要适应数控技术的发展，与普通机床相比，应具有更高的精度、刚度、热稳定性和耐磨性；由于普遍采用了伺服电动机无级调速技术，机床进给运动和主传动的变速机构被极大地简化甚至取消；广泛采用滚珠丝杠、滚动导轨等高效、高精度传动部件；采用机电一体化设计与布局，机床布局主要考虑有利于提高生产率，而不像传统机床那样主要考虑操作方便。此外，还采用自动换刀装置、自动更换工件机构和数控夹具等。

1.2.2　数控加工的基本流程

数控机床加工零件的基本流程，如图 1-2 所示，主要包括以下内容：

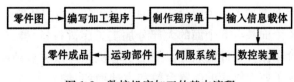

图 1-2　数控机床加工的基本流程

1. 分析图样,确定工艺方案

根据零件加工图纸进行工艺分析,确定加工方案、选择合适的机床、刀具、夹具,确定合理的进给路线以及切削用量。

2. 数学处理

建立工件的几何模型,计算加工过程中刀具相对于工件的运动轨迹,最终目的是为了获得后续编程所需要的相关位置点位数据。

3. 制作程序

手工编程时是指用规定的程序代码和格式编写数控加工程序单;软件自动编程时是指用自动编程软件直接生成数控加工程序。

4. 程序的输入或传输

手工编写的程序,可以通过数控机床的操作面板手动输入数据;软件自动编程生成的程序,程序量很大,一般要通过计算机的串行通信接口直接传输到数控机床的数控单元进行DNC 在线加工。

5. 程序校验和试切削

将输入或传输到数控单元的加工程序进行空运行、图形动态模拟和试切削等来校验程序的正确性。发现错误时,要分析产生错误的原因,并通过调整刀补、修改程序等各种措施进行修正。在不断校验修正的情况下,对机床正确操作,按程序运行,才能加工出合格零件。

1.3 数控机床的分类

数控机床的品种繁多,功能各异,根据其加工、控制原理、功能和组成,通常从以下几个不同的角度进行分类。

1.3.1 按加工用途分类

1. 金属切削类

(1)普通数控机床。与传统的车、铣、钻、磨、齿轮加工相对应,普通数控机床包括数控车床、数控铣床、数控钻床、数控磨床、数控齿轮加工机床等。尽管这些数控机床在加工工艺方法上存在很大差别,具体的控制方式也各不相同,但机床的动作和运动都是数字化控制的,具有较高的生产率和自动化程度。

(2)加工中心。在普通数控机床上加装一个刀库和换刀装置就成为加工中心。加工中心进一步提高了普通数控机床的自动化程度和生产效率。例如具有钻、镗、铣加工功能的加工中心,它是在数控铣床基础上增加了一个容量较大的刀库和自动换刀装置形成的,工件一次装夹后,可以对箱体零件的 4 个面甚至 5 个面的大部分加工工序进行铣、镗、钻、扩、铰以及攻螺纹等多工序加工,特别适合箱体类零件的加工。加工中心机床可以有效地避免由于工件多次安装造成的定位误差,减少了数控机床的配置台数和占地面积,缩短了辅助时间,大大提高了生产效率和加工质量。

2. 特种加工类

除了切削加工数控机床以外,数控技术也大量用于特种加工领域。特种加工数控机床主要包括数控电火花线切割机床、数控电火花成型机床、数控等离子弧切割机床、数控火焰切割机床以及数控激光加工机床等。

3. 金属成型类

这类机床主要是指使用挤、冲、压、拉等成形工艺的数控机床,如数控压力机、数控折弯机、数控弯管机等。

4. 测量测绘类

主要包括采用数控技术的数控多坐标测量机、自动绘图仪、对刀仪等。

1.3.2　按控制运动轨迹分类

1. 点位控制数控机床

点位控制数控机床只要求获得准确的加工坐标点的位置。因为在移动过程中不进行任何加工,所以对运动轨迹并无要求。几个坐标轴之间的运动无任何联系,可以几个坐标同时向目标点运动,也可以各个坐标单独依次运动。为提高生产效率以及保证定位精度,刀具或工件一般会快速接近目标点,然后低速准确移动至定位点。

这类数控机床主要有数控坐标镗床、数控钻床、数控冲床、数控点焊机等。

2. 直线控制数控机床

直线控制数控机床不仅要控制终点位置,还能沿平行于坐标轴或与坐标轴成 45°夹角的斜线方向做直线轨迹的切削加工,同时进给速度根据切削条件可在一定范围内变化。这类控制方式仅用于简易的数控车床、数控铣床上。现代组合机床采用数控进给伺服系统,驱动动力头带有多轴箱的轴向进给进行钻镗加工,它也可算做一种直线控制数控机床。

3. 轮廓控制数控机床

轮廓控制数控机床又称为连续控制数控机床。其特点是能够对两轴及以上运动坐标的位移及速度进行连续控制,使合成的平面或空间的运动轨迹能满足零件轮廓的要求。这类控制形式的数控装置必须有插补运算的功能,能根据加工程序输入的基本数据(例如直线、圆弧的起点、终点坐标,圆心坐标或半径等),通过数控系统的插补运算,把直线或曲线的相关坐标点计算出来,并且一边计算一边根据计算结果控制多个坐标轴进行协调运动。这种机床能控制整个加工轮廓每一点的速度和位移,将工件加工成要求的轮廓形状。现在计算机数控装置的控制功能均由软件实现,增加轮廓控制功能不会带来成本的增加。因此,除少数专用控制系统外,目前市场上广泛使用的数控设备都是轮廓控制系统。

1.3.3　按驱动装置的特点分类

1. 开环控制数控机床

图 1-3 为开环控制数控机床系统。这类控制的数控机床的控制系统没有位置检测元件,伺服驱动部件通常为反应式步进电动机或混合式伺服步进电动机。数控系统每发出一个进给指令,经驱动电路功率放大后,驱动步进电机旋转一个角度,再经过齿轮减速装置带动丝杠旋

转,通过丝杠螺母机构转换为移动部件的直线位移。移动部件的移动速度与位移量是由输入脉冲的频率与脉冲数所决定的。此类数控机床的信息流是单向的,即进给脉冲发出去后,实际移动值不再反馈回来,所以称为开环控制数控机床。

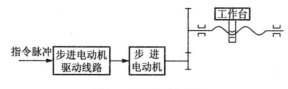

图 1-3 开环控制系统

开环控制系统的数控机床结构简单、成本较低、工作稳定、反应快、调试维修方便,但是系统对移动部件的实际位移量不进行监测,也不能进行误差校正。因此,步进电动机的失步、步距角误差、齿轮与丝杠等传动误差都将影响被加工零件的精度,导致这类机床控制精度低。开环控制系统仅适用于加工精度要求不高的中小型数控机床,多用于经济型数控机床或旧机床进行数控化改造。

2. 闭环控制数控机床

闭环控制数控机床是在机床移动部件上直接安装直线位移检测装置,直接对工作台的实际位移进行检测,将测量的实际位移值反馈到数控装置中,与输入的指令位移值进行比较,用偏差进行控制,使移动部件按照实际需要的位移量运动,最终实现移动部件的精确运动和定位。从理论上讲,闭环系统的运动精度主要取决于检测装置的检测精度,与传动链的误差无关,因此控制精度高。图 1-4 为闭环控制数控机床的系统,A 为速度传感器,C 为直线位移传感器。这类控制的数控机床,因把机床工作台纳入了控制环节,故称为闭环控制数控机床。

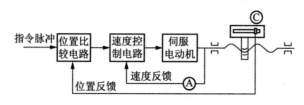

图 1-4 闭环控制系统

闭环控制数控机床的定位精度高,但调试和维修都较困难,系统复杂,成本很高,主要用于精度要求高的数控机床,如精密镗铣床、超精密数控车床等。

3. 半闭环控制数控机床

半闭环控制数控机床是在伺服电动机的轴端或传动丝杠上端部装有角位移电流检测装置(如光电编码器、感应同步器等),通过检测伺服电动机或者丝杠的转角间接地检测移动部件的实际位移,然后反馈到数控装置中去,并对误差进行修正。图 1-5 为半闭环控制数控机床的系统,A 为速度传感器、B 为角度传感器。通过测速元件 A 和光电编码盘 B 可间接检测出伺服电动机的转速,从而推算出工作台的实际位移量,将此值与指令值进行比较,用差值来实现控制。由于惯性较大的机床移动部件没有包括在控制回路中,因而称为半闭环控制数控机床。

半闭环控制数控系统的环路内不包括惯性较大的滚珠丝杠螺母副及工作台,所以控制比较稳定,调试比较方便。此类机床大多将角度检测装置和伺服电动机设计成一体,使结构更加

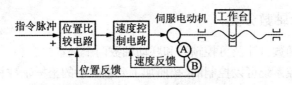

图 1-5 半闭环控制系统

紧凑。但是,这类系统不能补偿部分装置的传动误差,因此加工精度低于闭环控制系统。目前,半闭环控制系统广泛应用于中档数控机床。

4. 混合控制数控机床

混合控制数控机床是将以上 3 类数控机床的特点有机地结合。一般适用于大型或重型数控机床。因为大型或重型数控机床需要较高的进给速度与相当高的精度,其传动链惯量与力矩均较大,如果采用全闭环控制,机床传动链和工作台则全部置于控制闭环中,闭环调试比较复杂。而采用混合控制系统,既能保证加工效率又能保证加工精度。混合控制系统又分为两种形式:

(1) 开环补偿型。图 1-6 为开环补偿型控制系统,它的基本控制选用步进电动机的开环伺服机构,另外附加一个校正补偿电路,用装在工作台的直线位移测量元件的反馈信号校正机械系统的误差。这样既保留了开环控制的优点,又较好地解决了步进电机失步和过冲的问题,使开环控制的精度得以提高。

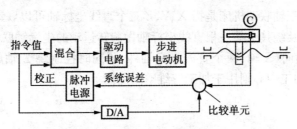

图 1-6 开环补偿型控制系统

(2) 半闭环补偿型。图 1-7 为半闭环补偿型控制方式,它是用半闭环控制方式取得高精度控制,再用装在工作台上的直线位移测量元件实现全闭环修正,因而这种系统实现了高速度与高精度的统一。这种控制方式一般用于既要求较高的进给速度和返回速度,又要求具备高精度的大型数控机床。图 1-7 中 A 是速度测量元件(如测速发电机),B 是角度测量元件,C 是直线位移测量元件。

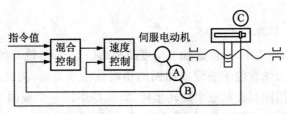

图 1-7 半闭环补偿型控制系统

1.3.4 按控制坐标轴数分类

数控机床的坐标轴数目涉及可控轴数和联动轴数两个基本概念。

可控轴数是指数控系统可以控制的、按照加工要求运动的坐标轴数目(其中又包括移动坐标轴和旋转坐标轴)。它与数控系统的运算处理能力、运算速度及内存容量有关。当前,世界范围内数控系统的可控轴数已达 24 轴,我国达到 6 轴。

联动轴数是指数控系统可以同时控制的、按照加工要求运动的坐标轴数目。联动轴数越多说明数控系统加工复杂曲面的能力越强。数控系统按照联动轴数分为两轴联动、两轴半联动、三轴联动、多轴联动等几种形式。

1. 两轴联动机床

两轴联动机床是指固定某两根轴为联动控制,第三轴做点位或直线的周期进给,可实现二维直线、斜线、圆弧等曲线的轨迹控制,主要用于数控车床加工回转体端面、圆锥面、圆弧面等,或者用于数控铣床加工如图 1-8 所示的板类零件的曲线轮廓。

2. 两轴半联动机床

两轴半联动是指任意两根轴可以联动控制,而另外一根轴做点位或直线周期进给,可以实现如图 1-9 所示球头刀对三维空间曲面用行切法进行的三轴两联动控制加工。

3. 三轴联动机床

如图 1-10 所示,三轴联动机床是指 X、Y、Z 三个直线坐标轴可以联动,或控制 X、Y、Z 中的两个直线坐标轴以及绕其中某一根直线坐标轴做旋转运动的坐标轴联动。例如车削加工中心除了纵向(Z 轴)、横向(X 轴)两个直线坐标轴外,还同时控制绕 Z 轴旋转的主轴(C 轴)联动。数控铣床、铣削加工中心则用于加工三维空间曲面等。

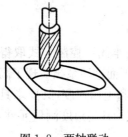

图 1-8 两轴联动

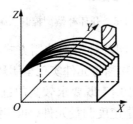

图 1-9 两轴半联动

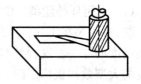

图 1-10 三轴联动

4. 多轴联动数控机床

在某些复杂曲面的加工中,为保证加工精度或提高加工效率,铣刀的侧面或端面应始终与曲面贴合,这就需要铣刀轴线位于曲线或曲面的切线或法线方向,为此,除需要 X、Y、Z 三个直线坐标轴联动外,还需同时控制三个旋转坐标 A、B、C 中的一个或两个,使铣刀轴线围绕直线坐标轴摆动,形成四轴或五轴联动,如图 1-11 所示的四轴联动加工和如图 1-12 所示的五轴联动加工。

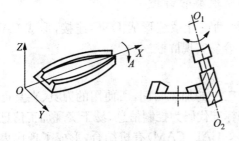

图 1-11 四轴联动

图 1-12 五轴联动

图 1-11 为四轴联动加工,图中所示飞机大梁的加工表面是直纹扭曲面,若采用三坐标联动的球头铣刀加工,不但生产率低,而且加工表面质量差,为此可采用四轴联动的圆柱铣刀周边切削方式。此时,除了三个移动坐标联动外,为保证刀具与工件型面在全长上始终接触,刀具轴线还要同时绕 X 直线坐标轴相对应的旋转坐标轴 A 轴做摆动。

如果要加工如图 1-12 所示的叶轮,为保证铣刀的周边与曲面的侧面重合,除了三个移动坐标联动外,端铣刀轴线必须沿 A、C 坐标作绕 X 和 Z 轴的旋转运动。一般由工作台带动工件完成 A、C 轴的旋转运动。

1.4 数控加工的特点和发展趋势

1.4.1 数控加工的特点

相对传统的机械加工,数控机床加工有如下特点:

1. 自动化程度高,具有很高的生产效率

除手工装夹毛坯外,其余全部加工过程都可由数控机床自动完成。若配合自动装卸手段,则是无人控制工厂的基本组成环节。数控加工减轻了操作者的劳动强度,改善了劳动条件,省去了划线、多次装夹定位、检测等工序及其辅助操作,有效地提高了生产效率。

2. 加工精度高,产品质量稳定

加工尺寸精度在 $0.005\sim0.01$ mm 之间,不受零件复杂程度的影响。由于大部分操作都由机器自动完成,因而消除了人为误差,提高了批量零件尺寸的一致性,同时精密控制的机床上还采用了位置检测装置,更加提高了数控加工的精度。

3. 对加工对象的适应性强,具有高度的柔性

改变加工对象时,除了更换刀具和解决毛坯装夹方式外,只需重新编程即可,不需要作其他任何复杂的调整,从而缩短了生产准备周期。

4. 能实现复杂零件的加工

随着 CAD/CAM 技术的飞速发展,利用图形自动编程软件可以便捷地生成复杂型面的加工程序,而且,由于数控机床采用计算机插补技术以及多座标联动控制,可以在加工程序的控制下实现任意的轨迹运动。随着多轴技术的迅速发展,数控机床可以方便地加工出任何形状复杂的空间曲面,如汽轮机叶轮、螺旋桨、汽车覆盖件冲压模具等复杂零件。

5. 易于建立与计算机间的通信联络,容易实现群管群控

由于机床采用数字信息控制,易于与计算机辅助设计系统形成 DNC 连接,形成 CAD/CAM 一体化系统,并且可以建立各机床间的联系,容易实现群控。

6. 便于实现现代化生产管理

使用数控机床加工工件,可以预先精确估算出工件的加工时间,所使用的刀具、夹具可进行规范化、现代化管理。数控机床使用数字信号与标准代码为控制信息,易于实现加工信息的标准化处理。特别是与计算机辅助设计与制造技术(CAD/CAM)有机结合,形成了现代集成制造技术的基础。

7. 调试和维修复杂

由于数控机床结构复杂,涉及的专业技术门类众多,所以要求调试与维修人员必须经过专门的技术培训,才能胜任数控机床安装调试与维修工作。

1.4.2 数控加工技术发展趋势

现代数控加工正在向高速化、高精度化、高柔性化、高一体化、网络化和智能化等方向发展。

1. 高速化

高速化的目的是高速切削。受高生产率的驱使,高速化已是现代机床技术发展的重要方向之一。高速切削可通过高速运算技术、快速插补运算技术、超高速通信技术和高速主轴等技术来实现。机床高速化既表现在主轴转速上,也表现在工作台快速移动、进给速度提高,以及刀具交换、托盘交换时间缩短等各个方面。

机床向高速化方向发展,实现高速切削,可减小切削力、减小切削深度,有利于克服机床振动,传入零件中的热量大大减低、排屑加快、热变形减小,不但可提高零件的表面加工质量和精度,还可大幅度提高加工效率、降低加工成本。另外,经高速加工的工件一般不需要精加工。因此,高速切削技术对制造业有着极大的吸引力,是其实现高效、优质、低成本生产的重要途径。

20 世纪 90 年代以来,欧美各国及日本争相开发应用新一代高速数控机床,加快了机床高速化发展的步伐。高速主轴单元(电主轴,转速 15 000～100 000r/min)、高速且高加/减速度的进给运动部件(快移速度 60～120m/min,切削进给速度高达 60m/min)、高性能数控和伺服系统以及数控工具系统都出现了新的突破,达到了新的技术水平。随着超高速切削机理、超硬耐磨长寿命刀具材料和磨料磨具、大功率高速电主轴、高加/减速度直线电机驱动进给部件以及高性能控制系统(含监控系统)和防护装置等一系列技术领域中关键技术的解决,为开发应用新一代高速数控机床提供了技术基础。

目前,在超高速加工中,车削和铣削的切削速度已达到 5 000～8 000m/min;主轴转数在 30 000r/min(有的高达 100 000r/min)以上;工作台的移动速度(进给速度)在分辨率为 1μm 时可达 100m/min(有的达到 200m/min)以上,在分辨率为 0.1μm 时可达 24m/min 以上;自动换刀速度在 1s 以内;小线段插补进给速度达到 12m/min。

2. 高精度化

高精度一直是数控机床技术发展追求的目标,它包括机床制造的几何精度和机床使用的加工精度控制两方面。

提高机床的加工精度,一般是通过减少数控系统误差、提高数控机床基础大件结构特性和热稳定性、采用补偿技术和辅助措施来达到的。

从精密加工发展到超精密加工,是世界各工业强国致力发展的方向。其精度从微米级到亚微米级,乃至纳米级(<10 nm),其应用范围日趋广泛。

当前,在机械加工高精度的要求下,普通级数控机床的加工精度已由 $\pm 10\mu m$ 提高到 $\pm 5\mu m$;精密级加工中心的加工精度则从 $\pm 3\sim 5\mu m$,提高到 $\pm 1\sim 1.5\mu m$,甚至更高;超精密加工精度进入纳米级($0.001\mu m$),主轴回转精度要求达到 $0.01\sim 0.05\mu m$,加工圆度为 $0.1\mu m$,加工表面粗糙度 $Ra=0.003\mu m$ 等。这些机床一般都采用矢量控制的变频驱动电主轴(电机与主轴一体化),主轴径向跳动小于 $2\mu m$,轴向窜动小于 $1\mu m$,轴系不平衡度达到 G0.4 级。

高速高精加工机床的进给驱动,主要有回转伺服电机加精密高速滚珠丝杠和直线电机直接驱动两种类型。此外,新兴的并联机床也易于实现高速进给。

滚珠丝杠由于工艺成熟,应用广泛,不仅其精度较高,而且实现高速化的成本也相对较低,所以迄今为止仍为许多高速加工机床所采用。当前使用滚珠丝杠驱动的高速加工机床最大移动速度为 90m/min,加速度为 $1.5g$。

丝杠传动属机械传动,在传动过程中不可避免地存在弹性变形、摩擦和反向间隙,相应地易造成运动滞后和其他非线性误差。为了排除这些误差对加工精度的影响,1993 年开始在机床上应用直线电机直接驱动,由于是没有中间环节的"零传动",不仅运动惯量小、系统刚度大、响应快,可以达到很高的速度和加速度,而且其行程长度在理论上不受限制,定位精度在高精度位置反馈系统的作用下也易达到较高水平,是高速高精加工机床,特别是中、大型机床较理想的驱动方式。目前使用直线电机的高速高精加工机床最大快移速度已达 208m/min,加速度可达 $2g$,并且还能进一步提高。

3. 高柔性化

柔性是指机床适应加工对象变化的能力。目前,在进一步提高单机柔性自动化加工的同时,正努力向单元柔性(FMC)和系统柔性化(FMS)发展。

数控系统在 21 世纪将具有最大限度的柔性,实现多种用途。具体是指数控系统具有开放性体系结构,应用标准组件(标准元器件、PC 卡、标准驱动系统和数据库等),还应用开放的模块化结构构成系统的软件、硬件、使系统便于组合、扩展和升级。开放式数控系统可以集成用户的技术经验,形成专家系统;可视需要而重构和编辑数控系统,系统的组成可大可小,功能可专用也可通用,功能价格比可调。

4. 功能高度复合化

数控机床功能的复合化是指通过增加机床的功能,减少加工过程中的装夹、定位、对刀、检测等辅助时间,显著提高机床效率。在零件加工过程中,有大量的无用时间消耗在工件搬运、上下料、安装调整、换刀和主轴的升降速上,为了尽可能减少这些无用时间,人们希望将不同的加工功能整合在同一台机床上,实现机床功能的一体化、复合化。事实证明,加工功能的复合和一体化除了增加了机床的加工范围和能力外,还大大地提高了机床的加工精度和加工效率,节省了占地面积,特别是还能缩短零件的加工周期,降低整体加工费用和机床维护费用。因此,复合功能的机床已经越来越得到业界的青睐,呈快速发展趋势。

5. 网络化

数控技术的网络化，主要指数控机床通过所配装的数控系统与外部的其他控制系统或上位计算机进行网络连接和网络控制。数控机床应该可以实现多种通信协议，既满足单机需要，又能满足 FMS(柔性制造系统)、CIMS(计算机集成制造系统)对基层设备的要求。配置网络接口，通过 Internet 可实现远程监视加工情况、控制加工进程，还可以进行远程检测和诊断，使维修变得简单。

随着网络技术的成熟和发展，最近业界又提出了数字制造的概念。数字制造又称 e 制造，是机械制造企业现代化的标志之一，也是国际先进机床制造商当今标准配置的供货方式。随着信息化技术的大量使用，越来越多的国内用户在购买进口数控机床时，要求具有远程通信服务等功能。

6. 智能化

智能化是 21 世纪制造技术发展的一个大方向。智能加工是一种基于神经网络控制、模糊控制、数字化网络技术和理论的加工，它是要在加工过程中模拟人类专家的智能活动，以解决加工过程中许多不确定性的、要由人工干预才能解决的问题。

机械制造企业在普遍采用 CAD/CAM 的基础上，越加广泛地使用数控加工设备。数控应用软件日趋丰富和具有"人性化"。虚拟设计、虚拟制造等高端技术也越来越多地为工程技术人员所追求。通过智能软件替代复杂的硬件，正在成为当代机床发展的重要趋势。

21 世纪的 CNC 系统将是一个高度智能化的系统。具体是指 CNC 系统在局部或全部实现加工过程中的自适应、自诊断和自调整；多媒体人机接口使用用户操作简单，智能编程使编程更加直观，且可使用自然语言，加工数据能自动生成；具有智能数据库和智能监控功能；采用专家系统以降低对操作者的要求等。

7. 绿色化

21 世纪的金切机床必须把环保和节能放在重要位置，即要实现切削加工工艺的绿色化。目前这一绿色加工工艺主要集中表现在不使用切削液上，这主要是因为切削液既污染环境和危害工人健康，又增加了资源和能源的消耗。干切削一般是在大气氛围中进行，但也包括在特殊气体氛围中(氮气中、冷风中或采用干式静电冷却技术)不使用切削液进行的切削。不过，对于某些加工方式和工件组合，完全不使用切削液的干切削目前尚难以实际应用，故又出现了使用极微量润滑的准干切削。目前在欧洲的大批量机械加工中，已有 10％～15％ 的加工使用了干切削或准干切削。对于面向多种加工方法组合的加工中心之类的机床来说，主要是采用准干切削，通常是让极其微量的切削液与压缩空气的混合物经由机床主轴与工具内的中空通道喷向切削区。

【本章小结】

本章主要讲述了以下内容：

(1) 数控加工的基础。包括数控加工技术、数控机床的概念和数控加工的特点。

(2) 数控机床的组成及分类。包括数控机床的工作原理，数控系统的主要构成，数控机床按照加工工艺形式、伺服与反馈形式等不同角度的分类。

(3) 常见数控机床简介。包括常见数控车床、数控铣床、加工中心及数控线切割机床的介绍。

（4）数控加工技术的产生与发展，包括数控加工技术的发展历程及发展趋势等内容。

习题与思考题

一、填空题

1. _____年，美国 Parsons 公司与_____联合研制成功了世界上第一台数控铣床。

2. 数控机床的联动轴数与控制轴数是不同的概念，一般_____轴数大于_____轴数。

3. 数控机床是指_____。

4. 脉冲当量是指_____。

二、单项选择题

1. 计算机数控简称（　　）。

A. NC　　　　　　　B. DNC　　　　　　C. CNC　　　　　　D. PNC

2. 计算机辅助设计简称为（　　）。

A. CAD　　　　　　B. CAM　　　　　　C. CAE　　　　　　D. CAPP

3. 数控机床的核心是（　　）。

A. 输入输出设备　　B. 数控装置　　　　C. 伺服系统　　　　D. 机床本体

4. 下列哪种设备不是图形输入设备？（　　）

A. 扫描仪　　　　　B. 图形输入板　　　C. 绘图仪　　　　　D. 鼠标

5. 数控机床中把脉冲信号转换成机床移动部件运动的组成部分称为（　　）。

A. 控制介质　　　　B. 数控装置　　　　C. 伺服系统　　　　D. 机床本体

6. 开环、闭环及半闭环数控机床的类型是按（　　）方式分类的。

A. 工艺用途　　　　B. 控制运动轨迹　　C. 伺服系统控制　　D. 控制轴数

7. 在数控机床中，机床坐标系的 X 和 Z 轴可以联动。当 X 和 Z 轴固定时，Y 轴可以有前后的移动加工，这种加工方法称为（　　）。

A. 两轴加工　　　　B. 两轴半加工　　　C. 三轴加工　　　　D. 五轴加工

8. 按照机床运动的控制轨迹分类，加工中心属于（　　）。

A. 点位控制　　　　B. 直线控制　　　　C. 轮廓控制　　　　D. 远程控制

9. 闭环控制系统的反馈装置安装在（　　）。

A. 电机输出轴端部　　　　　　　　　　B. 位移传感器上

C. 传动丝杠端部　　　　　　　　　　　D. 机床移动部件上

10. 不适合采用数控机床进行加工的工件是（　　）。

A. 生产周期很长　　　　　　　　　　　B. 多品种、小批量

C. 试制的新产品　　　　　　　　　　　D. 结构比较复杂

11. 叶轮的曲面轮廓复杂，精度要求较高，适合这种零件的加工设备是（　　）。

A. 数控车床　　　　B. 数控铣床　　　　C. 数控钻床　　　　D. 加工中心

12. 脉冲当量的数值越大（　　）。

A. 运动越平稳　　　　　　　　　　　　B. 零件的加工精度越低

C. 零件的加工精度越高   D. 控制方法越简单

13. 下列数控系统的精度最高（   ）。

A. 开环伺服系统   B. 闭环伺服系统

C. 半闭环伺服系统   D. 混合控制系统

14. 测量反馈装置的作用是为了（   ）。

A. 提高机床的安全性   B. 提高机床的使用寿命

C. 提高机床的定位精度、加工精度   D. 提高机床的灵活性

15. 以下（   ）不属于开放式数控系统的特征。

A. 与工业 PC 软、硬件平台兼容   B. 具有可扩展性

C. 小箱敞开式、便于维修   D. 便于二次开发

三、简答题

1. 解释概念：数控，数控机床，数控加工工艺，脉冲当量。

2. 简述数控加工的特点。

3. 数控机床由几部分组成？各部分的作用是什么？

4. 简述数控机床的工作原理，以及数控加工的流程。

5. 简述数控机床的分类。

6. 何谓开环、半闭环和闭环控制数控系统？其优缺点何在？各自适用于什么场合？

7. 什么是数控机床的控制轴数和联动轴数？

8. 简述数控加工技术的发展方向？

第 2 章　数控加工编程基础

【学习目标】

通过本章的学习,熟悉手工编程的内容和步骤,掌握机床坐标系、编程坐标系、加工坐标系的相互关系;掌握数控机床坐标系设定的原则,能正确判断数控车床、铣床、加工中心的坐标系中,三个直线坐标轴 X、Y、Z 和三个旋转坐标轴 A、B、C 的位置和旋转方向;理解数控机床原点、编程原点、机床参考点、刀架相关点的含义;掌握数控程序段的结构,掌握简单零件编程时基点的计算方法,了解常用的 G 功能、M 功能和 F、S、T 功能;了解数控加工中常规的技术文件。

2.1　数控编程的概念、步骤和方法

2.1.1　数控编程的概念

数控编程就是根据零件图样要求的图形尺寸和技术要求,把工件的加工顺序、刀具运动的尺寸数据、工艺参数(主运动和进给运动速度、切削深度)以及辅助操作(换刀、主轴正反转、冷却液开关、刀具夹紧、松开等)等内容,按照数控机床的编程格式和能识别的语言代码记录在程序单上的全过程。

经过自动编程(CAD/CAM)软件处理后生成的程序,可以直接通过磁盘、串行通信或网络通信等方式输入数控系统。对于手写的程序,可以用手动数据输入方式(MDI)通过机床面板将程序输入数控系统。

编制数控加工程序是使用数控机床的一项重要技术工作,因为程序编制的质量直接影响数控机床的正确使用及数控加工特性的发挥。好的加工程序并不是指编写一个没有错误的程序,还应该考虑这个程序是不是最经济、最稳定、最高效。

2.1.2　数控编程的内容和步骤

如图 2-1 所示,一个完整的数控编程过程主要包括:分析零件图纸、确定加工工艺、数学处理计算刀位数据、编写加工程序、输入程序、校验修改程序、首件试切等环节。数控编程的基本步骤。

1. 分析零件图纸

首先要分析零件的材料、形状、尺寸、精度、批量、毛坯形状和热处理要求等,以便确定该零件是否适合在数控机床上加工,适合在哪种数控机床上加工。同时要明确加工的内容和要求。此外,还应搜集必要的信息,例如该零件加工的数量、前道工序、后道工序的加工、磨削余量、装配过程等,为后续编程积累相关信息。

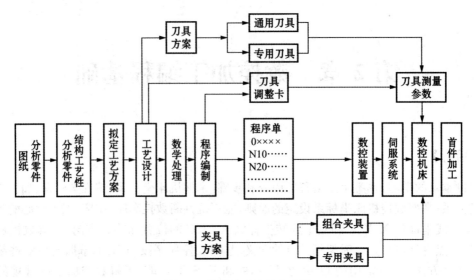

图 2-1 数控编程的基本步骤

2. 确定加工工艺

在分析零件图的基础上,对零件进行加工工艺分析,确定零件的加工方法(包括采用的工夹具、装夹定位方法等)、加工路线及切削用量等工艺参数。制定数控加工工艺时,要考虑所用数控机床的指令功能,充分发挥机床的效能;尽量缩短走刀路线,减少换刀次数,提高加工效率;合理选择编程零点,简化数学处理;合理选择切入点和切入方式,保证切入过程平稳;合理选择切出点和切出方式,避免在加工表面留下刀痕;正确地选择换刀点,避免刀具与工件、机床及其辅具发生干涉,保证加工过程安全可靠等。

3. 数学处理计算刀位数据

数学处理是指在确定了工艺方案后,确定工件的坐标系,并根据零件的结构尺寸,结合零件粗、精加工中刀具和工件的相对运动轨迹,计算得到相关的刀位点在工件坐标系中的坐标值。对于形状简单的零件轮廓(如直线和圆弧组成的零件轮廓),需要计算出零件轮廓相邻几何元素的交点或切点的坐标值(即数控加工中的基点),圆弧还需要知道圆弧半径或中心点坐标;对于形状复杂的零件(如非圆曲线、曲面构成的零件轮廓),需要用小直线段或圆弧逼近,根据零件要求的精度计算出两相邻的直线段或圆弧线段的交点或切点(即数控加工中的节点坐标)坐标值。自由曲线、曲面及组合曲面的数据计算量大并且复杂,必须使用计算机自动编程。

4. 编写加工程序

加工路线、工艺参数及刀位数据确定以后,编程人员可以根据数控系统规定的功能指令代码及程序段格式,使用手工或自动编程的方式逐段编写出零件加工程序单,在使用手工编程时,应尽量使用数控系统提供的固定循环、宏程序、子程序等高效的编程功能,这样既可以减少编程量,同时又便于查找错误。此外,还应填写有关的工艺文件:数控加工工序卡、数控加工走刀路线图、数控刀具卡、数控刀具明细表等。

5. 输入程序

编程人员编制好数控加工程序以后,必须输入数控系统中来控制机床加工。程序的输入方式有 3 种：

(1) 手动数据输入方式(Manual Data Input,MDI)。它是通过编程人员利用数控机床操作面板上的键盘,将编写好的数控加工程序直接输入到数控系统中,同时可以通过 CRT 显示器看到输入的相关内容。MDI 的特点是输入简单、直观,但是由于手工输入效率较低,仅适用于形状简单、程序不长的零件。

(2) 控制介质的方式。数控加工程序编制完成后,首先是制作控制介质,然后再以不同的方式传输给数控系统,指挥数控机床工作。控制介质主要有：

① 穿孔纸带。穿孔纸带是早期数控机床上使用的控制介质。它是把数控程序按一定的规则制成穿孔纸带,数控机床通过纸带阅读装置把纸带上的信息转换成数控装置可以识别的电信号,经过数控系统的代码识别和译码后达到控制机床动作的目的。由于制备这种控制介质比较繁琐,使用时必须有专门的纸带阅读机,目前实际生产中已经基本不再使用穿孔纸带。

② 数据磁带。这种方法是将编制好的程序录制在数据磁带上。在加工零件时,将程序从数据磁带上读出来,从而控制机床动作。目前生产中也不再使用。

③ 软磁盘和移动存储器。随着计算机应用的普及,使用计算机软磁盘和移动存储器作为程序输入控制介质的数控机床越来越多。编程人员在计算机上把编写好的数控加工程序存储到软磁盘、U 盘和移动硬盘等磁性存储器上,即制成了控制介质,然后把制作好的控制介质插入软盘驱动器或连接到数控机床的 USB 接口,数控系统就可以直接读取软磁盘或 U 盘和移动硬盘等磁性存储器上的数控加工程序,并输入到数控系统,控制数控机床加工。此种方式,在当前的数控加工中经常使用。

(3) 通信的方式。随着计算机技术的迅速发展和 CAD/CAM 大型集成软件的不断完善,编程人员在计算机上利用 UG、Pro/E、SolideWokers 等自动编程软件进行编程,然后通过连接计算机与数控机床的 RS232 数据线或网线,进行计算机与机床之间通信,把编写好的数控加工程序通过 DNC 方式实时传输给数控系统,控制机床完成在线加工。这种通信的方式减少了控制介质制作的环节,不但避免了手工输入程序时的错误输入,提高了程序的可靠性,还提高了程序的输入速度,在当前的数控加工中经常使用,是实现网络化制造的重要基础。

6. 程序的校验、修改

为了避免程序的错误导致机床加工事故,加工程序必须经过校验才能考虑后续加工。一般来说,对于手工输入的程序,有下列两种基本的校验方法：一是通过专用的数控加工仿真软件来校验程序代码的正确性,例如宇龙加工仿真软件等；二是利用数控系统的图形模拟功能,让机床保持空运行加工状态,在机床屏幕上显示刀具轨迹来检查程序的正确性。

对于软件自动编程生成的程序,一般是在 VIRCUT 等计算机仿真软件中作三维模拟加工来检查程序的正确性,验证合格后直接 DNC 输入到机床上加工。因为程序量太大,动辄几万条,所以一般不利用数控系统的图形模拟功能进行程序校验。

7. 首件的试切、检测

程序的校验只能校验运动轨迹是否正确,不能检查所指定的工艺参数是否合理及被加工零件的加工精度是否满足工程图样要求。因此,有必要进行零件的首件试切,而后检测试切工件的精度。当试切工件的精度达不到图样要求时,应分析产生误差的原因,找出问题所在,修改加工程序,直至满足图样要求。

对于形状复杂和精度要求特别高的零件,或者特别昂贵、不允许报废的零件,也可采用铝件、塑料或石蜡等易切材料进行试切来校验程序。

上述内容完成,而且试加工的零件符合零件图纸的精度、技术要求,数控编程的工作才算结束。

2.1.3　数控程序编制的方法

数控编程主要分为手工编程和自动编程两种。

1. 手工编程

手工编程就是指从分析零件图样、确定加工工艺方案、数学处理、编写零件加工程序单到程序校验、试切、修改都是由人工完成的编程方法。如图 2-2 所示,手工编程要求编程人员不仅要熟悉数控指令及编程规则,而且还要具备数控加工工艺知识和数学处理能力。对于加工形状简单、计算量小、程序段数不多的零件,采用手工编程较容易,而且经济、及时。因此,在点位加工或简单轮廓的加工中,广泛采用手工编程。

2. 自动编程

对于形状复杂的零件,需要数学处理的工作量很大,用手工编程就有一定困难,不但耗时多,而且出错的概率也很大;特别是具有复杂非圆曲线、自由曲面的零件的加工,用手工编程往往无法完成,必须借助计算机及相应的专业软件来辅助完成数控加工程序的编制。

根据自动编程所使用软件的不同,自动编程方法主要有语言自动编程和软件自动编程两种方法。语言自动编程是指将加工零件的几何尺寸、工艺要求、切削参数及辅助信息等用规定的编程语言编写成源程序后,输入到计算机中,再由计算机进一步处理得到零件加工程序。软件自动编程是指将零件的图形信息输入到基于计算机的大型 CAD/CAM 集成软件系统,软件系统按照要求自动地进行数值计算及后置处理,最后生成数控加工程序。目前,软件自动编程是使用最为广泛的自动编程方式。图 2-3 为软件 CAD/CAM 自动编程流程图。

国内外图形交互自动编程软件很多,流行的 CAD/CAM 系统基本都有图形自动编程功能。目前市场上主流的 CAD/CAM 系统软件有以下几种:

(1) Pro/Engineer 软件。Pro/E 是美国 PTC 公司开发的机械设计自动化软件,最早实现参数化建模设计,在全球拥有广泛影响,特别在我国中小型家电产品设计市场应用非常广泛。

(2) CATIA 软件。它是法国达索公司(Dassault)系统公司的大型高端一体化应用软件。在世界 CAD/CAM/CAE 领域中处于领先地位,其内容涵盖了从产品概念设计、工业造型设计、三维模型设计、分析计算、动态模拟与仿真、工程图输出,到生产加工成产品的全过程,应用范围涉及航空航天、汽车制造、机械制造、船舶制造、通用机械、数控加工、医疗器械和电子等诸多领域。

(3) UG 软件。这是美国 EDS 公司开发的一款产品,该软件在航空航天、汽车制造业等应用领域占有重要的市场份额。

(4) Solidworks 软件。该软件面向微机系统,基于窗口风格设计,采用先进的 Parasolid 为造型引擎,因此主要功能可以与上面大型 CAD/CAM 系统相媲美。

(5) 我国自主研发的软件有北京数码大方科技有限公司开发的 CAXA 系统等。

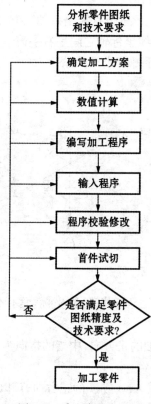

图 2-2　手工编程流程图

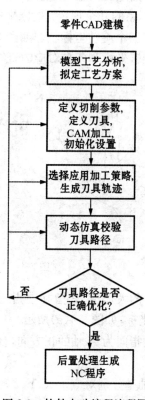

图 2-3　软件自动编程流程图

2.2　数控加工中的坐标系

在数控编程和数控加工时,不同类型的数控机床运动形式各不相同。有的是刀具运动、工件静止,有的是刀具静止、工件运动。为了方便编程人员按照零件图编程,并保证所编制的程序在同类数控机床中具有互换性,国际标准化组织和一些数控技术发达国家先后制定了数控机床坐标和运动命名标准,统一规定数控机床坐标轴名称及其运动的正方向和负方向,我国机械工业部也根据 ISO 标准制定了行业标准:JB/T3051—1999《数字控制机床坐标和运动方向的命名》。

2.2.1　机床坐标系(MCS)

在数控机床上加工零件,机床上刀具和工件的相对运动是由数控系统发出的指令来控制的。为了确定机床的运动方向和移动的距离,就要在机床上建立一个坐标系,这个坐标系就称为机床坐标系,也称标准坐标系。

1.机床坐标系的确定

(1)机床相对运动的规定:数控机床的进给运动是相对的,有的是刀具相对于工件的运动,例如数控车床;有的是工件相对于刀具的运动,如数控铣床。国家标准特别规定:永远假定刀具相对静止的工件运动。这样就便于编程人员在不考虑机床上刀具和工件实际运动形式的基础上,按照零件图纸要求进行编程。

(2) 机床坐标系的几个规定:机床坐标系中包括 X、Y、Z 三个直线坐标轴,和分别绕直线坐标轴的 A、B、C 三个旋转坐标轴。如图 2-4 所示,三个直线坐标轴之间呈右手笛卡儿直角坐标关系,而三个旋转坐标和各自对应的直线坐标之间呈右手螺旋定则关系。

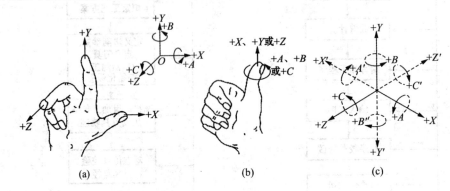

图 2-4 右手笛卡尔直角坐标系

① 伸出右手的大拇指、食指和中指,并互为 90°。则大拇指代表 X 坐标,食指代表 Y 坐标,中指代表 Z 坐标,如图 2-4(a)所示。

② 大拇指的指向为 X 轴的正方向,食指的指向为 Y 轴的正方向,中指的指向为 Z 轴的正方向。

③ A、B、C 轴是分别对应于 X、Y、Z 轴的旋转坐标轴。A、B 或 C 的正方向,可以用右手螺旋定则来判断:即用右手握住 X、Y、Z 轴任意轴,大拇指指向 X、Y、Z 任意轴的正向,则四指环绕的方向就是相对应的 A、B、C 旋转坐标的正向,如图 2-4(b)所示。

(3) 当机床实际加工是工件运动而非刀具运动时,则应该在上述坐标基础上加"′"在机床上做显著标识,表示工件相对于刀具正向运动,即分别为 $+X'$、$+Y'$、$+Z'$、$+A'$、$+B'$、$+C'$。但是对于编程,工艺人员只考虑不带"′"的运动方向,如图 2-4(c)所示。

(4) 机床各坐标轴位置及运动正方向的确定:国家标准规定,刀具远离工件的方向(即增大刀具与工件距离的方向)作为各个坐标轴的正方向。

① Z 轴及其运动方向:Z 坐标轴由传递切削力的主轴所决定,与主轴轴线重合或平行的坐标轴即为 Z 坐标轴。例如数控车床、数控外圆磨床等主轴带动工件旋转,图 2-5 为卧式数控车床坐标系;而数控铣床、钻床、镗床等主轴带着刀具旋转,图 2-6 为立式数控铣床坐标系、图 2-8 为立式五轴数控铣床坐标系;如果机床没有主轴(如牛头刨床),则选垂直于工件装夹面的方向作为 Z 轴,如图 2-7 所示的牛头刨床坐标系;如果机床有多个主轴,则选一个垂直于工件装夹面的主要主轴作为 Z 轴。

Z 轴的正方向为增大工件与刀具之间距离的方向。如在钻镗加工中,钻入和镗入工件的方向为 Z 轴的负方向,而退出方向为 Z 轴的正方向;在车削加工中,刀具趋近主轴前端的方向为 Z 轴负方向,远离车床主轴前端的方向为 Z 轴正方向。

② X 轴及其运动方向:X 轴是水平的,垂直于 Z 轴并平行于工件的装夹面。通常是刀具或工件定位平面内运动的主要坐标。对于工件旋转的机床(如车床、外圆磨床等),X 轴的方向是在工件的径向上;对于刀具旋转的机床(如铣床、镗床、钻床等),如 Z 轴是垂直的,当从刀

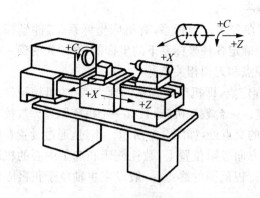

图 2-5   卧式数控车床

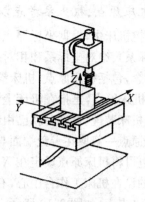

图 2-6   立式数控铣床

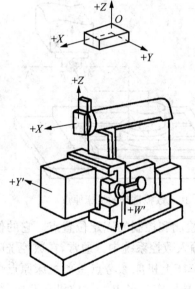

图 2-7   牛头刨床

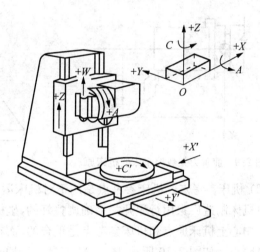

图 2-8   A、C 五轴立式数控铣床

具主轴向立柱看时,X 轴运动的正方向指向右,如 Z 轴(主轴)是水平的,当从主轴前方向立柱方向看时,X 轴运动的正方向指向左方。

刀具离开工件旋转中心的方向为 X 轴正方向。

③ Y 轴及其运动方向:因为 X、Y、Z 三个坐标轴在空间成笛卡儿坐标关系,因此确定 X 和 Z 坐标的位置和正方向后,Y 轴的位置和方向就可以唯一确定下来。

④ 旋转坐标 A 轴、B 轴和 C 轴及其运动方向:A、B 和 C 轴相应地表示其轴线平行于 X、Y 和 Z 轴的旋转运动。A 轴、B 轴和 C 轴的正方向相应地表示在 X、Y 和 Z 轴正方向上按照右旋螺纹前进的方向。

⑤ 附加坐标轴:如果在 X、Y、Z 主要坐标轴以外,还有平行于它们的坐标轴,可分别命名为 U、V、W;如果还有第三组运动,则分别命名为 P、Q、R。

⑥ 主轴旋转运动的方向:主轴的顺时针旋转运动方向(正转)是按照右旋螺纹旋入工件的方向。

2. 机床原点、机床参考点以及刀架相关点

在数控机床中,根据坐标原点不同,同时存在着多种坐标系,有机床坐标系、工件坐标系(编程坐标系)、绝对坐标系和相对坐标系等。为确定各种坐标系下的坐标值,必须先明确一些"点"的概念,包括机床原点、机床参考点、工件原点和刀架相关点。

(1)机床原点,是指在机床上设置的一个固定点,即机床坐标系的原点,它的机械硬件上的位置在机床装配、调试时就已由制造厂家确定。一台数控机床,只有一个机床原点。数控车床的机床原点一般取在卡盘端面与主轴中心线的交点处,如图 2-9 所示。不过,通过设置参数的方法,也可将机床原点设定在 X、Z 坐标的正方向极限位置上;数控铣床和加工中心的机床原点,有的设在机床工作台中心,有的设在进给行程范围的终点,一般设在主轴位于正极限位置时的基准点上,如图 2-10 所示。

由机床原点确定的坐标系称为机床坐标系或机械坐标系。

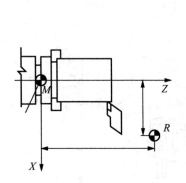

图 2-9 前置刀架数控车床的机床原点

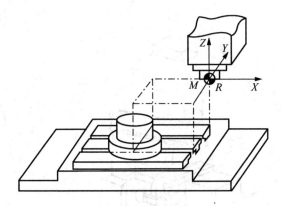

图 2-10 数控铣床的机床原点

(2)机床参考点。机床参考点是用于对机床运动进行检测和控制的固定位置点。它的位置是由机床制造厂家用行程开关精确调整好的,坐标值已输入数控系统中。通常,在数控铣床和加工中心上机床原点和机床参考点是重合的;而在数控车床上机床参考点是离机床原点最远的极限点。如图 2-10 所示,图中 M 点是机床原点,R 点是机床参考点。数控机床开机、数控系统启动后,首先进行的操作就是"回参考点",也称做"返参",目的就是通过 CNC 收到返参成功的信号后,根据预置在系统内部的参考点数据"反推"确定机床原点的位置,从而建立机床坐标系。只有返参成功进而建立机床坐标系后,刀具、工作台的移动才有基准。因此,每次开机启动后或机床意外断电、紧急制动、机床锁住执行空运行等原因,在执行机床加工前,都应该先让各轴返回参考点,进行一次机床原点位置的校准,消除上次运动所带来的位置误差。

(3)刀架相关点。刀架相关点是机床制造厂在刀架或主轴上设置的一个位置点,是数控系统默认的刀位点,当机床回参考点运行后,它与机床参考点相重合。在工件的实际加工中,几乎都要使用多把刀具,各刀具的刀位点相对刀架相关点的偏离距离将被测出,作为刀具偏置参数或补偿量,在加工开始前输入数控系统,用于校正各把刀具在机床坐标系中的实际刀位点坐标。对于数控车床,这个点在刀架的回转轴线上;对于立式铣床或加工中心,这个点是主轴(Z 轴)的参考点上。

2.2.2 编程原点和编程坐标系(WCS)

编程坐标系也称工件坐标系,是编程人员在编程时根据零件图样设定的坐标系。进行数控编程时,首先要根据被加工工件的形状特点和尺寸,在零件图样上建立编程坐标系,使工件上所有的几何元素都有确定的坐标位置,同时也决定了在数控加工时工件在机床上的放置方向。编程坐标系的建立,包括工件坐标原点的选择和工件坐标轴位置、方向的确定两部分内容。确定编程坐标系时不必考虑工件毛坯在机床上的实际装夹位置。

编程坐标系的原点位置由编程人员确定,确定的原则主要是考虑便于编程和找正。图 2-11 为铣削零件的编程原点,图 2-12 为车削零件的编程原点。

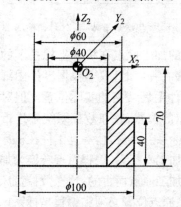

图 2-11 铣削零件的编程坐标系实例

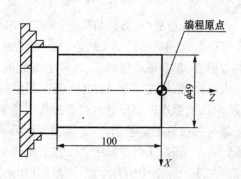

图 2-12 车削零件的编程坐标系实例

编程零点的选择一般遵循以下原则:

(1) 尽量与零件图纸的尺寸基准重合,这样有利于直接把图纸标注的尺寸转化成编程坐标值,简化尺寸换算和特征点的坐标计算,方便编程,如图 2-13 所示。

(2) 要便于工件装夹、对刀以及工序尺寸的检测,如图 2-16 所示。

(3) 尽量选在尺寸精度和表面质量要求高的表面上或其所在的区域,以提高所加工零件加工精度和一致性。

(4) 对于有对称结构的工件,最好选在工件的对称中心上,如图 2-14 所示。

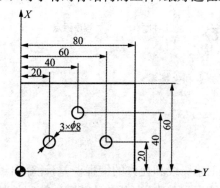

图 2-13 编程原点和尺寸基准重合

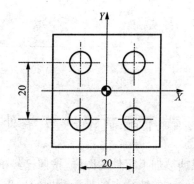

图 2-14 编程原点放在对称中心

(5) 对于一般零件,选在工件外轮廓的某一角上,由其是左下角点为佳,可以让所有点坐标为正值,便于编程,如图 2-15 所示。

（6）Z方向的零点一般放在工件的表面，如图2-16所示。

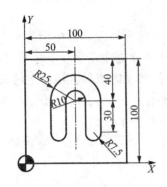

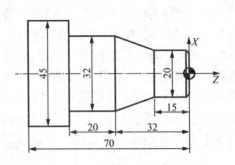

图2-15　编程原点放在零件的角落上　　　　图2-16　编程原点要便于装夹、对刀和检测

在加工过程中，数控机床是按照工件装夹好后所确定的加工原点在机床坐标系下的坐标位置以及程序描述的加工轨迹进行加工的。编程人员在编制程序时，只要根据零件图纸选定编程原点、建立编程坐标系、计算坐标数值，而不必考虑工件毛坯装夹的实际位置。但对于加工人员来说，则应在装夹工件、调试程序时，确定加工原点的位置，并在数控系统中进行设定（给出加工原点的设定值），这个操作过程就是设定加工坐标系。换言之，一旦工件在机床上定位装夹的位置确定下来，那么编程坐标系也就转换为工件加工坐标系，编程原点转换为加工原点。在加工时，工件轮廓上各个基点的坐标值都是相对于加工原点而言的，这样数控机床才能按照加工坐标系中的各个点位坐标开始加工。加工坐标系原点位置必须和编程坐标系原点的位置完全相同，为了方便操作人员对刀、设定工件加工坐标系，通常编程人员会把编程原点设定在车削零件的右端面，铣削零件的上、下表面角点或对称中心等这些便于对刀操作的点位。如图2-17所示，让编程原点P与加工原点W两点重合。

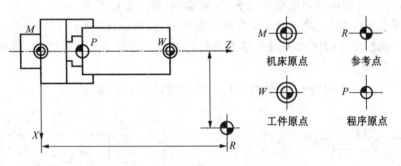

图2-17　数控车床编程原点和坐标系

2.3　程序编制中的数学处理

根据被加工零件的图样，按照已经确定的加工工艺路线和允许的编程误差，计算出编程时所需要输入的特征点的坐标数据的过程，称为数学处理。其中，主要是计算零件轮廓的基点和节点的坐标。

2.3.1 一般数值计算

1. 基点坐标的计算

零件的轮廓曲线一般由许多不同的几何元素组成,如直线、圆弧、二次曲线等。通常把各个几何元素间的连接点成为基点,如两条直线的交点、直线与圆弧的切点或交点、圆弧与圆弧的切点或交点、圆弧与二次曲线的切点和交点等。大多数零件轮廓由直线和圆弧段组成,这类零件的基点计算较简单。用零件图上已知数值就可以计算出基点坐标,如若不能,可用联立方程式求解的方法求出基点坐标。

一般来说,对于所有直线,均可转化为一次方程的形式:

$$Ax+By+c=0 \tag{2-1}$$

对于所有的圆弧,均可转化为圆的标准方程形式:

$$(x-\xi)^2+(y-\eta)^2=R^2 \tag{2-2}$$

式中: ξ,η 为圆弧的圆心坐标; R 为圆弧半径。

例如,图 2-18 中基点 A、B、E、D 的坐标值,从图样尺寸可以很容易找出。C 点是过 B 点的直线与中心为 O_2、半径为 30mm 的圆弧的切点。这个尺寸图样上并未标注,所以要用解联立方程的方法,来找出切点 C 的坐标。

求 C 点的坐标可以用下述方法,一是求出直线 BC 的方程,然后与以 O_2 为圆心的圆方程联立求解。为了计算方便可将坐标原点选在 B 点上。

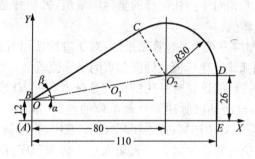

图 2-18 基点的计算

由图 2-18 可知,以 O_2 为圆心的圆的方程为:

$$(x-80)^2+(y-14)^2=30^2 \tag{2-3}$$

式中 O_2 坐标为(80,14),可从图 2-18 上尺寸直接计算出来。

过 B 点的直线方程为 $y=kx$。从图上可以看出 $k=\tan(\alpha+\beta)$。这两个角的正切值从已知尺寸中可以很容易求出 $k=0.6153$。然后将两方程联立求解:

图 4-13 零件的基点

$$\begin{cases} (x-80)^2+(y-14)^2=30^2 \\ y=0.6153x \end{cases} \tag{2-4}$$

即可求得 C 点坐标为(64.279,39.551),换算成编程用的坐标为(64.279,51.551)。

在计算时,要注意将小数点以后的位数留够。

本例求基点是比较简单的,但运算过程仍然十分复杂。当零件轮廓较复杂时,其计算量可想而知。为了提高编程效益,应尽量使用自动编程系统。

2. 节点坐标的计算

CNC 数控系统都具有直线和圆弧插补功能，所以这些直线、圆弧的加工能非常方便地插补完成。但大部分数控系统并没有开发双曲线、抛物线、椭圆等复杂曲线的插补功能，这些曲线的加工，需要利用许多细小的直线、圆弧线段逼近曲线轮廓实施近似加工。这种人为地在既定曲线上分割线段，其相邻两段的交点称为节点。逼近加工在编程时必须计算出各线段长度和节点的坐标值。

3. 刀具中心轨迹的计算

全功能的 CNC 系统具有刀具补偿功能。编程时只要计算出零件轮廓上的基点或节点坐标，并给出有关刀具补偿指令及其相关数据，数控装置便可自动进行刀具偏移计算，算出所需的刀具中心轨迹坐标，从而控制刀具的运动。

有的经济型数控系统没有刀具补偿功能，一定要按刀具中心轨迹坐标编制加工程序，此时就需要进行刀具中心轨迹的计算。

4. 辅助计算

辅助计算的目的是为编制特定数控机床加工程序准备数据。不同的数控系统，其辅助计算内容和步骤也不尽相同。

(1) 增量计算。采用增量坐标系（相对坐标系）编程时，输入的数据为增量值。对于直线段要算出直线终点相对于起点的坐标增量值；对于圆弧段，一种是要算出圆弧终点相对于起点的坐标增量值和圆弧的圆心相对于圆弧起点的坐标增量值，另一种是要分别算出圆弧起点和终点相对于圆心的坐标增量值。

采用绝对坐标系编程时，一般不要计算增量值，对于直线段可直接给出它的终点坐标值；对于圆弧段可直接给出圆弧终点坐标值及圆弧起点的坐标值。

(2) 脉冲数计算。进行数值计算时采用的单位是毫米和度，其数据带有小数点。对于开环 CNC 系统，要求输入的数据是以脉冲为计量单位的整数，故应将计算出的坐标数据除以"脉冲当量"，即脉冲数计算。对于闭环（或半闭环）CNC 系统，直接输入带小数点的十进制数。

(3) 辅助程序段的数值计算。由对刀点到切入点的切入程序，由零件切削终点返回到对刀点的切出程序，以及无尖角过渡功能数控系统的尖角过渡程序均属辅助程序段，对此均需算出辅助程序段所需的数据。

2.3.2 复杂数值计算

1. 非圆曲线的节点坐标的计算

在用直线或圆弧逼近曲线时，可根据曲线的特性、逼近线段的形状及容差 3 个条件求得各节点的坐标。具体有以下几种常用的逼近方法：

(1) 等间距直线逼近法。

(2) 等弦长直线逼近法。

(3) 等误差直线逼近法。

(4) 曲率圆圆弧逼近法。

(5) 三点圆圆弧逼近法。

(6) 相切圆圆弧逼近法。

这些逼近法各有各的优缺点,使用时要酌情选择。

2. 列表曲线节点坐标的计算

在实际应用中有些零件的轮廓形状是通过试验或测量方法得到的,常以列表坐标点的形式描绘轮廓形状。但往往给出的只是一部分点,只能描述曲线的大致走向,这时就要增加新的节点,即插值。通常采用二次拟合法。第一次先选择直线方程或圆方程之外的其他数学方程式来拟合列表曲线;然后根据编程允差的要求,在已给定的相邻列表点之间,按第一次拟合的方程进行插点加密求得新的节点坐标,从而编制逼近线段的程序。

从上述节点坐标的计算方法可知,节点坐标的计算一般都比较复杂,靠手工计算非常繁琐,甚至难以完成。在实际编程中,通常借助计算机辅助处理,求得各节点坐标。

2.4　数控加工程序的组成与程序段的格式

2.4.1　数控程序的组成

一个完整的数控加工程序主要由程序名、程序主体、程序结束指令三部分组成,此外还应标明程序开始符、结束符。举例如下:

```
%                              程序开始符
O1001                          程序名
N10  G90  G54  G01  X50.  Y20.  F200  M03  S800  M08;  ┐
N20  G01  X80.  Y45.  F200                             │
N30  G01  Z10.  F80. ;                                 ├ 程序主体
……                                                    │
N80  M09;                                              │
N90  G00  Z50. ;                                       ┘
N100  M30;                      程序结束指令
%                               程序结束符
```

1. 程序开始符与程序结束符

程序开始符与程序结束符是同一个字符:在国际标准化组织(ISO)标准中是"%",在美国电子工业学会(EIA)标准中是 ER。在程序中都单列一段,在编程时不用专门写出,程序输入数控系统时会自动生成;主要用于程序的传输,在传输过程中用来确认传输的开始和结束。

2. 程序名

程序名也称程序号,位于程序主体之前、程序开始符之后,它一般单独占一行。程序名的书写格式是由数控系统决定的。常见数控加工程序的程序名有两种形式:

一种形式是以规定的英文字母(多用 O 开头,后面紧跟若干位数字组成。数字的最多允许位数由数控系统决定,常见的有 2 位和 4 位两种。这种形式的程序名也可称作程序号。例如在 Fanuc Oi 数控系统中,程序名可写作 O0100,如图 2-19 所示。

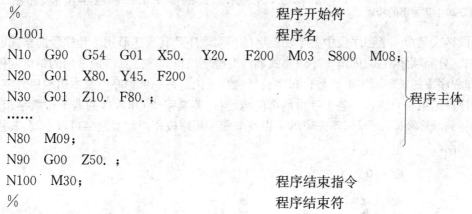

图 2-19　程序名的构成

另一种形式的程序名是由英文字母加数字或英文字母和数字混合组成,中间还可以加入"-"号。这种形式使用户命名程序比较灵活,例如在配备了 Seimens802 数控系统的车床上加工零件图号为 215 的法兰第三道工序的程序,可命名为 FALAN-215-3,这就给使用、存储和检索等带来了很大方便。

3. 程序主体

由若干个程序段组成,程序段的书写格式由具体的数控系统规定。

4. 程序结束

可用 M02 或 M30。虽然数控系统允许 M02、M30 与其他程序字合用一个程序段,但最好还是将其单列一段。子程序的程序结束指令比较特殊,用一个子程序返回指令(一般用 M99)代替 M02 和 M30 来结束程序,并返回到主程序。

2.4.2 数控加工程序段格式

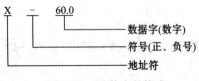

图 2-20 功能字的构成

程序段是组成数控加工程序的若干个语句,每个程序段由若干个功能字(WORD)组成,多数程序段用来指令机床完成或执行某一动作。每个功能字都是数控系统的具体指令,由表示地址的英文字母和数字组成,如图 2-20 所示。

程序段格式是指一个程序段中各个功能字的排列顺序及其表达形式。程序段的格式可分为地址格式、分隔顺序格式、固定程序段格式和可变程序段格式等。目前最常用的是可变程序段格式,即程序段的长短随字地址数目和字长(位数)变化。每一个程序段基本由顺序号字、功能字和程序段结束符号组成。各个字由前部的地址符(英文字母)和后接的若干位数字组成,各个字的排列顺序要求不严格,不需要的字以及与前一程序段相同的续效字可以不写,其格式如图 2-21 所示。

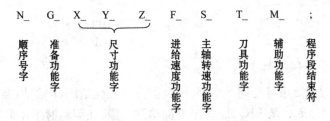

图 2-21 常用的程序段格式

程序段中各地址字的含义如表 2-1 所示。

表 2-1 程序段内各地址字的含义

字		地址码	功　用	书写格式
顺序号字		N	识别程序段	N 后接若干位数字,如 N10
数据字	准备功能字	G	指令机床动作方式	G 后接两位数字,如 G01
	尺寸字	X、Y、Z、A、B、C、U、V、W、P、Q、R、I、J、K、D、H 等	指定坐标值或补偿值	地址码后接若干位数字 如 X-20.55 Y20.0

（续表）

	字	地址码	功 用	书写格式
数据字	进给功能字	F	指令进给速度	F 后接若干位数字，如 F100，F0.05
	主轴功能字	S	指令主轴转速	S 后接若干位数字，如 S1200，S18
	刀具功能字	T	指令预使用的刀具号	T 后接若干位数字，如 T01，T0101
	辅助功能字	M	指令机床辅助动作	M 后接两位数字，如 M30
程序段结束符号		ISO 用"NL"或"LF"，EIA 用"CR"，有的系统用"；"或"＊"		

1. 顺序号字

顺序号字，用于指定程序段号或程序段序号，位于程序段之首，由地址符 N 和后续数字组成，后续数字一般为 1~4 位数字。数控加工中的顺序号实际上是程序段的名称，数字大小与程序执行的先后次序无关。可以全部程序段都带有顺序号，也可以在重要的程序段带有顺序号。数控系统不是按顺序号大小的次序来执行程序，而是按照程序段编写时排列的先后顺序逐段执行。但按一般的加工顺序，顺序号的排列是由小到大。

为方便程序的编制、检验和修改，编程时将第一个程序段冠以 N10，以后按照间隔 10 递增的方法设置顺序号。这样，在调试程序时，如果需要在 N10 和 N20 之间插入程序段时，就可以使用 N11、N12 等。

顺序号字的作用包括：便于对程序的校对和检索修改，作为条件转向的跳转目标，方便程序的跳转和复归操作等。一般为了节省数控系统的内存空间，编程时可以省略程序段前面的顺序号字。但在复合循环加工指令中，必须在其循环范围的起始、结束程序段前加上特定的顺序号，以便指定循环加工的程序段范围。

2. 准备功能字

也称 G 代码或 G 指令，该功能用于建立机床或数控系统的工作方式，一般由地址符 G 及其后接的两位数字组成，有 G00~G99，共计 100 种。

3. 尺寸功能字

尺寸功能字在程序段中主要用来指定机床上刀具运动终点的坐标位置。由地址符和后接的数字组成。坐标值的大小在 -99999.999 ~ 99999.999 之间，但输入的实际值范围必须根据机床本身的有效行程来定。输入时"＋"号可省略。在输入整数时，对有的数控系统来说，小数点后面的三个"0"可以不输入，但小数点必须输入，如 X88.000 可在输入时只输入 X88.；有的数控系统整数后面的小数点及"0"都可以不输入，具体情况根据不同的数控系统来确定。地址符用得较多的有 3 组：

第一组 X，Y，Z；U，V，W；P，Q，R；用于指定终点的直线坐标。有些地址还可另做其他功用，例如 X 和 P 还可用于 G04 之后指定暂停时间，R 用于指定圆弧的半径。

第二组 A，B，C，D，E 用于指定终点的角度坐标等。

第三组 I，J，K 用于指定圆弧起点相对圆心点的增量坐标等。

多数数控系统可以用准备功能字来指定坐标尺寸的单位制式，如 FANUC 诸系统可用

G21/G22 来选择,有些系统用系统参数来设定尺寸制式。也有些数控系统可通过参数的格式来指定其尺寸的单位,如 X50.0 指令 X 坐标值为 50 mm,X50 指定 X 坐标值是 50μm。

4. 进给功能字

进给功能字也称 F 指令,用于指定切削时的进给速度或进给量。进给功能字由地址符和后接的数字组成。对于车床,一般以进给量的方式指定,单位是 mm/r;对于数控铣床,一般指定每分钟进给速度,如 F500 即表示进给速度为 500mm/min。在螺纹车削程序段中,F 指令必须指定螺纹的导程(单线螺纹加工时为螺距值)。

5. 主轴转速功能字

主轴功能字也称 S 指令,用于指定主轴转速,单位为 r/min。用地址符 S 和其后接的整数直接表示每分钟主轴转速。对于具有恒线速度功能的数控车床,程序中的 S 指令也可以用来指定车削加工的线速度,单位为 m/min;程序中的 S 指令指定速度具体是哪一种,要由与之配合使用 G 指令指定。

6. 刀具功能字

刀具功能字也称 T 指令,用于指定加工时所用刀具。一般由地址符 T 和其后接的 2 位数字组成;也有的后接 4 位数字,前 2 位表示刀具号,后 2 位表示刀具补偿号。

7. 辅助功能字

辅助功能字也称 M 功能或 M 指令,用于指定主轴的旋转方向、启动、停止、冷却液的开关、工件或刀具的夹紧和松开、刀具的更换等功能。辅助功能字由地址符 M 和后接的两位数字组成,有 M00～M99,共计 100 个。

8. 程序段结束符

程序段结束符写在每一程序段之后,表示程序段结束。不同的数控系统的程序段结束符不尽相同。当用 ISO 标准时,结束符为"LF"或"NL";用 EIA 标准时,为"CR";有的用符号";"或"*"表示;有的直接回车即可。

2.5 常用的基本指令

2.5.1 常用的准备功能(G 指令)

准备功能(G 指令)和辅助功能(M 指令)是程序段的基本组成部分,是指定工艺过程各种运动和操作特征的关键,目前国际上广泛使用 ISO1056—1975(E)标准,我国制定的 JB 3208—1983 标准与国际标准等效。

准备功能指令又称 G 指令、G 代码,它由字母 G 和两位数字(G00～G99)组成,用于建立机床或控制系统工作方式。G 指令共有 100 个,大部分列于表 2-2 中。G 代码按照功能的差异分为模态代码和非模态代码两大类。模态代码是指一旦被指定,其功能一直持续有效,直至被特定的 G 代码取消或被同组的 G 代码所代替,例如 G01、G54、G41 等;非模态代码是指其功能仅在所出现的程序段内起作用,例如 G04。不同组的 G 指令,在同一程序段中可以放置多个;在同一程序段中有多个同组的指令时,以最后一个出现的为有效。

表 2-2　FANUC 数控系统的准备功能 G 代码及其功能

G 代码	组别	用于数控车床的功能	用于数控铣床的功能	附注
◢ G00		快速定位	相同	模态
G01	01	直线插补	相同	模态
G02		顺时针圆弧插补	相同	模态
G03		逆时针圆弧插补	相同	模态
◢ G04		暂停	相同	非模态
G10	00	数据设置	相同	模态
G11		数据设置取消	相同	模态
G17		XY 平面选择	相同(缺省状态)	模态
G18	16	ZX 平面选择(缺省状态)	相同	模态
G19		YZ 平面选择	相同	模态
G20	06	英制(in)	相同	模态
G21		米制(mm)	相同	模态
◢ G22	09	行程检查功能打开	相同	模态
G23		行程检查功能关闭	相同	模态
◢ G25	08	主轴速度波动检查关闭	相同	模态
G26		主轴速度波动检查打开	相同	非模态
G27		参考点返回检查	相同	非模态
G28		参考点返回	相同	非模态
G30	00	第二参考点返回	×	非模态
G31		跳步功能	相同	非模态
G32	01	螺纹切削	×	模态
G36	00	X 向自动刀具补偿	×	非模态
G37		Z 向自动刀具补偿	×	非模态
◢ G40		刀尖半径补偿取消	刀具半径补偿取消	模态
G41	07	刀尖半径左补偿	刀具半径左补偿	模态
G42		刀尖半径右补偿	刀具半径右补偿	模态
G43		×	刀具长度正补偿	模态
G44	01	×	刀具长度负补偿	模态
G49			刀具长度补偿取消	模态
G50		工件坐标原点设置,最大主轴速度设置		非模态
G52	00	局部坐标系设置	相同	非模态
G53		机床坐标系设置	相同	非模态

G 代码	组别	用于数控车床的功能	用于数控铣床的功能	附注
▲G54	14	第一工件坐标系设置	相同	模态
G55		第二工件坐标系设置	相同	模态
G56		第三工件坐标系设置	相同	模态
G57		第四工件坐标系设置	相同	模态
G58		第五工件坐标系设置	相同	模态
G59		第六工件坐标系设置	相同	模态
G65	00	宏程序调用	相同	非模态
G66	12	宏程序模态调用	相同	模态
▲G67		宏程序模态调用取消	相同	模态
G68	04	双刀架镜像打开	×	
▲G69	04	双刀架镜像关闭	×	
G70	00	精车循环	×	非模态
G71		外圆/内孔粗车循环	×	非模态
G72		端面粗车循环	×	非模态
G73		仿形车削循环	高速深孔钻孔循环	非模态
G74		端面啄式钻孔循环	左旋攻螺纹循环	非模态
G75		外径/内径啄式钻孔循环	精镗循环	非模态
G76		螺纹车削多次循环	×	非模态
▲G80	10	钻孔固定循环取消	相同	模态
G81		×	钻孔循环	
G82		×	钻孔循环	
G83		端面钻孔循环	×	模态
G84		端面攻螺纹循环	攻螺纹循环	模态
G85		×	镗孔循环	
G86		端面镗孔循环	镗孔循环	模态
G87		侧面钻孔循环	背镗循环	模态
G88		侧面攻螺纹循环	×	模态
G89		侧面镗孔循环	镗孔循环	模态
G90	01	外径/内径车削循环	绝对坐标编程	模态
G91		×	增量坐标编程	模态
G92		单次螺纹车削循环	工件坐标原点设置	模态
G94		端面车削循环	×	模态

（续表）

G 代码	组别	用于数控车床的功能	用于数控铣床的功能	附注
G96	02	恒表面速度设置	×	模态
◢ G97		恒表面速度设置取消	×	模态
G98	05	每分钟进给	固定循环中,返回到初始点	模态
◢ G99		每转进给	固定循环中,返回到 R 点	模态
G107		圆柱插补	×	
G112		极坐标插补	×	
◢ G113		极坐标插补取消	×	
◢ G250		多棱柱车削取消	×	
G251		多棱柱车削	×	

由表 2-2 可见,G 功能指令用来规定坐标平面、坐标系、刀具和工件的相对运动轨迹、刀具补偿、单位选择、坐标偏置等多种操作。

说明:

（1）数控机床的初始状态是指数控机床通电后具有的状态,也称为数控系统内部默认的状态。一般设定为绝对坐标编程、使用米制长度单位（G21）、取消刀具补偿（G40、G49）、冷却液关闭以及主轴停转等状态设定为数控机床的初始状态。

（2）当机床电源打开或按重置键时,标有"◢"符号的 G 代码被激活,即缺省状态。

（3）由于电源打开或重置,使系统被初始化,已指定的 G20 或 G21 代码保持有效。

（4）由于电源打开使系统被初始化时,G22 代码被激活;由于重置使机床被初始化时,已指定的 G22 或 G23 代码保持有效。

（5）数控车床 A 系列的 G 代码用于钻孔固定循环时,刀具只返回钻孔初始平面。

（6）表中"×"符号表示该 G 代码不适用这种机床。

2.5.2　常用的辅助功能（M 指令）

辅助功能指令又称 M 指令、M 代码,它由字母 M 和两位数字组成,按照 ISO 标准定义的辅助功能指令从 M00～M99 共有 100 种,如表 2-3 所示。这类指令用来控制机床或系统的辅助功能动作,如冷却液的开、关,主轴的正反转,工作台的夹紧、松开,换刀,计划停止,程序结束等。与 G 功能类似,M 功能也分为模态功能和非模态功能两大类。

不同的数控系统 M 代码的含义是有差别的,但各生产厂在使用 M 代码时,一般与标准定义出入不大。有些生产厂定义了附加的辅助功能,如在车削中心上控制主轴分度、定位,自驱刀具的转速、上下料机械手等。FANUC 数控系统的 M 代码如表 2-3 所示。

表 2-3　FANUC 数控系统的 M 代码

M 代码	用于数控车床的功能	用于数控铣床的功能	附注
M00	程序停止	相同	非模态
M01	程序选择停止	相同	非模态
M02	程序结束	相同	非模态
M03	主轴顺时针旋转	相同	模态
M04	主轴逆时针旋转	相同	模态
M05	主轴停止	相同	模态
M06	×	换刀	非模态
M08	切削液打开	相同	模态
M09	切削液关闭	相同	模态
M10	接料器前进	×	模态
M11	接料器返回	×	模态
M13	1 号压缩空气吹管打开	×	模态
M14	2 号压缩空气吹管打开	×	模态
M15	压缩空气吹管关闭	×	模态
M17	两轴变换	×	模态
M18	三轴变换	×	模态
M19	主轴变换	×	模态
M20	自动上料器工作	×	模态
M30	程序结束并返回	相同	非模态
M31	旁路互馈	相同	非模态
M38	右中心架夹紧	×	模态
M39	右中心架松开	×	模态
M50	棒料送料器夹紧并送进	×	模态
M51	棒料送料器夹紧并退回	×	模态
M52	自动门打开	相同	模态
M53	自动门关闭	相同	模态
M58	左中心架夹紧	×	模态

（续表）

M 代码	用于数控车床的功能	用于数控铣床的功能	附注
M59	左中心架松开	×	模态
M68	液压卡盘夹紧	×	模态
M69	液压卡盘松开	×	模态
M74	错误检测功能打开	相同	模态
M75	错误检测功能关闭	相同	模态
M78	尾架套筒送进	相同	模态
M79	尾架套筒退回	×	模态
M80	机内对刀器送进	×	模态
M81	机内对刀器退回	×	模态
M88	主轴低压夹紧	×	模态
M89	主轴高压夹紧	×	模态
M90	主轴松开	×	模态
M98	子程序调用	相同	模态
M99	子程序调用返回	相同	模态

说明：

(1) 表中"×"符号表示该 G 代码不适用这种机床。

(2) 配有同一系列数控系统的机床，由于生产厂家不同，某些 M 代码的意义可能不相同。

1. 程序停止指令 M00

执行 M00 指令，在执行该程序段的其他指令后，使机床所有动作均被切断，包括主轴停止、冷却液关闭、进给停止等，进入程序暂停状态，以便执行某种手动操作，例如加工过程中的停机检查、测量工件尺寸，手动换刀等。如要继续执行后面的程序段，则必须再次按"循环启动键"。

2. 计划停止指令 M01

执行过程与 M00 相似，不同之处在于，只有在按下机床控制面板上的"计划停止"开关时，该指令才有效，否则机床并不理会 M01 指令，将会继续执行后续的程序段。该指令常用于工件的关键尺寸的停机抽样检查等，完成要做的操作后，按程序启动按钮，继续执行后续程序段。

3. 程序结束指令 M02 、M30

M02 、M30 均编写在数控程序的最后一个程序段，均能结束程序的运行，停止机床所有动作，使机床复位。不同之处在于，M02 指令在程序结束后光标仍然停在程序尾，如果重新运行程序加工，则必须让光标返回程序头才能开始正常加工；而 M30 在程序结束后光标自动返回程序头，为再一次启动加工下一个工件作好准备。目前的数控系统普遍使用 M30 结束程序运行。

4. 主轴动作指令 M03、M04、M05

执行 M03、M04 或 M05 指令后,分别使主轴顺时针方向转动、逆时针方向转动或停止。M03 和 M04 与同程序段其他指令同时执行,M05 在同程序段其他指令执行完成时执行。一般执行 M05 后,冷却液也关闭。

5. 换刀指令 M06

该指令分手动或自动换刀两种,不包括刀具选择,刀具选择用 T 指令。手动换刀的机床,执行 M06 只显示待换刀具号,提示操作者换刀,并不能真正完成换刀动作;必须在程序中安排程序停止指令 M00,并在程序中指定换刀点,才能由操作者完成手动换刀。有自动换刀功能的机床,执行 M06 指令后,机床交换主轴上和 T 指令指定的刀库中预换的刀具。

6. 切削液控制指令 M07、M08、M09

执行 M07 指令是指 2 号切削液(雾状)打开;执行 M08 指令是指 1 号切削液(液态)打开;执行 M09 指令,切削液关闭(切削液泵停止工作)。

7. 夹紧、松开指令 M10、M11

执行 M10 或 M11 指令,使机床的自动夹紧的夹具夹紧或松开。

8. 子程序调用和结束指令 M98、M99

在编写数控加工程序时,常会遇到一组程序段在程序中多次出现,或者在几个程序中都要使用它;为简化编程和缩短程序,常把这一组程序段做成子程序,由主程序调用它(子程序)来完成这些相同的加工。

数控系统按主程序指令运行,主程序运行中可调用子程序,在子程序运行结束后,仍返回主程序继续执行后面的程序段。一个子程序可根据需要被多次调用,而且子程序可调用下一级子程序(即另一个子程序),不同的数控系统允许嵌套子程序的层数不同。

(1)调用子程序指令 M98。子程序调用指令以一个单独的程序段形式写在主程序中,不同的数控系统的指令格式不同。常见的格式如下:

① M98 P×××× L;

说明:地址字 P 后接 4 位数字,指定调用的子程序号;地址字 L 后接若干位整数,表示调用次数,仅调用一次时可省略不写。

② M98 P;

说明:地址 P 后接 4～7 位数,最后 4 位数指定调用的子程序号,其余指定该子程序的调用次数。P 后接仅有 4 位数时,4 位数仅代表子程序号,默认调用次数为一次。

(2)返回主程序指令 M99。返回主程序指令写在子程序的最后一个程序段,表示子程序运行结束,返回主程序。

上述仅为 JB/T 3208—1999 的标准中几个常用的通用指令编程格式的介绍,若涉及具体的机床和数控系统,则会有各自更详尽的说明。

需要说明的是,数控机床的指令在国际上有很多标准,并不完全一致。而随着数控加工技术的发展、不断改进和创新,其系统功能更加强大,在使用上会更加方便。在不同数控系统之间,功能指令字也会更加丰富,程序格式上也会存在一定程度上的差异。在实际工作使用中,应以机床附带的编程说明书为准编制程序。

2.6　数控加工技术文件的编写

　　编写数控加工工艺文件是数控加工工艺设计的重要内容之一。数控加工工艺文件不仅是操作者必须遵守和执行的规程,也是进行数控加工和产品验收的依据,同时还为产品重复生产积累了必要的工艺资料,完成了技术储备。

　　由于我国数控加工技术起步较晚,目前,数控加工技术文件还没有统一的国家标准,但在各企业或行业内部已经有一定的规范可循。数控加工技术文件通常包括:机械工艺过程卡、数控加工工序卡、数控加工走刀路线图、数控加工刀具卡、数控加工程序卡等。这些技术文件是对数控加工的具体说明,让操作者明确加工程序的内容、装夹方式、各个加工部位所用的刀具及其他相关技术问题。以下是常用的数控加工工艺文件格式,具体文件格式可根据企业实际情况自行设计。

1. 机械工艺过程卡

表 2-4　机械工艺过程卡

机械加工工艺过程卡		产品名称	零件名称	零件图号	材料	毛坯尺寸
工序号	工序名称	工序内容	设备	工艺装备		备注
编制		审核		批准		共页　　第　页

2. 数控加工工序卡

　　数控加工工序卡与普通加工工序卡很相似,所不同的是,工序简图中应注明编程原点、坐标方向、对刀点等编程说明,工序卡上注明使用的数控设备、夹具、刀具号及规格等,它是操作人员进行数控加工的主要指导性工艺资料。如果工序加工内容比较简单,也可以不填工序卡。工序卡应按已确定的工序逐步填写,具体格式和内容如表 2-5 所示。

表 2-5 数控加工工序卡

数控加工工序卡				产品名称		零件名称		零件图号	
工序号	程序号	材料	数量	夹具名称		设备名称及系统		车间	
工步号	工步内容			刀具		切削用量		量具	备注
				编号	名称	主轴转速 /(r/min)	进给量 /(mm/r)	背吃刀量 /mm	名称
编制		审核		批准				共　页	第　页

3. 数控加工走刀路线图

数控加工中,必须注意并防止刀具在运动过程中与夹具或工件等发生碰撞,必须告诉操作者刀具的运动路线,如在哪里下刀、哪里抬刀、下刀或抬刀的方式等。为此,一般采用统一约定的符号来简单表达走刀路线。具体格式和内容如表 2-6 所示。

表 2-6 数控加工走刀路线图

数控加工走刀路线图	零件名称	零件图号	工序号	工步号	加工设备
程序号	程序段号	加工内容		共　页	第　页
				编程	
				校对	
				审批	

符号	⊙	⊗	◐	o→	→	←⊢	o----	⌒	⌐→
含义	抬刀	下刀	编程原点	起刀点	走刀方向	走刀线相交	爬斜坡	钻孔	行切

4. 数控加工刀具卡片

数控加工刀具卡是调刀人员准备刀具、调整刀具和数控机床操作工人输入刀具数据的主要依据。数控加工对刀具的要求十分严格,为减少占机对刀调整时间,一般要事先调整好刀具的尺寸。

数控加工刀具卡主要反映刀具名称、刀具编号、刀具结构、刀具规格、组合件名称代号、刀片型号等内容,它是组装刀具、调整刀具的依据。每把刀具都有对应的刀具卡,刀具卡的文件格式如表 2-7 所示。

表 2-7　数控加工刀具卡片

产品名称		零件名称		零件图号		
序号	刀具号	刀具名称	刀具参数			
			刀尖半径	刀具材料	刀杆规格	方位角
编制		审核	批准		共　页	第　页

5. 数控加工程序卡

数控加工程序单是编程员根据工艺分析情况,经过数值计算,按照具体数控机床或数控系统的指令代码编制而成。它是记录数控加工工艺过程、工艺参数、位移数据的清单,是手工数据输入(MDI)、制备控制介质、实现数控加工的主要依据。不同的数控系统规定的程序单的格式不尽相同,参考格式如表 2-8 所示。

表 2-8　数控加工程序卡

零件名称		零件图号		编制日期	
程序号		数控系统		编制	
程　序　清　单			简　要　说　明		

【本章小结】

本章主要讲述了以下内容：

(1) 数控编程的内容和具体步骤。

(2) 手工编程、软件自动编程的步骤以及各自适用的范围。

(3) 数控机床坐标系、编程坐标系、加工坐标系的定义和相互关系。

(4) 介绍数控机床坐标系设定的原则，重点讲解数控车床、铣床、加工中心的坐标系中，三个直线坐标轴 X、Y、Z 和三个旋转坐标轴 A、B、C 的位置和旋转方向。

(5) 编程坐标系设定的原则。

(6) 介绍数控加工中几个重要的点概念：机床原点、编程原点、机床参考点、刀架相关点。

(7) 简介手工编程中数据处理的方法。

(8) 重点介绍数控程序段的结构，以及常用的编程功能。

(9) 简介数控加工中常规的技术文件。

习题与思考题

一、填空题

1. 数控编程是指_____。

2. 数控编程主要包括_____和_____两类方法。

3. 一个完整的数控程序包括_____、_____、_____三部分。

4. 基点是指_____。

二、单项选择题

1. 以下指令中，准备功能是（　　）。

A. M03　　　　　　　B. G01　　　　　　　C. X42　　　　　　　D. S800

2. 主轴正转的指令是（　　）

A. M03　　　　　　　B. M04　　　　　　　C. M05　　　　　　　D. M06

3. 程序结束并且复位，光标返回程序头的指令是（　　）。

    A. M02　　　　　　B. M30　　　　　　C. M17　　　　　　D. M00

4. 辅助功能 M00 的作用是(　　　)

    A. 程序无条件停止　　　　　　　　B. 程序有条件停止

    C. 程序结束　　　　　　　　　　　D. 调用子程序

5. 下列代码中,属于非模态功能的指令是(　　　)

    A. G03　　　　　　B. G04　　　　　　C. G17　　　　　　D. G40

6. 与主轴轴线平行的坐标轴是(　　　)。

    A. X 轴　　　　　　B. Y 轴　　　　　　C. Z 轴　　　　　　D. B 轴

7. 下列指令属于准备功能的指令是(　　　)。

    A. G03　　　　　　B. M08　　　　　　C. T02　　　　　　D. S700

8. 旋转坐标轴 C 轴是绕(　　　)旋转。

    A. X 轴　　　　　　B. Y 轴　　　　　　C. Z 轴　　　　　　D. W 轴

9. 数控机床坐标轴确定的步骤为(　　　)。

    A. $X—Y—Z$　　　　B. $Z—X—Y$　　　　C. $X—Z—Y$

10. 根据 ISO 标准,数控机床在编程时假定(　　　)。

    A. 刀具相对静止,工件运动　　　　B. 工件相对静止,刀具运动

    C. 按实际运动情况确定　　　　　　D. 按坐标系确定

11. 程序中的"字"由(　　　)组成。

    A. 地址符和程序段　　　　　　　　B. 程序号和程序段

    C. 地址符和数字　　　　　　　　　D. 字母"N"和数字

12. 确定机床 A、B、C 坐标时,规定绕 X 轴旋转,且从 X 轴正向朝负向看逆时针运动形式,应为(　　　)

    A. A 轴 正　　　　B. C 轴 正　　　　C. A 轴 负　　　　D. C 轴 负

13. 只在本程序段有效,下一程序段需要时必须重写的代码称为(　　　)。

    A. 模态代码　　　　B. 非模态代码　　　C. 辅助功能代码　　D. 准备功能代码

14. 用于刀具选择控制的代码是(　　　)。

    A. T　　　　　　　　B. G　　　　　　　　C. S　　　　　　　　D. H

三、简答题

1. 什么是数控编程? 简述数控编程的主要步骤。

2. 简述编程坐标系的确定原则。

3. 解释概念:基点,节点,机床原点,机床参考点,刀架相关点。

4. 简述机床坐标系、编程坐标系、加工坐标系的异同点。

5. 数控加工程序输入到数控系统的方式有哪几种?

6. 列举常用的 CAD/CAM 自动编程软件,并说明其适用范围。

7. 什么是模态、非模态指令? 举例说明。

8. 简述数控加工技术文件的主要内容。

第3章　数控车削加工工艺

【学习目标】

通过本章的学习,了解数控车削加工工艺的特点、加工对象及工艺制定的主要内容;能针对数控车削常见零件进行工艺性分析,选择合适的数控车削加工方案,安排合理的工序顺序和工步顺序,确定合适的加工进给路线,选择合适的数控车削刀具、装夹方式及切削用量;具备中等复杂零件的数控车削工艺编制能力。

3.1　数控车削加工工艺基础

3.1.1　切削运动及切削用量

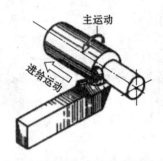

图 3-1　切削运动示意

任何零件的表面均由曲面和平面(外圆面、内圆面、平面或成形面等)这些基本表面组成。而基本表面可以用一定的运动组合来形成。例如,内、外圆表面可由旋转运动和直线运动的组合来形成;平面可由直线运动和直线运动的组合来形成。所以,要完成零件表面的切削加工,必须了解刀具与工件之间的基本相对运动。切削运动是指在切削过程中刀具相对于工件的运动。如图 3-1 所示。

1. 切削运动

按照在切削过程中所起的作用,切削运动可分为主运动和进给运动两个主要的运动形式。

(1) 主运动。指直接切除工件上的切削层,使之转变为切屑,以形成工件新表面的主要运动,用切削速度(v_c)来表示。通常主运动的速度较高,消耗的切削功率也较大。主运动可以由工件完成,也可以由刀具完成。根据加工方法的不同,主运动的形态也不相同。例如,车削时工件的回转运动(还有铣削时铣刀的回转运动,钻削时钻头的旋转运动)为主运动。在金属切削过程中,无论哪种切削运动,主运动都只有一个。

(2) 进给运动,指使新的切削层不断投入切削的运动。它分为吃刀运动(如车削外圆时车刀的横向进给运动)和走刀运动(如车削外圆时车刀的纵向进给运动)。吃刀运动是控制刀刃切入深度的运动,多数情况下是间歇性的;若在切削过程中同时吃刀则变为走刀运动。进给运动通常的速度较低,消耗功率较小。如钻削过程中,钻头的向下运动就属于进给运动。根据零件表面形成的需要,进给运动可以是一个、两个或多个。

一定厚度[被吃刀量$=(d_w-d_m)/2$]的切屑正是在上述主运动(转速为 n 的回转运动)和进给运动(沿轴线的移动即进给运动)这两种相对运动中产生的。

2. 切削过程中的三个表面

工件在切削过程中形成了三个不断变化着的表面，如图 3-2 所示：

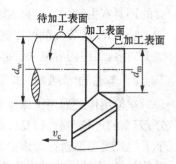

图 3-2　切削表面

(1) 已加工表面。已切除多余金属后形成的新表面。

(2) 加工表面。刀刃正在切削的表面。

(3) 待加工表面。即将被切去金属层的表面。

3. 切削用量

数控车削加工的切削用量包括：切削速度 v_c（或主轴转速 n）、进给速度 v_f（或进给量 f）、背吃刀量 a_p 三项内容。数控车床切削用量的定义如下：

(1) 切削速度 v_c。指刀具切削刃上的选定点相对于加工表面上该点在主运动方向上的瞬时速度，即主运动的线速度，单位为 m/min（或 m/s）。车削加工运动中，切削速度按下式计算：

$$v_c = \frac{\pi d n}{1\,000} \tag{3-1}$$

式中：v_c 为切削速度，单位 m/min；n 为主轴转速，r/min；d 为切削刃选定点处所对应的工件回转直径，单位 mm。

(2) 进给速度 v_f（或进给量 f）。指在单位时间内，刀具沿进给方向相对于工件移动的距离（单位 mm/min），进给量 f 是工件（或刀具）每转一周（或往复一次或刀具每转过一齿）时，工件与刀具在进给方向上的相对位移。通常数控车床规定用进给量（单位 mm/r）来表示进给速度。数控车削中进给量 f 是指工件每转一周，刀具沿着进给方向的移动量，单位为 mm/r。

(3) 背吃刀量 a_p。指已加工表面和待加工表面之间的垂直距离，又称切削深度，单位 mm。背吃刀量应根据工件的加工余量来确定。车外圆时，背吃刀量 a_p 按下式计算：

$$a_p = \frac{d_w - d_m}{2} \tag{3-2}$$

式中：d_w 为待加工表面直径，单位 mm；d_m 为已加工表面直径，单位 mm。

背吃刀量 a_p 的大小直接影响刀具主切削刃的工作长度，可以反映出切削负荷大小。

在金属切削加工过程中，需要根据不同的工件材料、刀具材料和其他技术要求来选择合适的切削速度 v_c、进给量 f 和背吃刀量 a_p，它是调整机床计算切削力、切削功率和工时定额的重要参数。切削用量的选择对数控车削加工效率和加工质量有重要影响。

3.1.2　数控加工工艺的特点

数控加工工艺就是使用数控机床加工零件所用到的所有技术、方法、手段的总和，其内容包括选择合适的机床、刀具、夹具、走刀路线与切削用量等。选择合适的切削参数及加工方案能获得较为理想的加工效果、数控加工工艺与普通加工工艺基本相同，在设计零件的数控加工工艺时，要在普通加工工艺的基础上，充分考虑数控加工的自动化程度高、可控制功能强、设备费用高等特点，结合零件的技术要求制定数控加工工艺。数控加工工艺的特点如下：

1. 工序集中，内容复杂，位置精度容易保证

数控机床通常具有多种加工功能，尤其是配有刀库的加工中心和带有动力架的车削中心，

有的还具有主轴的立、卧转换等功能,使得一台数控机床具有车、铣、钻、扩、铰、镗、攻丝等多种加工功能,一次装夹就可以完成多型面、多部位的复合加工,所以通常在数控机床上安排较多加工内容,工序内容复杂、高度集中,这更有利于保证加工型面之间的位置精度。

2. 工艺内容明确,工步内容详尽

在使用传统通用机床进行单件小批量加工时,一些具体的工艺问题,如工序中工步的划分、刀具的形状和材料、具体的走刀路线、切削用量、冷却液的使用等,很大程度上依靠操作者个人的经验习惯自行考虑确定,一般不需要工艺人员在工艺规程中做详尽的规定。但数控加工的时候,上述这些具体的工艺问题,不仅在工艺设计时必须考虑,而且还必须作出正确的选择,并在编写加工程序的正确位置作明确规定。也就是说,在传统加工中由操作工人在加工中灵活控制并可适时调整的许多具体工艺的细节问题,在数控加工时必须由编程人员事先设计确定,并用加工指令在加工程序中指定。

3. 数控加工的工艺十分严密

在传统通用机床加工时,操作工人可以根据加工中出现的具体问题,适时灵活地进行人为调整,以适应实际加工情况。而数控加工是按照事先编写好的程序自动进行加工,在加工过程中操作工人不能或只能很有限地干涉加工,也不易发现加工中出现的意外情况。因此,要求工艺人员必须周密考虑每个工艺细节,以避免故障和事故的发生。例如,数控加工内孔时,如果是深孔加工,就必须考虑钻头的排屑动作,以免排屑不畅导致钻尖过热发生变形,影响加工尺寸甚至钻头折断等;再如,轴类零件上用割槽刀割槽时,如果槽深比较大,则考虑用 G75 指令断续加工以利于排屑防止刀具被槽口两侧壁挤压造成断刀,如果槽深比较小,则可以直接用G01 指令直接加工到槽深。类似这些问题,在制定加工工艺时,必须严谨地考虑加工的实际情况,采取周密的措施,以避免各种问题的发生。工艺的优劣直接决定了程序质量,因此,一个优秀的数控编程人员,肯定也是一位深谙数控加工工艺,并熟悉数控操作过程的工艺员、操作员。

4. 工艺装备先进

为了满足数控加工中高质量、高效率和高柔性的要求,数控加工中广泛采用先进的数控刀具、组合夹具等工艺装备。

3.1.3 数控车削加工工艺的主要内容

数控加工工艺设计是对工件进行数控加工前必不可少的准备工作。无论是手工编程还是计算机辅助编程,在编程前都要对所加工的零件进行工艺分析、拟定工艺路线、设计加工工序。此外,工艺设计方案是编制加工程序的依据,工艺方案设计不好是数控加工出差错的主要原因之一,往往造成操作反复、工作量成倍增加。因此,编程人员必须首先搞好工艺设计,再进行编程。

数控车削加工工艺设计的主要内容是:

(1) 选择适合在数控机床上加工的零件,确定数控机床的加工内容。

(2) 对零件图样进行数控加工工艺分析,明确加工内容和技术要求。

(3) 设计数控加工工艺路线,选择定位基准、划分工序、处理数控加工工序和普通工序的衔接等。

(4) 设计数控加工工序,划分工步、选择合适的装夹方式安装工件、选择合适的刀具和切削用量。

　　(5) 处理特殊的工艺问题,如对刀点、换刀点的选择,确定加工路线等。

　　(6) 数控加工技术文件的编写。

3.1.4　数控车削的主要加工对象

　　数控车床加工精度高,具有直线、圆弧插补功能,并在加工中自动变速,因此加工工艺范围很宽,主要用于加工轴类、盘类等回转体零件。通过数控加工程序的运行,可自动完成内外圆柱面、圆锥面、成形表面、螺纹和端面等工序的切削加工,并能进行车槽、钻孔、扩孔以及铰孔等工作。数控车削加工具有高精度、高效率、高柔性等特点,最适合的加工对象主要有以下内容:

　　1. 精度要求高的回转体

　　零件的精度主要指尺寸、形状、位置和表面粗糙度等主要内容。由于数控车床的刚性好,制造和对刀精度高,并能方便、精确地进行人工补偿以及自动补偿,所以它能够加工尺寸精度要求高的零件。此外,由于数控车削时刀具运动是通过高精度插补运算和伺服驱动来实现的,所以它能加工尺寸精度高达 0.001mm 或更小的零件;圆柱度要求高的圆柱体零件;素线直线度、圆度和倾斜度均要求很高的圆锥体零件;数控车削尤其对提高位置精度特别有效,车削零件位置精度的高低主要取决于零件的装夹次数和机床的制造精度,数控车床车削加工可以通过减少装夹次数,甚至修改程序数据等方法来提高其位置精度。

　　2. 表面粗糙度高的回转体

　　数控车床的刚性和制造精度高,而且具有恒线速度切削功能,在加工锥面、球面和端面的时候,可以使用最佳的线速度进行切削,保证车削后的零件表面粗糙度很高而且一致性很好。另外,数控车床还适合于车削各部位表面粗糙度要求不同的零件,以及加工表面精度要求高的各种变径表面类零件等。

　　3. 超精密、超高表面粗糙度的零件

　　例如磁盘、录像机磁头、激光打印机的多面反射体、复印机的回转鼓、照相机等光学设备的透镜及其模具,以及隐形眼镜等超高轮廓精度和超高表面粗糙度要求的物品,它们适合于在高精度、高功能的数控车床上加工。超精加工的轮廓精度可达 $0.1\ \mu m$,表面的粗糙度可达 $0.02\ \mu m$。

　　4. 表面轮廓复杂的回转体

　　由于数控车床具有直线和圆弧插补功能,部分车床数控装置还有某些非圆曲线插补功能,所以可以车削由任意直线和平面曲线组成的形状复杂的回转体零件和难以手工控制尺寸的零件,如图 3-3 所示的具有封闭内成型面“口小肚大”的壳体零件。

　　5. 带横向加工的回转体

　　带有键槽或径向孔,或端面有分布的孔系以及有曲面的盘套或轴类零件,如带法兰的轴套、带有键槽或方头的轴类零件等,这类零件宜选车削加工中心加工。

　　6. 带特殊类型螺纹的零件

　　传统车床只能加工等节距的直、锥面公制、英制螺纹,数控车床不但能加工任何等节距的直、锥和端面螺纹,而且能加工增节距、减节距,以及要求等节距、变节距之间平滑过渡的螺纹

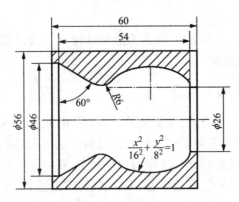

图 3-3 "口小肚大"的封闭回转体零件

和变径螺纹。数控车床车削螺纹时主轴转向不必像传统车床那样交替变换,可以循环加工,所以车削螺纹的效率很高。数控车床可以配备精密螺纹切削功能,再加上采用机夹硬质合金螺纹车刀,以及可以使用较高的转速,所以车削出来的螺纹精度高、效率高、表面粗糙度小。

3.2 数控车削加工工艺的制订

数控车削加工工艺是在普通车削加工工艺的基础上,结合数控车削加工的特点发展起来的。主要内容包括零件的工艺性分析、数控车削加工方案的选择、工序的划分及工步顺序的安排、进给路线的确定、数控车削刀具的选择、装夹方案及切削用量的确定等几方面的内容。

3.2.1 数控车削零件工艺性分析

1. 结构工艺性分析

零件的结构工艺性是指零件对加工方法的适应性。零件的结构应便于加工成形。如图3-4(a)所示零件,需用三把不同宽度的切槽刀切槽,如果这些槽无特殊要求,显然是不合理的,若改成如图 3-4(b)所示的结构,只需用一把刀即可车出三个槽,这样既减少了刀具数量,少占用刀架刀位,又节省了换刀时间。

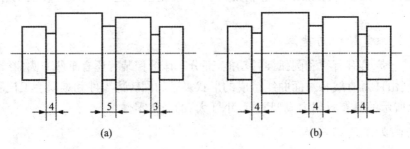

图 3-4 结构工艺性实例

(a) 结构设计不合理;(b) 结构设计合理

2. 零件轮廓的几何要素分析

在车削加工中手工编程时,要计算每个节点的坐标;在自动编程时,要对构成零件轮廓的

所有几何元素进行定义。零件轮廓的几何要素必须充分、完整,才能保证编程的正确性。因此,在分析零件图时应注意以下几点:

（1）零件图上是否漏掉某尺寸,导致几何条件不充分。

（2）零件图上的图线位置是否模糊或尺寸标注不清,令编程无法进行。如图 3-5（a）所示,圆弧与斜线关系要求为相切,但计算后发现为相交关系。

（3）零件图上给定的几何条件是否冲突,是否会造成数学处理困难。如图 3-5（b）所示,图纸给定的尺寸自相矛盾,各段长度之和不等于零件总长。

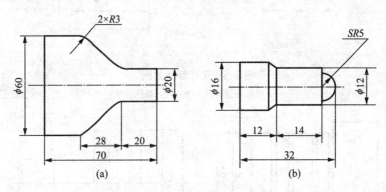

图 3-5　几何要素缺陷实例
（a）几何关系不明确；（b）几何尺寸自相矛盾

3. 零件图纸的尺寸标注分析

数控加工时,工艺图样上的尺寸标注方法应与数控加工的特点相适应。通常,设计人员在标注尺寸时较多地考虑了装配与使用特性方面的因素,常采用局部分散的标注方法。如图 3-6（a）所示的箱体零件的孔系尺寸标注,是以孔距作为主要标注形式,以减少累积误差,满足性能及装配要求。而在数控加工中,这种标注方式给工序安排与数控编程带来许多不便,因此,宜将局部分散的标注方法改为同一基准标注方法。如图 3-6（b）所示同一基准标注方法,以同一基准引注尺寸或直接给出坐标尺寸,它适应数控加工的特点,这种标注方法既便于编程,也便于尺寸之间的相互协调,又有利于设计基准、工艺基准、测量基准和编程原点的统一。由于数控加工精度和机床重复定位精度都很高,不会因为产生较大的累积误差而破坏零件的使用特性。

数控车削零件图上的尺寸标注方法应适应数控车床加工的特点,为了方便编程,保证设计基准、工艺基准、测量基准、编程原点的一致性,应以同一基准标注尺寸或直接给出坐标尺寸。如图 3-7 所示。

4. 尺寸精度和技术要求分析

只有对零件图纸的尺寸精度、形状和位置精度以及表面粗糙度等进行正确分析,才能对加工方法、装夹方式及切削用量进行正确合理的选择。具体包括:

（1）分析精度及各项技术要求是否齐全、合理。

（2）分析本工序的数控车削加工精度能否达到图样要求,若达不到,需采取其他措施（如磨削）弥补的话,则应给后续工序留有加工余量。一般而言,粗车的尺寸公差等级为 IT12～IT11,半精车为 IT10～IT9,精车为 IT8～IT7（外圆精度可达 IT6）。

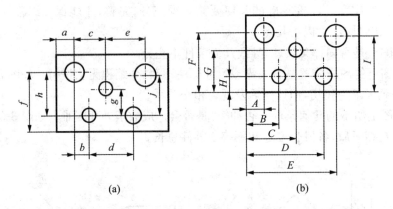

图 3-6　尺寸标注方法
(a) 局部分散标注；(b) 同一基准标注

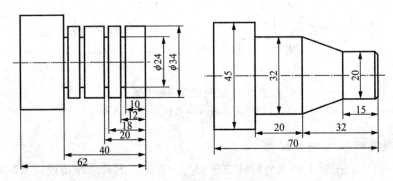

图 3-7　数控车削零件同一基准标注

（3）图样上有位置精度要求的表面应尽量在一次安装下完成。零件图纸上给定的形状和位置公差是保证零件精度的重要依据。加工时，要按照其要求确定零件的定位基准和测量基准，还可以根据数控车床的特殊需要进行一些技术性处理，以便有效地控制零件的形状和位置精度。

（4）对表面粗糙度要求较高的表面，应采用圆周恒线速度切削。表面粗糙度是保证零件表面微观精度的重要标准，也是合理选择数控车床、刀具及确定切削用量的依据。一般粗车的表面粗糙度 Ra 为 $25 \sim 12.5\mu\mathrm{m}$，半精车 Ra 为 $6.3 \sim 3.2\mu\mathrm{m}$，精车 Ra 为 $1.6 \sim 0.8\mu\mathrm{m}$。

（5）材料与热处理要求。零件图纸上给定的材料与热处理要求，是选择刀具、数控车床型号、确定切削再量的依据。

5. 定位基准的选择

由于车削和铣削的主切削运动、加工自由度及机床结构的差异，数控车床在加工定位基准的选择上要比数控铣床和加工中心简单得多，没有太多的选择余地，也没有过多的基准转换问题。

（1）设计基准。指设计图样上用以确定其他点、线、面位置的基准。轴套类和轮盘类零件都属于回转体类，径向设计基准通常在回转体轴线上，轴向设计基准在工件的某一端面与几何中心处。

（2）定位基准。指加工中用来使工件在机床或夹具上定位的所依据的工件上的点、线、面。按工件上用作定位的表面状况把定位基准分为粗基准、精基准以及辅助基准。

① 粗基准和精基准。利用工件上未经加工的表面作为定位基准面称为粗基准。而利用工件上已加工过的表面作为定位基准面,称为精基准。在零件加工的第一道工序中,只能用毛坯上未经加工的表面作为定位基准,即粗基准来定位。粗基准在同一方向上只能使用一次。

② 辅助基准。零件设计图中不要求加工的表面,有时为了工件装夹的需要,而专门将其加工作定位用;或者为了定位需要,加工时有意提高了零件设计精度的表面,这种表面不是零件上的工作表面,只是由于工艺需要而加工的基准面,称为辅助基准或工艺基准。

零件加工过程中首先用粗基准定位,加工出精基准表面;然后采用精基准定位,加工零件的其他表面;而在选择定位基准时,首先考虑用哪一组精基准定位加工出工件的主要表面,然后确定用怎样的粗基准定位加工出精基准的表面。

数控车床加工轴套类和轮盘类零件的定位基准,只能是零件的外圆表面、内圆表面或零件的端面中心孔。定位基准的选择包括定位方式的选择和被加工件定位面的选择。轴类零件的定位方式通常是一端外圆固定,即用三爪自定心卡盘、四爪单动卡盘或弹簧套固定工件的外圆表面,但此定位方式对工件的悬伸长度有一定限制。工件悬伸过长会在切削过程中产生变形,严重时将使切削无法进行。对于切削长度过长的工件可以采取一夹一顶或两端顶尖定位。在装夹方式允许的条件下,定位面尽量选择几何精度较高的表面。

(3) 测量基准。测量时所采用的基准称为测量基准。尺寸精度可用长度测量量具检测;形状精度和位置精度则要借助测量夹具和量具来完成。例如,测量径向圆跳动误差时,测量方向应垂直于基准轴线。当实际基准表面形状误差较小时,可采用一对 V 形铁支撑被测工件,工件旋转一周,指示表上最大、最小读数之差即为径向圆跳动的误差。如图 3-8(a)所示,这种测量方法的测量基准是零件支撑处的外表面,测量误差中包含测量基准本身的形状误差和不同轴位置误差。

使用两中心孔作为测量基准也是广泛应用的方法,如图 3-8(b)所示,此时应注意加工与测量使用同一基准。

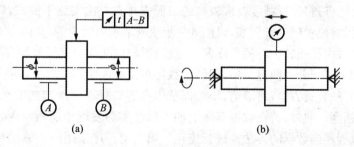

图 3-8 径向跳动的测量方法

3.2.2 数控车削加工方案的确定

一般根据零件的加工精度、表面粗糙度、材料、结构形状、尺寸及生产类型确定零件表面的数控车削加工方法及加工方案。

1. 数控车削外表面及端面的加工方案

(1) 加工精度为 IT7~IT8 级、$Ra0.8~1.6\mu m$ 的除淬火钢以外的常用金属,可采用普通型数控车床,按粗车、半精车、精车的方案加工。

(2) 加工精度为 IT5~IT6 级、$Ra0.2$~$0.63\mu m$ 的除淬火钢以外的常用金属,可采用精密型数控车床,按粗车、半精车、精车、细车的方案加工。

(3) 加工精度高于 IT5 级、$Ra<0.08\mu m$ 的除淬火钢以外的常用金属,可采用高档精密型数控车床,按粗车、半精车、精车、精密车的方案加工。

(4) 对淬火钢等难车削材料,其淬火前可采用粗车、半精车的方法,淬火后安排磨削加工。

2. 数控车削内表面的加工方案

(1) 加工精度为 IT8~IT9 级、$Ra1.6$~$3.2\mu m$ 的除淬火钢以外的常用金属,可采用普通型数控车床,按粗车、半精车、精车的方案加工。

(2) 加工精度为 IT6~IT7 级、$Ra0.2$~$0.63\mu m$ 的除淬火钢以外的常用金属,可采用精密型数控车床,按粗车、半精车、精车、细车的方案加工。

(3) 加工精度为 IT5 级、$Ra<0.2\mu m$ 的除淬火钢以外的常用金属,可采用高档精密型数控车床,按粗车、半精车、精车、精密车的方案加工。

(4) 对淬火钢等难车削的材料,淬火前可采用粗车、半精车的方法,淬火后安排磨削加工。

3.2.3　工序的划分及顺序的安排

在数控车床上加工工件,应按工序集中的原则划分工序,一次装夹尽可能完成大部分甚至全部表面的加工。根据零件的结构形状不同,通常选择外圆、端面装夹或内孔、端面装夹,并力求设计基准、工艺基准和编程原点的统一。在批量生产中,常按零件加工表面及粗、精加工方法划分工序。

1. 工序的划分

(1) 以一次安装所加工的内容划分。这种方法主要是将加工部位分为几个部分,每道工序加工其中一部分,一般适合于加工内容不多的工件,如加工外形时,以内腔夹紧;加工内腔时,以外形夹紧。还有,将位置精度要求较高的表面安排在一次安装下完成,以免多次安装所产生的安装误差影响位置精度。例如,以图 3-9 所示的轴承内圈为例,其内孔对小端面的垂直度、滚道和大挡边对内孔回转中心的角度差,以及滚道与内孔间的壁厚差均有严格的要求。数控车床加工,精加工时划分为两道工序,用两台数控车床完成。第一道工序采用图 3-9(a)所示的以大端面和大外径装夹方案,将滚道、小端面及内孔等安排在一次装夹下车削加工,很容易保证上述的位置精度。此外,若在数控车床上加工后经实测发现小端面与内径的垂直度误差较大,可以用修改程序内数据的方法来进行校正。第二道工序采用图 3-9(b)所示的内孔和小端面装夹方案,车削大外圆和大端面及倒角。

(2) 以同一把刀具所加工的内容划分。对于工件的待加工表面较多,机床连续工作时间较长的情况,可以采用刀具集中的原则划分工序,在一次装夹中用一把刀完成可以加工的全部加工部位,然后再换第二把刀,加工其他部位。在专用数控机床或加工中心上大多采用这种方法。

有些零件结构较复杂,既有回转表面,也有非回转表面;既有外圆、平面,也有内腔、曲面。对于加工内容较多的零件,按零件结构特点将加工内容组合分成若干部分,每一部分用一把典型刀具加工。这时可以将组合在一起的所有部位作为一道工序。然后再将其他

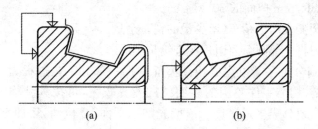

图 3-9　轴承内圈两道工序加工方案

组合在一起的部位换另外一把刀具加工,作为新的一道工序。这样可以减少换刀次数,减少空行程时间。

（3）按粗、精加工来划分。一般来说,在一次安装中不允许将工件的某一表面粗、精不分地加工至精度要求后,再加工工件的其他表面。对于容易发生加工变形的零件,考虑到工件的加工精度、变形等因素,通常粗加工后需要进行矫形,这时粗加工与精加工作为两道工序,即以粗加工中完成的那部分工艺过程为一道工序,精加工中完成的那部分工艺过程为另一道工序,即先粗后精,可以采用不同的刀具或不同的数控车床加工。对毛坯余量较大和加工精度要求较高的零件,应将粗车和精车分开,划分成两道或更多的工序。将粗车安排在精度较低、功率较大的数控车床上,将精车安排在精度较高的数控车床上。

以如图 3-10(a)所示手柄为例,具体工序的划分如下。该零件加工所用坯料为 $\phi32$mm 棒料,批量生产,加工时用一台数控车床,工序划分如下。

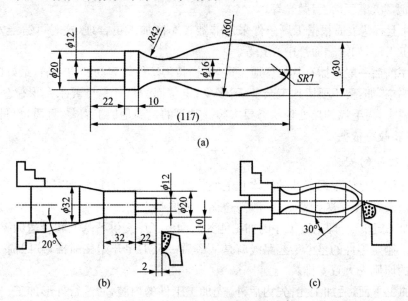

图 3-10　手柄加工工序安排示意图

第一道工序如图 3-10(b)所示,将一批工件全部车出,包括切断。夹住棒料外圆柱面,工序内容如下:

① 先车出 $\phi12$mm 和 $\phi20$mm 两圆柱面及圆锥面(粗车掉 $R42$mm 圆弧的部分余量)。

② 转刀后按总长要求留下加工余量,切断。

第二道工序如图 3-10(c)所示,用 $\phi12$mm 外圆及 $\phi20$mm 端面装夹,工序内容如下:

① 先车削包络 $SR7\text{mm}$ 球面的 $30°$ 圆锥面。

② 然后对全部圆弧表面半精车(留少量的精车余量)。

③ 最后换精车刀将全部圆弧表面一次进给精车成形。

④ 按加工部位划分工序。以完成相同型面的那一部分工艺过程为一道工序。有些零件加工表面多而复杂,构成零件轮廓的表面结构差异较大,可按其结构特点(如内表面、外表面、曲面或平面等)划分成多道工序。一般先加工平面、定位面,后加工孔;先加工简单的几何形状,再加工复杂的几个形状;先加工精度要求较低的部位,再加工精度要求较高的部位。

综上所述,在数控加工划分工序时,一定要视零件的结构与工艺性,零件的批量,机床的功能,零件数控加工内容的多少,程序的大小,安装方式、安装次数及本单位生产组织状况、管理因素等灵活掌握。零件加工是采用工序集中的原则还是采用工序分散的原则,也要根据实际情况来确定,但一定要力求合理。

2. 非数控车削加工工序的安排

(1) 零件上有不适合数控车削加工的表面,如渐开线齿形、键槽、花键表面等,必须安排相应的非数控车削加工工序。

(2) 零件表面硬度及精度要求均高,热处理需安排在数控车削加工之后,则热处理之后一般安排磨削加工。

(3) 零件要求特殊,不能用数控车削加工完成全部加工要求,则必须安排其他非数控车削加工工序,如喷丸、滚压加工、抛光等。

(4) 零件上有些表面根据工厂条件采用非数控车削加工更合理,这时可适当安排这些非数控车削加工工序,如铣端面打中心孔等。

数控工序前后一般穿插有其他普通工序,如衔接得不好就容易产生矛盾,最好的办法是相互建立状态要求,如:要不要留加工余量,留多少;定位面的尺寸精度要求及形位公差;对矫形工序的技术要求;对毛坯的热处理状态要求等。其目的是满足加工需要,且质量目标及技术要求明确,交接验收有依据。

3. 工序顺序的安排

加工顺序的安排应根据工件的结构和毛坯状况,选择工件的定位和安装方式,重点保证工件的刚度不被破坏,尽量减少变形,一般需遵循下列原则。

(1) 先加工定位面,即上道工序的加工能为后面的工序提供精基准和合适的夹紧表面,不能互相影响。制定零件的整个工艺路线就是从最后一道工序开始往前推,按照前工序为后工序提供基准的原则先大致安排。

(2) 先加工平面,后加工孔;先内后外,先加工工件的内腔,后进行外形加工;先加工简单的几何形状,再加工复杂的几何形状。

(3) 根据加工精度要求的情况,可将粗、精加工合为一道工序。对精度要求高,粗精加工需分开进行的,先粗加工后精加工。

(4) 以相同定位、夹紧方式安装的工序,最好接连进行,以减少重复定位次数、夹紧次数及空行程时间。

(5) 中间穿插有通用机床加工工序的要综合考虑,合理安排其加工顺序。

（6）在一次安装加工多道工序中，先安排对工件刚性破坏较小的工序。

上述工序顺序安排的一般原则不仅适用于数控车削加工工序顺序的安排，也适用于其他类型的数控加工工序顺序的安排。

3.2.4 工步顺序的安排

在分析了零件图样和确定了工序、装夹方式之后，接下来要确定零件的加工顺序。制订零件车削加工工步顺序，一般遵循下列原则：

1. 先粗后精

对粗精加工在一道工序内进行的，先对各表面进行粗加工，全部粗加工结束后再进行半精加工和精加工，逐步提高加工精度。此工步顺序安排的原则要求为：粗车在较短的时间内将工件各表面上的大部分加工余量（见图 3-11）切掉，一方面提高金属切除率，另一方面满足精车的余量均匀性要求。若粗车后所留余量的均匀性满足不了精加工的要求时，则要安排半精车，以此为精车做准备。此原则实质是在一个工序内分阶段加工，这样有利于保证零件的加工精度，适用于精度要求高的场合，但可能会增加换刀的次数和加工路线的长度。

2. 先近后远

这里所说的远与近，是按加工部位相对于对刀点（起刀点）的距离远近而言的。在一般情况下，离对刀点远的部位后加工，以便缩短刀具移动距离，减少空行程时间。例如，当加工图 3-12 所示的台阶轴时，如果按 $\phi38$mm→$\phi36$mm→$\phi34$mm 的次序安排车削，会增加刀具返回对刀点所需的空行程时间，还可能使台阶的外直角处产生毛刺（飞边）。对这类直径相差不大的台阶轴，当第一刀的背吃刀量（图中最大背吃刀量为 3mm 左右）未超限时，宜按 $\phi34$mm→$\phi36$mm→$\phi38$mm 的次序先近后远地安排车削，如图 3-12 所示。

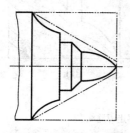

图 3-11 先粗后精示意

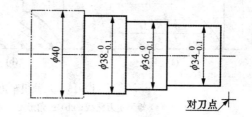

图 3-12 先近后远示意

3. 内外交叉

对既有内表面（内型、腔）又有外表面需加工的回转体零件，安排加工顺序时，应先进行外、内表面粗加工，后进行外、内表面精加工。切不可将零件上一部分表面（外表面或内表面）加工完毕后，再加工其他表面（内表面或外表面）。

4. 保证工件加工刚度

在一道工序中进行的多工步加工，应先安排对零件刚性破坏较小的工步，后安排对零件刚性破坏较大的工步，以保证零件加工时的刚度要求。即一般先加工离装夹部位较远的、在后续工步中不受力或受力小的部位，本身刚性差又在后续工步中受力的部位一定要后加工。

上述工步顺序安排的一般原则同样适用于其他类型的数控加工工步顺序的安排。

3.2.5 进给路线的确定

进给路线是指数控机床加工过程中刀具相对零件的运动轨迹和方向,也称走刀路线。它泛指刀具从对刀点(或机床参考点)开始运动起,至返回该点并结束加工程序所经过的路径,包括切削加工的路径及刀具切入、切出等非切削空行程。它不但包括了工步的内容,也反映出工步顺序。

加工路线的确定首先必须保持被加工零件的尺寸精度和表面质量,其次考虑数值计算简单、走刀路线尽量短、效率较高等因素。因精加工的进给路线基本上都是沿零件轮廓顺序进行的,因此确定进给路线的工作重点是确定粗加工及空行程的进给路线。

1. 粗加工进给路线的确定

一般粗加工切削余量比较大,应把毛坯件上过多的余量,特别是含有锻、铸硬皮层的余量安排在普通车床上加工。若必须用数控车床加工时,常使用阶梯切削的加工路线。要注意程序的灵活安排,安排一些子程序对余量过多的部位先作局部车削。

(1) 常用的粗加工进给路线。图 3-13 为粗车时几种不同切削进给路线的安排示意图。其中图 3-13(a)为矩形走刀路线;图 3-13(b)为三角形走刀路线;图 3-13(c)表示利用数控系统具有的封闭式复合循环功能而控制车刀沿着工件轮廓进行走刀的路线。对以上三种切削进给路线进行分析,可知矩形循环进给路线的走刀长度总和为最短,即在同等条件下,其切削所需时间(不含空行程)为最短,刀具的损耗小;另外,矩形循环加工的程序段格式较简单,所以在制定加工方案时,建议采用矩形走刀路线。

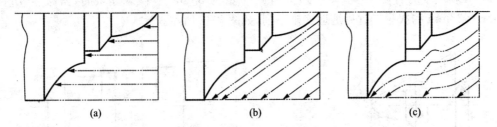

图 3-13 几种粗车进给路线示意图

(a) 矩形走刀路线;(b) 三角形走刀路线;(c) 沿零件轮廓走刀路线

(2) 大余量毛坯进行阶梯切削的进给路线。如图 3-14 所示为车削大余量的三种加工进给路线,其中图 3-14(a)所示为由"小"到"大"的切削方法,在同样背吃刀量的条件下,所剩余量过大;而图 3-14(b)所示由"大"到"小"的切削方法,则可保证每次车削所留余量基本相等,因此该方法切削大余量较为合理;图 3-14(c)不受矩形路线的限制,但同样要考虑避免背吃刀量过大的问题,因此采用轴向、径向联动双向进给切削的走刀路线。

2. 车圆锥时的进给路线

车床上车外圆锥有车正锥和车倒锥两种情况,而每种情况又有三种加工路线。如图 3-15 所示的车正锥三种加工路线。按如图 3-15(a)所示车正锥时,需要计算终刀距 S。假设圆锥大径为 D,小径为 d,锥长为 L,背吃刀量为 a_p,则由相似三角形可得:

$$\frac{(D-d)}{2L} = \frac{a_p}{S}$$

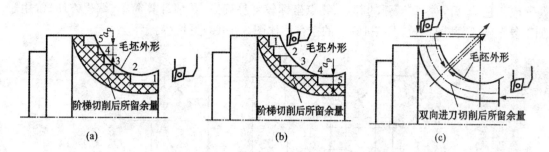

图 3-14　大余量毛坯的切削进给路线

（a）由小到大的切削；（b）由大到小的切削；（c）双向进给切削

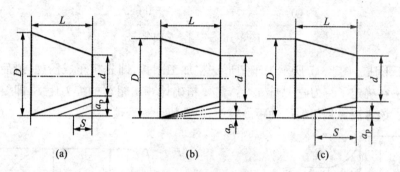

图 3-15　车正锥的进给路线

则
$$S=2La_p/(D-d) \tag{3-3}$$

按这种加工路线，刀具切削运动的距离最短。

当按如图 3-15（b）所示的走刀路线车正锥时，则不需要计算终刀距 S，只要确定了背吃刀量 a_p，即可车出圆锥轮廓，编程方便。但在每次切削中背吃刀量是变形的，而且刀具切削运动的路线较长。

当按如图 3-15（c）所示的阶梯形走刀路线车正锥时，假设先粗车两刀，最后精车一刀，二刀粗车的终刀距 S 要作精确的计算，可由相似三角形得

$$\frac{(D-d)}{2L}=\frac{\dfrac{(D-d)}{2}-a_p}{S},$$

则
$$S=\frac{L\left(\dfrac{D-d}{2}-a_p\right)}{\dfrac{D-d}{2}} \tag{3-4}$$

采用此种加工路线，粗车时刀具背吃刀量相同，而精车时背吃刀量不同，不过刀具切削运动的路线最短。

车倒锥的原理与车正锥相同，其进给路线不再赘述。

3. 车圆弧时的进给路线

在粗加工圆弧时，因其切削余量大而且不均匀，若一刀把圆弧切出来，很容易打刀，必须多刀切削，先将大部分余量去除，最后车得圆弧轮廓。下面介绍车圆弧常用的进给路线。

（1）车圆法。如图 3-16 所示，车圆法就是用不同半径来多刀车削圆弧。该方法在确定了

每次吃刀量 a_p 后,对 90°圆弧的起点、终点坐标较容易确定,数值计算简单、编程方便,常用于加工复杂圆弧,两图相较,图 3-16(b)的空行程比图 3-16(a)更长些。

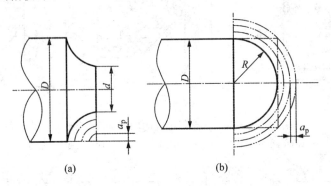

图 3-16 车圆法车圆弧

（2）车矩形法。图 3-17 所示为车矩形法粗加工圆弧,即先粗车成阶梯,最后一刀精车出圆弧。该方法在确定了每刀吃刀量 a_p 后,需要精确计算出粗车的终刀距 S,即要求出圆弧与直线的交点。该方法刀具切削运动距离较短,但数值计算繁琐。

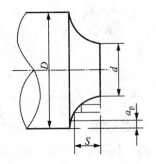

图 3-17 车矩形法车圆弧

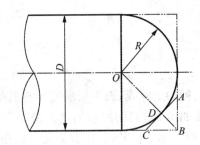

图 3-18 车锥法车圆弧

（3）车锥法。图 3-18 为车锥法粗加工圆弧,即先车一个圆锥,再车圆弧。但要注意车锥时的起点和终点的确定必须合理。否则可能会损坏圆弧表面,也可能将余量留得过大。确定的方法是连接 OB 交圆弧于 D,过 D 点做圆弧的切线 AC。由几何关系得:$CD=DB=OB-OD=0.414R$,这就是车锥时的最大切削余量。换言之,车锥时进给路线不能超过 AC 线。由 BD 和 $\triangle ABC$ 的关系,可知:$AB=BC=0.586R$,这样可以确定出车锥时的起点和终点。当 R 不太大时,可取 $AB=BC=0.5R$。该方法计算较繁琐,但刀具的切削路线最短。

4. 车螺纹时的进给路线

在数控车床上车螺纹时,刀具的 Z 向进给必须和车床主轴的转速保持严格的速比关系。实际车削加工中,刀具从静止状态加速到指定的进给速度,或者从指定的进给速度减速至零,伺服系统都必须有一个过渡的过程。为了避免在进给机构加速或减速的过程中车削螺纹,在螺纹加工时要设计升速进刀段 δ_1 和降速进刀段 δ_2,如图 3-19 所示,δ_1 一般为 2～5mm,δ_2 一般为 1～2mm。这样在切削螺纹时,能保证在升速后使刀具接触工件,刀具离开工件后再降速。

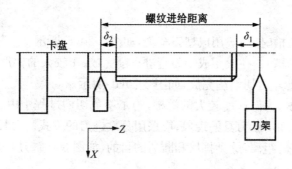

图 3-19 车削螺纹时的升速段和降速段

5. 车槽的进给路线

（1）对于宽度较窄、深度不大，且精度要求不高的槽，可采用与槽等宽的刀具，采用直进法一次进给成形加工，如图 3-20(a)所示。刀具切入到槽底后可利用进给暂停指令使刀具短暂停留，以修整槽底圆度，提升槽壁的表面质量，退出过程中可采用工进速度。

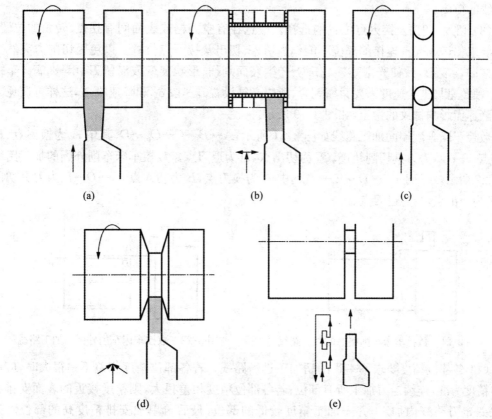

图 3-20 车外沟槽的进给路线
(a) 窄槽、浅槽；(b) 宽槽；(c) 圆弧槽；(d) 梯形槽；(e) 深槽

（2）宽槽的切削。宽槽的宽度、深度的精度及表面质量要求相对较高。在切削宽槽时常采用排刀的方式，选择小于槽宽的切槽刀进行粗切，在槽的两侧和槽底留有精加工余量；再用精切槽刀沿槽的一侧切至槽底，精加工槽底至槽的另一侧，再沿侧面退出，切削方式如图形 3-

20(b)所示。

（3）车较小的圆弧槽时，一般用成型刀车削，如图 3-20(c)所示。

（4）车较小的梯形槽时，一般用成型刀直进车削完成；车较大的梯形槽时，通常先车直槽，再用梯形刀直进法或者左右切削法完成，如图 3-20(d)所示。

（5）对于宽度值不大，但深度较大的深槽，为了避免切槽过程中由于排屑不畅，使刀具前部压力过大，出现扎刀和折断刀具的现象，应采用分次进刀的方式。刀具在切入工件一定深度后，停止进刀并退回一段距离，达到排屑和断屑的目的，如图 3-20(e)所示。

6. 精加工进给路线的确定

（1）最终轮廓的进给路线。在安排一刀或多刀进行的精加工进给路线时，其零件的最终轮廓应由最后一刀连续加工而成，并且加工刀具的进刀、退刀位置要考虑妥当，尽量不要在连续的轮廓中切入和切出或换刀及停顿，以免因切削力突然变化而造成弹性变形，致使光滑连接轮廓上产生表面划伤、形状突变或滞留刀痕等缺陷。

（2）换刀加工时的进给路线。主要根据工步顺序要求决定各刀加工的先后顺序及各刀进给路线的衔接。

（3）切入、切出及接刀点位置的选择。应选在有空刀槽或表面间有拐点、转角的位置，而曲线要求相切或光滑连接的部位不能作为切入、切出及接刀点位置。以免因切削力突然变化而造成弹性变形，致使光滑连接轮廓上产生表面划伤、形状突变或滞留刀痕等疵病。车螺纹时，主轴转速与进给速度需要紧密配合，所以必须设置升速段 δ_1 和降速段 δ_2，这样可避免因车刀升降速而影响螺纹的稳定，如图 3-19 所示。

数控车床车削端面加工路线如图 3-21 所示，$A \rightarrow B \rightarrow C \rightarrow O_p \rightarrow D$，其中 A 为换刀点，B 为切入点，$C \rightarrow O_p$ 为刀具切削轨迹，O_p 为切出点，D 为退刀点。数控车床车削外圆的加工路线如图 3-22 所示，$A \rightarrow B \rightarrow C \rightarrow D \rightarrow E \rightarrow F$，其中 A 为换刀点，B 为切入点，$C \rightarrow D \rightarrow E$ 为刀具切削轨迹，E 为切出点，F 为退刀点。

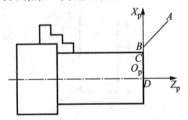

图 3-21　数控车床车削端面的加工路线

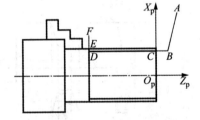

图 3-22　数控车床车削外圆的加工路线

（4）各部位精度要求不一致的精加工进给路线。若各部位精度相差不是很大时，应以最严的精度为准，连续走刀加工所有部位；若各部位精度相差很大，则精度接近的表面安排在同一把刀走刀路线内加工，并先加工精度较低的部位，最后再单独安排精度高的部位的走刀路线。

7. 空行程最短的进给路线

空行程路线最短可以节省整个加工过程的执行时间。要实现最短的空行程路线，除了依靠大量的实践经验外，还应善于分析，巧设起刀点、换刀点，合理安排回零路线，必要时进行一些简单计算。

（1）合理设置起刀点。图 3-23（a）所示为采用矩形循环方式进行粗车的一般情况示例。其对刀点 O 的设定是考虑到加工过程中需方便地换刀，故设置在离零件较远处，同时将起刀点与其对刀点重合在一起，粗车的进给路线安排如下。

第一刀 $O \rightarrow 1 \rightarrow 2 \rightarrow 3 \rightarrow O$。

第二刀 $O \rightarrow 4 \rightarrow 5 \rightarrow 6 \rightarrow O$。

第三刀 $O \rightarrow 7 \rightarrow 8 \rightarrow 9 \rightarrow O$。

图 3-23（b）是将循环加工的起刀点与对刀点分离，并设图示 1 点位置，仍按相同的切削量进行粗车，其进给路线如下。

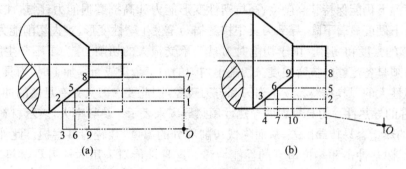

图 3-23　合理设置起刀点

循环加工的起刀点与对刀点分离的空行程 O—1。

第一刀 $1 \rightarrow 2 \rightarrow 3 \rightarrow 4 \rightarrow 1$。

第二刀 $1 \rightarrow 5 \rightarrow 6 \rightarrow 7 \rightarrow 1$。

第三刀 $1 \rightarrow 8 \rightarrow 9 \rightarrow 10 \rightarrow 1$。

显然，图 3-23（b）所示的进给路线短。该方法也可用在其他循环（如螺纹车削）切削加工中。

（2）合理设置换（转）刀点。为了考虑换（转）刀的方便和安全，有时也可将换（转）刀点设在离零件较远的位置处（见图 3-23 中的 O 点），那么，当换第二把刀后，进行精车时的空行程路线必然也较长；如果将第二把刀的换刀点也设置在图 3-23（b）中的 1 点位置上（因工件已去掉一定的余量），则可缩短空行程距离，但一定要注意换刀过程中不能发生碰撞。

（3）合理应用"回零"路线。当车削比较复杂轮廓的零件而用手工编程时，为使其计算过程尽量简化，既不出错，又便于校核，编程者有时会将每一刀加工完后的刀具终点通过执行"回零"（即返回对刀点）指令返回到对刀点位置，然后再执行后续程序。这样会增加进给路线的距离，从而降低生产效率。因此，在合理安排"回零"路线时，应尽量缩短前一刀终点与后一刀起点间的距离，或者使其为零，即可满足进给路线为最短的要求。另外，在选择返回对刀点指令时，在不发生加工干涉现象的前提下，宜尽量采用 X、Z 坐标轴双向同时"回零"指令，则该指令功能的"回零"路线将是最短的。

3.2.6　数控车削刀具的选择

1. 刀具材料应具备的性能

刀具材料是指刀具切削部分的材料。在切削加工中，刀具材料的切削性能直接影响生产率、工件的加工精度、已加工表面质量、刀具消耗和加工成本。正确选用刀具材料是设计和选用刀具的重要内容之一,特别是对某些难加工的材料,刀具材料的选用显得尤为重要。数控车削刀具材料应具备的性能包括以下几个方面。

(1) 高硬度。刀具材料的硬度必须高于被加工材料的硬度,否则在高温高压下,就不能保持刀具的几何形状。常温下,硬度一般要求在 60HRC 以上。

(2) 高耐磨性和耐热性。刀具材料的耐磨性是指刀具材料抵抗磨损的能力。一般来说,刀具材料的硬度越高耐磨性越好,两者是统一的。刀具材料的耐热性是指刀具材料在高温时仍能保持其高硬度、高耐磨性的能力。刀具材料的耐磨性与耐热性有密切关系。耐热性好的刀具材料,高温下仍能保持其高硬度、高抗塑性变形能力和高抗磨损能力;耐热性差的刀具材料,由于高温下硬度显著下降,导致刀具很快磨损乃至发生塑性变形,丧失切削能力。

(3) 足够的强度和韧性。由于切削时刀具要承受很大的切削力,为了不产生脆性破坏和塑性变形,必须具备足够的抗弯强度。切削不均匀的加工余量或断续加工时,刀具受到很大的冲击载荷,脆性大的刀具材料易发生崩刃和打刀现象,因此要求刀具具有足够的冲击韧性。

(4) 良好的导热性。刀具材料的导热性用热导率来表示。热导率大,表示材料导热性好,切削时产生的热量容易传导出去,从而降低切削部分的温度,减轻刀具磨损。此外,导热性好的刀具材料其耐热冲击和热抗龟裂的性能增强。这种性能对采用脆性刀具材料进行断续切削,特别是在加工导热性能差的工件时尤为重要。

(5) 抗黏接性。刀具材料的抗黏接性能够防止工件和刀具材料分子在高温高压下互相吸附产生黏接。

(6) 化学稳定性。化学稳定性是指在高温下,刀具材料不易与周围介质发生化学反应的性质,如氧化等。

(7) 良好的工艺性和经济性。为了便于制造,要求刀具材料有较好的可加工性,即可锻性、焊接性、切削加工性能、热处理性能、可磨性等要好。

经济性是评价新型刀具材料的重要指标之一,刀具材料的选用应结合本国资源,降低成本。

2. 刀具材料的种类

刀具材料的种类繁多,常用刀具材料亦可分为四大类:高速钢、硬质合金、陶瓷及超硬材料。

(1) 高速钢。是高速工具钢的简称,又称锋钢、白钢,是在合金工具钢中加入较多的 W、Cr、Mo、V 等合金元素而构成的高合金工具钢。

高速钢的特点是工艺性能好,具有较高的硬度、强度、耐磨性和韧性,切削速度可以高达 30m/min。高速钢按其用途和切削性能,可分为普通高速钢和高性能高速钢。

① 普通高速钢。最常用的普通高速钢是 W18Cr4V。这种工具钢的最大特点是制造工艺性能很好,适合于制造钻头、丝锥、拉刀、铣刀及齿轮刀具等复杂形状的刀具,能加工一般常用金属,如碳素结构钢、合金结构钢及铸铁等。

② 高性能高速钢。它是在普通高速钢成分中再添加一些 C、V、Co、Al 等合金元素,进一步提高了耐热性和耐磨性(热硬性)。这类高速钢刀具的耐用度约为普通高速钢的 1.5~3 倍,并能用于切削加工不锈钢、耐热钢、铁合金及高强度钢等难加工材料。

目前高性能高速钢发展趋势是:国外以高钴、高钒类为主,如 W6Mo5CrV3、

W2Mo9Cr4Co8 等，其综合性能好，硬度在 7OHRC 左右，高温硬度高，可磨削性能也好；我国目前常用高速钢有 W6Mo5Cr4V2Ai（代号为 501 钢）等。

（2）硬质合金。是粉末冶金制品，是将高硬度、高熔点的金属碳化物（又称难熔金属碳化物，如 WC、TiC 等）粉末，用 Co、Mo 及 Ni 等金属作黏结剂压制、烧结而成的粉末冶金制品。

硬质合金的硬度、耐磨性和耐热性都高于高速钢。由于硬质合金具有高的热硬性（可达 1000℃ 左右），允许切削速度为高速钢的数倍，故目前已成为主要刀具材料之一。目前常用于切削加工的硬质合金都是以 WC（碳化钨）为基体，主要有以下三类。

① 钨钴类硬质合金（WC—Co），代号为 YG 常用牌号有 YG6、YG8、YG10 等，如 YG8 中含有金属钴（Co）8%，依此类推。

② 钨钛钴类硬质合金〈WC—TiC—Co〉，代号为 YT 常用的牌号有 YT5、YT15、YT30 等，如 YT15 中表明含有 TiC 量 15%。

③ 钨钛钽（铌）钴类硬质合金［WC—TiC—TaC（NbC）—Co］，代号为 YW。YW 类硬质合金也称通用硬质合金，是一种用途广泛的硬质合金，已部分代替 YT 和 YG 类硬质合金。各类硬质合金牌号中，含钴量越多，韧性越好，适用于粗加工；含碳化物量越多，热硬性越高韧性越差，适用于精加工。常用硬质合金的牌号、成分、主要性能和用途如表 3-1 所示。

表 3-1　常用硬质合金的牌号、成分、主要性能和用途

种类	牌号	相近牌号(ISO)	化学成分				物理、力学性能				密度/g·cm⁻³	主要用途
			WC	TiC	TaC(NbC)	Co	速度/HRC	抗弯强度/GPa	冲击韧度/kJ·m⁻²	热导率/W·(m·K)⁻¹		
钨钴类	YG8	K30	92	—	—	8	89.0	1.47		75.4	14.4~14.8	粗加工铸铁、有色金属及其合金
	YG6	K20	94	—	—	6	89.5	1.37	25.5	79.6	14.6~15.0	半精加工铸铁、有色金属及其合金
	YG3	K10	97	—	—	3	91.0	1.08		87.9	14.9~15.3	精加工铸铁有色金属及合金
钨钛钴类	YT5	P30	85	5	—	10	89.5	1.28		62.8	12.6~13.2	粗加工铝料
	YT15	P10	79	15	—	6	91	1.13		33.5	11.0~11.7	半精加工钢料
	YT30	P01	66	30	—	4	92.5	0.883	2.94	20.9	9.35~9.70	精加工钢料
含钽(铌)类	YW1	W10	84	6	6	6	92	1.23			13.0~13.5	半精加工、精加工较难加工材料
	YW2	W20	82	6	4	8	91	1.47			12.7~13.3	精加工、断续切削较难加工材料

注：Y——硬质合金；G——钴（其后数字表示含钴量）；T——碳化钛（其后数字表示 TiC 含量）；W——通用型硬质合金。

此外，在硬质合金或其他刀具材料基体上涂覆一薄层耐磨性高的难熔金属（或非金属）化合物得到的是涂层硬质合金。涂层硬质合金刀具可降低切削力和切削温度，极大地提高了刀

具的耐磨性和刀具的寿命,且提高了工件的加工表面质量。主要用于机夹不重磨的刀片,作为精加工和半精加工,适用于各种钢材、铸铁的精加工、半精加工或负荷轻的粗加工等。

一般而言,粗加工时,切削用量大,切削抗力大,有时还有冲击和振动。这时要求刀具材料具有高的抗弯强度和冲击韧性,应选用含钴量高的硬质合金,如 YG8、YT5 等;而精加工时,要求加工精度较高,表面粗糙度值小、切削量小,切削力也小,切削过程比较平稳,一般情况下的切削速度比较高,要求刀具材料的硬度、耐磨性及耐热性高,以保持刀刃的锋利、平直及稳定的几何形状,应选择含钴量少的硬质合金,如 YG3、YT30 等;切削不规则的工件,要求刀具抗冲击能力强,一般应选择含钴量较高的硬质合金,如 YG8、YT5 等;切削铸铁等脆性材料,一般形成崩碎切屑,切削力和切削热都集中在刀尖附近,切削不平稳,有冲击和振动,要求刀具有较高的抗弯强度、韧性和导热性,宜选用 YG 类硬质合金。切削钢等塑性材料时,一般形成带状切屑,塑性变形大,摩擦力大,切削温度高,切削过程连续而且平稳,要求刀具材料有较高的硬度、耐磨性和耐热性,宜选用 YT 类硬质合金。切削不锈钢、高强度钢、高温合金及铁合金等较难加工材料时,由于这类材料的强度高、韧性大、黏附性强、切削力大、切削温度较高、导热性差,因而对刀具材料的抗弯强度、韧性及导热性的要求更高,宜选用 YG 类硬质合金。

(3) 陶瓷刀具材料。用作刀具的陶瓷材料,根据其化学成分可分为两种。

① 高纯氧化物陶瓷(矿物陶瓷)。主要是以纯度很高的氧化铝加微量的添加剂,经过冷压烧结而成,是一种低廉的刀具材料。这种材料的硬度高、热稳定性好,但抗弯强度低,焊接与刃磨比较困难,未能得到广泛应用。

② 复合陶瓷(金属陶瓷)。复合陶瓷是在氧化铝基体中,加入 TiC、WC 等高温碳化物和金属添加剂(如镍、铬、钨、钼、钛、钴及铁等)制成的。加入高温碳化物和金属添加剂可以达到提高抗弯强度的目的。我国研制的牌号有 AM、AMF 金属陶瓷刀片。

陶瓷刀具有下列特点:高温硬度好;化学惰性大,与被加工材料的亲和力小;抗弯强度和冲击韧性差,对冲击十分敏感。

陶瓷材料制成的刀具,主要用于高硬度工件的精车、半精车,或者用于低硬度而黏结性强的工件(如纯铜)的加工,也可用于加热切削,但不适用于冲击力大的断续切削和重切削。

(4) 超硬刀具材料。

① 金刚石。包括人造金刚石和天然金刚石两种,但都是碳(石墨)的同素异构体。天然单晶金刚石(钻石)具有极高的硬度(10 000HV 左右)和耐磨性,其主要缺点是:性脆易崩刃,刃磨困难,制造工艺性差,来源有限,价格昂贵。人造金刚石强度和韧性比天然金刚石高,其用途与天然金刚石相同,主要用于非铁合金的高精度加工。人造金刚石砂轮已广泛用于生产中,是磨削硬质合金及高强度、高硬度材料的特效工具。

② 立方氮化硼(简称 CBN)。立方氮化硼的特点是:硬度高(8 000～9 000HV),仅次于金刚石;热稳定性大大高于金刚石(人造金刚石在空气中 800℃ 开始碳化,而 CBN 在 1 300℃ 仍可进行切削,即使在 1 500℃ 以上也不发生相变);化学惰性大,在 1 200～1 300℃ 高温下也不易与铁合金材料发生化学作用。立方氮化硼刀具能加工普通钢、冷硬铸铁、淬硬钢及高温合金等材料,且可提高切削速度,故生产率高。精加工洋硬零件,加工精度可达 IT5,表面粗糙度值可达 $Ra0.4～0.8$,可代替磨削加工。CBN 是一种很有发展前途的刀具材料。

3. 数控车刀的类型

车床主要加工内外圆柱面、圆锥面、圆弧面、螺纹等零件,常用的数控车刀的种类、形状和用途如图 3-24 所示。

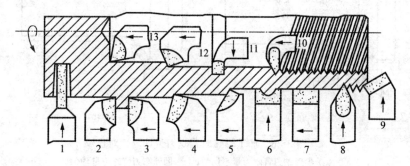

图 3-24 常用车刀的种类、形状和用途

1—切断刀 2—90°左偏刀 3—90°右偏刀 4—弯头车刀 5—直头车刀 6—成型车刀 7—宽刃精车刀

8—外螺纹车刀 9—端面车刀 10—内螺纹车刀 11—内槽车刀 12—通孔车刀 13—盲孔车刀

数控车削常用的车刀一般分为 3 类：尖形车刀、圆弧形车刀和成型车刀。

（1）尖形车刀。如图 3-25 所示，尖形车刀以直线形切削刃为特征。它的刀尖（同时也为其刀位点）由直线形的主、副切削刃构成，如 90°内、外圆车刀，左、右端面车刀，切槽刀、切断刀及刀尖倒棱很小的各种外圆和内孔车刀。用这类车刀加工零件时，其零件的轮廓形状主要由一个独立的刀尖或一条直线形的主切削刃位移后得到。尖形车刀主要用于车削内外轮廓、直线沟槽等表面。

（2）圆弧形车刀。如 3-26 所示，圆弧形车刀的特征，是构成主切削刃的刀刃形状为一圆度误差或线轮廓度误差很小的圆弧。该圆弧刃上每一点都是圆弧形车刀的刀尖，因此，刀位点不在圆弧上，而在该圆弧的圆心上，编程时要进行刀具半径补偿。圆弧形车刀可以用于车削内、外圆表面，特别适宜于车削精度要求较高的凹曲面或大外圆弧面。

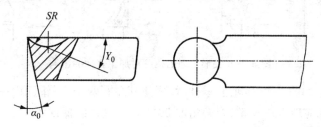

图 3-25 尖形车刀

圆弧形车刀具有修光的特性，能使精车余量非常均匀，从而改善切削性能，还能一刀车出跨多个象限的圆弧面。

【例 3-1】 如图 3-26 所示零件，当曲面精度要求不高时，可选择尖形车刀加工；若曲面精度和表面粗糙度均有严格要求，则尖形车刀不能满足要求。因为尖形车刀主切削刃的实际背吃刀量在圆弧轮廓段一直不均匀，如图 3-26(a)所示，当车刀主切削刃靠近其圆弧终点时，该位置的背吃刀量 a_{p1} 将大大超过其在圆弧起点位置上的背吃刀量 a_p，导致切削阻力增大，产生较大的线轮廓度误差，并增大其表面粗糙度。此时应该改用圆弧车刀进行加工，如图 3-26(b)所示。

（3）成型车刀。成型车刀俗称样板车刀，其加工零件的轮廓形状完全由车刀刀刃的形状

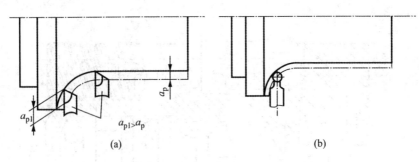

图 3-26　加工圆弧时背吃刀量均匀性对比

（a）尖形车刀背吃刀量不均匀；（b）圆弧车刀背吃刀量均匀

和尺寸决定。数控车削加工中,常见的成型车刀有小半径圆弧车刀、非矩形车槽刀和螺纹车刀等。在数控加工中,应尽量少用或不用成型车刀,当确有必要选用时,则应在工艺准备的文件或加工程序单上进行详细说明。

4．常用车刀的几何参数

（1）尖形车刀的几何参数。尖形车刀的几何参数主要是指车刀的几何角度,选择方法与普通车削时基本相同,但应结合数控加工的特点,全面考虑如走刀路线、加工干涉等各种因素。如图 3-27 所示,当尖形车刀的主偏角或副偏角过小时,会造成对加工表面的干涉,导致零件过切报废。但主偏角过大,又会导致刀尖角过小,从而降低刀具的强度。因此选用尖形车刀的原则是在保证不干涉的前提下,尽量采用刀尖角较大的车刀,以提高刀具的强度。

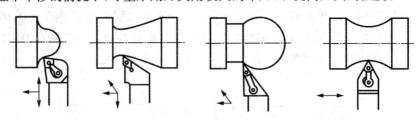

图 3-27　尖形车刀的角度对加工表面的影响

【例 3-2】　加工如图 3-28 所示的零件时,要使其左右两个 45°锥面由一把尖形车刀加工出来,则车刀的主偏角应取 50°～55°,副偏角取 50°～52°,这样既保证了刀头有足够的强度,又利于主、副切削刃车削圆锥面时不致发生加工干涉。

选择尖形车刀不发生干涉的几何角度,可用作图或计算的方法,保证副偏角大于作图或计算所得不发生干涉的极限角度值 6°～8°即可。当确定几何角度困难或无法确定（如尖形车刀加工接近于半个凹圆弧的轮廓等）时,则应考虑选择其他类型车刀后,再确定其几何角度。

（2）圆弧形车刀的几何参数。除了前角及后角外,圆弧形车刀的主要几何参数为车刀圆弧切削刃的形状及半径。选择车刀圆弧半径的大小时,应考虑两点:第一,车刀切削刃的圆弧半径应当小于或等于零件凹形轮廓上的最小曲率半径,以免发生加工干涉;第二,该半径不宜选择太小,否则既难以制造,还会因其刀头强度太弱或刀体散热能力差,使车刀容易受到损坏。

5．机夹可转位车刀

为了减少换刀时间和方便对刀,便于实现机械加工的标准化,数控车削加工时,应尽量采

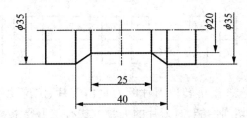

图 3-28　尖形车刀的几何参数对零件表面的影响

用机夹刀和机夹刀片,常见可转位车刀刀片如图 3-29 所示。

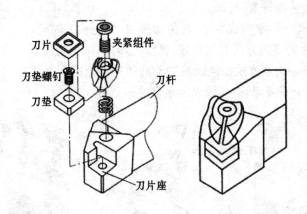

图 3-29　机夹可转位车刀结构

这种车刀就是把经过研磨的可转位多边形刀片用夹紧组件夹在刀杆上。车刀在使用过程中,一旦切削刃磨钝后,通过刀片的转位,即可用新的切削刃继续切削,只有当多边形刀片所有的刀刃都磨钝后,才需要更换刀片。机夹可转位车刀最大优点是刀具的几何角度完全由刀片保证,切削性能稳定,刀杆和刀片已经标准化,加工质量高。

　　(1) 转位刀片型号代码。选用机夹式可转位刀片,首先要了解可转位刀片型号表示规则、各代码的含义。按国际标准 ISO1832－1985,可转位刀片的代码表示方法是由 10 位字符串组成的,其排列如下。

其中每一位字符串代表刀片某种参数的意义:

　　1 为刀片的几何形状及其夹角(刀尖角);2 为刀片主切削刃后角(法后角);3 为刀片尺寸公差代码,表示刀片内接圆 d 与厚度 s 的精度级别;4 为刀片形式、紧固方法或断屑槽;5 为刀片边长、切削刃长;6 为刀片厚度;7 为修光刀,刀尖圆角半径 r 或主偏角 K_r,或修光刃后角 α_n;8 为切削刃状态,尖角切削刃或倒棱切削刃;9 为进刀方向或倒刃宽度,R 表示右进刀,L 表示左进刀,N 表示中间进刀;10 为各刀具公司的补充符号或倒刃角度或断屑槽型代码。

　　在一般情况下第 8 位和第 9 位的代码,在有要求时才填写。此外,各公司可以另外添加一些符号,用连接号将其与 ISO 代码相连接(如,—PF 代表断屑槽槽型)。可转位刀片用于车削、铣削、钻削、镗削等不同的加工方式,其代码的具体内容也略有不同,每一位字符参数的具体含义可参考各公司的刀具样本。例如,

C	N	M	G	12	04	08		R	PF
1	2	3	4	5	6	7	8	9	10

（2）刀片夹紧方式的选择。可转位刀片的刀具由刀片、定位元件、夹紧元件和刀体组成，为了使刀具能达到良好的切削性能，对刀片的夹紧方式有如下要求：

① 夹紧可靠，不允许刀片有松动或移动。

② 定位准确，确保定位精度和重复精度。

③ 排屑流畅，有足够的排屑空间。

④ 结构简单，操作方便，制造成本低，转位动作快，缩短换刀时间。

常见的可转位刀片的夹紧方式有杠杆式、楔块上压式、螺钉上压式等多种方式。如图3-30所示。表3-2列举了各种夹紧方式所能满足的不同的加工范围。夹紧方式与给定的加工工序的适应性分为1～3三个等级，其中3级表示最合适的选择。

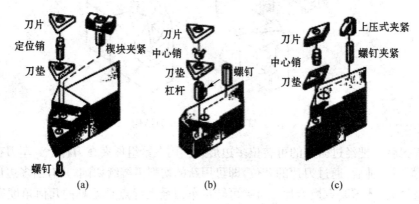

图3-30 可转位刀片的夹紧方式
（a）楔块上压式夹紧；（b）杠杆式夹紧；（c）螺钉上压式夹紧

表3-2 各种夹紧方式最合适的加工范围

加工范围 \ 夹紧方式	杠杆式	楔块上压式	螺钉上压式
可靠夹紧/紧固	3	3	3
仿形加工/易接近性	2	3	3
重复性	3	2	3
仿形加工/轻负荷加工	2	3	3
继续加工工序	3	2	3
外圆加工	3	1	3
内圆加工	3	3	3

（3）刀片形状的选择。刀片外形与加工的对象、刀具的主偏角、刀尖角和有效刃数等有关。常用机夹可转位硬质合金刀片如图3-31所示。一般外圆车削常用80°凸三边形（W型）、四方形（S型）和80°棱形（C型）刀片。仿形加工常用55°（D型）、35°（V型）菱形和圆形（R型）

刀片。90°主偏角常用三角形（T 型）刀片。不同的刀片形状有不同的刀尖强度，一般刀尖角越大，刀尖强度越大，反之亦然。圆刀片（R 型）刀尖角最大，35°菱形刀片（V 型）刀尖角最小。在选用时，应根据加工条件恶劣与否，按重、中、轻切削有针对性地选择。在机床刚性、功率允许的条件下，大余量、粗加工应选用刀尖角较大的刀片；反之，机床刚性和功率小、小余量、精加工时宜选用较小刀尖角刀片。

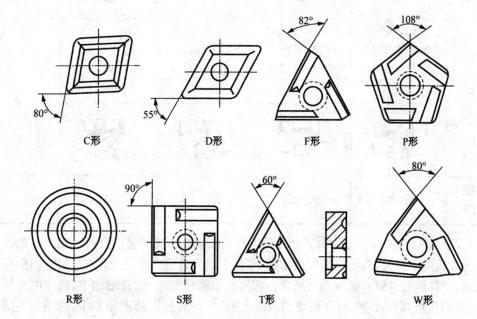

图 3-31　常用硬质合金车刀刀片

刀尖角度与加工性能的关系如图 3-32 所示。

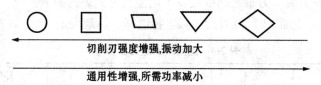

图 3-32　刀尖角度与加工性能的关系

被加工表面与刀片形状的对应关系如表 3-3 所示，具体使用时可查阅相关刀具手册。

表 3-3　被加工表面与刀片形状

	主偏角	45°	45°	60°	75°	95°
车削外圆表面	刀片形状及加工示意	45°	45°	60°	75°	95°
	推荐选用刀片	SCMA SPMR SCMM SNMM-8 SPUN SNMM-9	SCMA SPMR SCMM SNMG SPUN SPGR	TCMA TNMM-8 TCMM TPUN	SCMM SPUM SCMA SPMR SNMA	CCMA CCMM CNMM-7

（续表）

	主偏角	75°	90°	90°	95°	
车削端面	刀片形状及加工示意	75°	75°	90°	95°	
	推荐选用刀片	SCMA SPMR SCMM SPUR SPUN CNMG	TNUN TNMA TCMA TPUM TCMM TPMR	CCMA	TPUN TPMR	
	主偏角	15°	45°	60°	90°	
车削成形面	刀片形状及加工示意	15°	45°	60°	90°	
	推荐选用刀片	RCMM	RNNG	TNMM-8	TNMG	

（4）刀尖半径的选择。刀尖圆弧半径的大小直接影响刀尖的强度及被加工零件的表面粗糙度。刀尖圆弧半径大，表面粗糙度值增大，切削力增大且易产生振动，切削性能变坏，但刀刃强度增加，刀具前后刀面磨损减小。通常在切深较小的精加工、细长轴加工、机床刚度较差情况下，选用刀尖圆弧较小些；而在需要刀刃强度高、工件直径大的粗加工中，选用刀尖圆弧大些。国家标准 GB2077-87 规定刀尖圆弧半径的尺寸系列为 0.2、0.4、0.8、1.2、1.6、2.0、2.4、3.2mm。一般刀尖圆弧半径适宜选取进给量的 2～3 倍。

刀具圆弧半径与刀具走刀量之间的关系可用经验公式表达如下：

① 粗加工阶段。粗加工时，按刀尖圆弧半径选择刀具最大走刀量，如表 3-4 所示。

表 3-4 选用最大走刀量参考表

刀尖圆弧半径/mm	0.4	0.8	1.2	1.6	2.4
最大走刀量/(mm·r^{-1})	0.25～0.35	0.4～0.7	0.5～1.0	0.7～1.3	1.0～1.8

此外，也可以通过经验公式计算。

$$f_{粗}=0.5R \tag{3-5}$$

式中：R 为刀具圆弧半径，单位 mm；$f_{粗}$ 为粗加工走刀量，单位 mm。

② 精加工阶段。根据表面粗糙度理论公式，由轮廓深度、精加工进给量推算刀尖圆弧半径。

$$R=f^2/8t×1\,000 \tag{3-6}$$

式中：R 为刀具圆弧半径，单位 mm；f 为进给量，单位 mm/r；t 为轮廓深度，单位 μm。

（5）刀杆头部形式的选择。刀杆头部形式按主偏角和直头、弯头分有 15～18 种，各形式规定了相应的代码，国家标准和刀具样本中都一一列出，可以根据实际情况选择。有直角台阶的工件，可选主偏角大于或等于 90°的刀杆。一般粗车可选主偏角 45°～90°的刀杆；精车可选 45°～75°的刀杆；中间切入、仿形车则选 45°～107.5°的刀杆；工艺系统刚性好时可选较小值，工艺系统刚性差时,可选较大值。当刀杆为弯头结构时,则既可加工外圆,又可加工端面。

(6) 刀片后角的选择。常用的刀片后角有 N(0°)、C(7°)、P(11°)、E(20°)等。一般粗加工、半精加工可用 N 型;半精加工、精加工可用 C、P 型,也可用带断屑槽形的 N 型刀片;加工铸铁、硬钢可用 N 型;加工不锈钢可用 C、P 型;加工铝合金可用 P、E 型等;加工弹性恢复性好的材料可选用较大一些的后角;一般孔加工刀片可选用 C、P 型,大尺寸孔可选用 N 型。

(7) 左右手刀柄的选择。左右手刀柄有 R(右手)、L(左手)、N(左右手)3 种。要注意区分左、右刀的方向。选择时要考虑车床刀架是前置式还是后置式、前刀面是向上还是向下、主轴的旋转方向以及需要的进给方向等。

(8) 断屑槽形的选择。断屑槽的参数直接影响着切屑的卷曲和折断,目前刀片的断屑槽形式较多,各种断屑槽刀片使用情况不尽相同。槽形根据加工类型和加工对象的材料特性来确定,各供应商表示方法不一样,但思路基本一样:基本槽形按加工类型有精加工(代码 F)、普通加工(代码 M)和粗加工(代码 R);加工材料按国际标准有钢(代码 P)、不锈钢、合金钢(代码 M)和铸铁(代码 K)。这两种情况一组合就有了相应的槽形,比如 FP 就指用于钢的精加工槽形,MK 是指用于铸铁普通加工的槽形等。如果加工向两方向扩展,如超精加工和重型粗加工,以及材料也扩展,如耐热合金、铝合金,有色金属等,就有了超精加工、重型粗加工和加工耐热合金、铝合金等补充槽形,选择时可查阅具体的产品样本。一般可根据工件材料和加工的条件选择合适的断屑槽形和参数,当断屑槽形和参数确定后,主要靠进给量的改变控制断屑。

3.2.7 装夹方案的选择

在数控车削中,应尽量让零件在一次装夹下完成大部分甚至全部表面的加工。对于轴类零件,通常以零件自身的外圆柱面作定位基准;对于套类零件则以内孔作定位基准。在数控车床上装夹工件时,应使工件相对于车床主轴轴线有一个确定的位置,并且在工件受到各种外力的作用下,仍能保持其既定位置。常用装夹方法如表 3-5 所示。

表 3-5 数控车床常用的装夹方法

序号	装夹方法	特 点	适用范围
1	三爪卡盘	夹紧力较小,夹持工件时一般不需要找正,装夹速度较快	适于装夹中小型圆柱形、正三边或正六边形工件
2	四爪卡盘	夹紧力较大,装夹精度较高,不受卡爪磨损的影响,但夹持工件时需要找正	适于装夹形状不规则或大型的工件
3	两顶尖及鸡心夹头	用两端中心孔定位,容易保证定位精度,但由于顶尖细小,装夹不够牢靠,不宜用大的切削用量进行加工	适于装夹轴类零件
4	一夹一顶	定位精度较高,装夹牢靠	适于装夹轴类零件
5	中心架	配合三爪卡盘或四爪卡盘来装夹工件,可以防止弯曲变形	适于装夹细长的轴类零件
6	心轴与弹簧卡头	以孔为定位基准,用心轴装夹来加工外表面,也可以外圆为定位基准,采用弹簧卡头装夹来加工内表面,工件的位置精度较高	适于装夹内外表面的位置精度要求较高的套类零件

1. 三爪自定心卡盘

三爪自定心卡盘是车床上最常用的自定心夹具,如图 3-33 所示,它的三个卡爪是同步运动的,能自动定心,夹持范围大,一般不需要找正,装夹速度较快。三爪卡盘夹紧力小,通常适用于装夹外形规则的中、小型工件。将其略加改进,还可以方便地装夹方料和其他小直径的棒料。图 3-34 为方料的装夹。

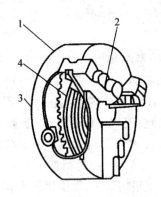

图 3-33 三爪自心卡盘

1—卡盘体;2—卡爪;3—小锥齿轮;
4—锥齿端面螺纹圆盘

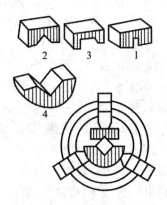

图 3-34 三爪卡盘装夹方料

1,3—带其他形状的矩形件;2—带 V 形
槽的矩形件;4—带 V 型槽的半圆件

三爪卡盘装夹工件分为正爪和反爪两种形式。如图 3-35 所示,反爪用于装夹直径较大的工件。

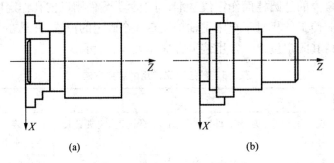

(a)   (b)

图 3-35 三爪卡盘装夹工件的方式

(a) 正爪装夹;(b) 反爪装夹

2. 四爪单动卡盘

四爪单动卡盘如图 3-36 所示,是车床上常用的夹具,它适用于装夹形状不规则或大型的工件,夹紧力较大,装夹精度较高,不受卡爪磨损的影响,但装夹不如三爪自定心卡盘方便。装夹棒料时如在四爪单动卡盘内放上一个 V 形架(见图 3-37),则装夹大为便捷。

(1)四爪单动卡盘装夹的注意事项:

① 应根据工件被装夹处的尺寸调整卡爪,使其相对两爪的距离略大于工件直径即可。

② 工件被夹持部分不宜太长,一般以 10~15mm 为宜。

③ 为了防止工件表面被夹伤和找正工件时方便,装夹位置应垫 0.5mm 以上的铜皮。

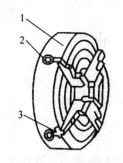

图 3-36　四爪单动卡盘

1—卡盘体；2—螺杆；3—卡爪

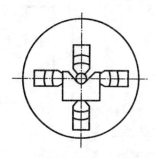

图 3-37　V 形架装夹棒料

④ 在装夹大型、不规则工件时，应在工件与导轨面之间垫放防护木板，以防工件掉下，损坏机床表面。

（2）四爪单动卡盘上找正工件的注意事项：

① 把主轴放在空档位置，便于卡盘转动。

② 不能同时松开两只卡爪，以防工件掉下。

③ 灯光视线角度与针尖要配合好，以减小目测误差。

④ 工件找正后，四爪的夹紧力要基本相同，否则车削时工件容易发生位移。

⑤ 找正近卡爪处的外圆，发现有极小的误差时，不要盲目松开卡爪，可把相对应卡爪再夹紧一点来作微量调整。

3. 双顶尖

对于长度较长或必须经过多次装夹才能加工的工件，如细长轴、长丝杠等的车削，或工序较多的车削，为保证每次装夹时的装夹精度（如同轴度要求），可以用双顶尖装夹。如图 3-38 所示双顶尖装夹工件方便，不需找正，装夹精度高。利用双顶尖装夹定位还可以加工偏心工件。

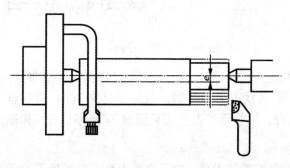

图 3-38　双顶尖车偏心轴

4. 一夹一顶

车削较大尺寸工件时，为了保证装夹的刚度，通常一端用卡盘夹住，另一端用后顶尖支撑，即一夹一顶式装夹。为了防止工件由于切削力的作用而产生轴向位移，必须在卡盘内装一限位支撑，或者利用工件的台阶面限位。如图 3-39 所示。这样车削时可以承受较大的轴向切削力，刚性好，轴向定位准确，应用广泛。

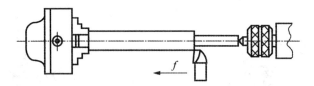

图 3-39　用工件的台阶面限位

5. 双三爪装夹

对于精度要求高、变形要求小的细长轴类零件可采用双主轴驱动式数控车床加工,机床两主轴轴线同轴、同步转动,零件两端同时分别由三爪自定心卡盘装夹并带动旋转,这样可以减小切削加工时切削力矩引起的工件扭转变形。

6. 用找正方式装夹

找正装夹时必须将工件的加工表面回转轴线(即 Z 轴)找正到与车床主轴回转中心重合。与普通车床上找正工件相同,一般为打表找正。通过调整卡爪,使工件坐标系 Z 轴与车床主轴的回转中心重合。

(1) 盘类工件的找正方法。如图 3-40(a)所示,对于盘类工件,既要找正外圆,又要找正平面(即图 3-40 中 A 点、B 点)。找正 A 点外圈时,用移动卡爪来调整,其调整量为间隙差值的一半,见图 3-40(b);找正 B 点平面时,用铜锤或铜棒敲击,其调整量等于间隙差值,见图 3-40(c)。

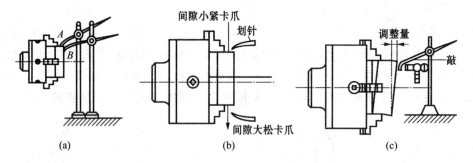

图 3-40　盘类工件的找正方法

(2) 轴类工件的找正方法。如图 3-41 所示,对于轴类工件通常是找正外圆 A、B 两点。其方法是先找正 A 点外圆,再找正 B 点外圆。找正 A 点外圆时,应调整相应的卡爪,调整方法与盘类工件外圆找正方法一样;而找正 B 点外圆时,采用铜锤或铜棒敲击。

7. 软爪

软爪是一种具有切削性能的卡爪。由于三爪卡盘定心精度不高,当加工同轴度要求高的工件二次装夹时,常常使用软爪。通常三爪卡盘为保证刚度和耐磨性要进行热处理,硬度较高,故很难用常用刀具切削。软爪是为在使用前配合被加工工件而特别制造的,加工软爪时要注意以下几方面:

(1) 软爪要在与使用时相同的夹紧状态下加工,以免在加工过程中因松动或由于反向间隙而引起定心误差。加工软爪内定位表面时,要在软爪尾部夹紧一根适当的棒料,以消除盘端面螺纹的间隙,如图 3-42 所示。

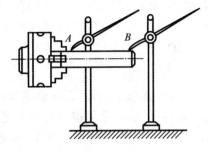

图 3-41　轴类工件的找正方法

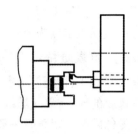

图 3-42　加工软爪示意

（2）当被加工件以外圆定位时，软爪内圆直径应与工件外圆直径相同，略小更好，如图 3-43 所示，其目的是消除卡盘的定位间隙，增加软爪与工件的接触面积。软爪内径大于工件外径会导致软爪与工件形成三点接触，如图 3-44 所示，此种情况接触面积小，夹紧牢固程度差，应尽量避免。软爪内径过小（见图 3-45）会形成六点接触，一方面会在被加工表面留下压痕，同时也使软爪接触面变形。

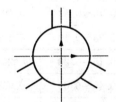
图 3-43　理想的软爪内径

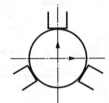
图 3-44　软爪内径过大

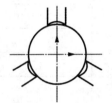
图 3-45　软爪内径过小

软爪也有机械式和液压式两种。软爪常用于加工同轴度要求较高的工件的二次装夹。

8. 弹簧夹套

弹簧夹套定心精度高，装夹工件快捷方便，常用于精加工的外面定位。弹簧夹套特别适用于尺寸精度较高、表面质量较好的圆棒料，若配以自动送料器，可实现自动上料。弹簧夹套夹持的内孔是标准系列，不可以夹持任意直径的工件。

3.2.8　切削用量的选择

数控加工时不同的切削用量对同一加工过程的加工精度、效率有很大影响。合理的切削用量应能保证共建的加工质量和刀具的使用寿命，充分发挥机床潜力，最大限度发挥刀具的切削性能，并能提高生产效率，降低加工成本。

1. 背吃刀量 a_p 的确定

背吃刀量应该根据机床、夹具、刀具及工件所组成的工艺系统刚度来确定。在"车床 A 夹具 A 刀具 A 零件"所组成的系统刚性允许的条件下，粗加工时，除留下精加工余量外，一次走刀应尽可能切除全部余量，以减少进给次数，提高生产效率；当加工余量过大、工艺系统刚度较低、机床功率不足、刀具强度不够或断续切削的冲击振动较大时，可分多次走刀；当切削表面层有硬皮的铸、锻件时，应尽量使背吃刀量大于硬皮层的厚度，以保护刀尖。在中等功率的机床上，粗加工时的切削深度可达 8～10mm。

半精加工和精加工的加工余量较小时，可一次切除，但为了保证工件的加工精度和表面质量，也可采用二次走刀；半精加工（表面粗糙度为 $Ra6.3\sim3.2\mu m$）时，切削深度取为 $0.5\sim2mm$；精加工（表面粗糙度为 $Ra1.6\sim0.8\mu m$）时，切削深度取为 $0.1\sim0.5mm$。

2. 进给量 f（或进给速度 v_f）的确定

进给量 f 是指工件每转一周，车刀沿进给方向移动的距离（mm/r）。在车削螺纹时，进给量必须是该螺纹的导程（单线螺纹是螺距）。半精加工和精加工时，最大进给量主要受工件加工表面粗糙度的限制。粗车时一般进给量取为 $0.3\sim0.8mm/r$，精车时常取 $0.1\sim0.3mm/r$，切断时宜取 $0.05\sim0.2mm/r$，表 3-6 为按表面粗糙度选择半精车、精车进给量的参考值，表 3-7 硬质合金车刀粗车外圆、端面的进给量参考值，供参考选用。

表 3-6 按表面粗糙度选择半精车、精车进给量的参考值

工件材料	表面粗糙度 $R_a/\mu m$	切削速度范围 v_a/(m/min)	刀尖圆弧半径 r_a/min		
			0.5	1.0	2.0
			进给量 f/(min/r)		
铸铁 青铜 铝合金	>5~10	不限	0.25~0.40	0.40~0.50	0.50~0.60
	>2.5~5		0.15~0.25	0.25~0.40	0.40~0.60
	>1.25~2.5		0.10~0.15	0.15~0.20	0.20~0.35
碳钢 合金钢	>5~10	<50	0.30~0.50	0.45~0.60	0.55~0.70
		>50	0.40~0.55	0.55~0.65	0.65~0.70
	>2.5~5	<50	0.18~0.25	0.25~0.30	0.30~0.40
		>50	0.25~0.30	0.30~0.35	0.30~0.50
	>1.25~2.5	<50	0.10	0.11~0.15	0.15~0.22
		50~100	0.11~0.16	0.16~0.25	0.25~0.35
		>100	0.16~0.20	0.20~0.25	0.25~0.35

注：$R_a=0.5mm$，一般选择刀杆截面为 $(20\times20)mm^2$；

　　$r_a=1mm$，一般选择刀杆截面为 $(30\times30)mm^2$；

　　$r_aq=2mm$，一般选择刀杆截面为 $(30\times45)mm^2$。

表 3-7 硬质合金车刀粗车外圆、端面的进给量

工件材料	刀杆尺寸 $B\times H$ /mm²	工件直径 d/mm	切削深度 a_p/mm				
			≤3	>3~5	>5~8	>8~12	>12
			进给量 f/(mm·r⁻¹)				
碳素结构钢 合金结构钢 耐热钢	16×25	20	0.3~0.4	—	—	—	—
		40	0.4~0.5	0.3~0.4	—	—	—
		60	0.5~0.7	0.4~0.6	0.3~0.5	—	—
		100	0.6~0.9	0.5~0.7	0.5~0.6	0.4~0.5	—
		400	0.8~1.2	0.7~1.0	0.6~0.8	0.5~0.6	—

（续表）

工件材料	刀杆尺寸 $B \times H$ /mm²	工件直径 d/mm	切削深度 a_p/mm				
			≤3	>3~5	>5~8	>8~12	>12
			进给量 f/(mm·r⁻¹)				
碳素结构钢 合金结构钢 耐热钢	20×30 25×25	20	0.3~0.4	—	—	—	—
		40	0.4~0.5	0.3~0.4	—	—	—
		60	0.5~0.7	0.5~0.7	0.4~0.6	—	—
		100	0.8~1.0	0.7~0.9	0.5~0.7	0.4~0.7	—
		400	1.2~1.4	1.0~1.2	0.8~1.0	0.6~0.9	0.4~0.6
铸铁 铜合金	16×25	40	0.4~0.5	—	—	—	—
		60	0.5~0.8	0.5~0.8	0.4~0.6	—	—
		100	0.8~1.2	0.7~1.0	0.6~0.8	0.5~0.7	—
		400	1.0~1.4	1.0~1.2	0.8~1.0	0.6~0.8	—
	20×30 25×25	40	0.4~0.5	—	—	—	—
		60	0.5~0.9	0.5~0.8	0.4~0.7	—	—
		100	0.9~1.3	0.8~1.2	0.7~1.0	0.5~0.8	—
		400	1.2~1.8	1.2~1.6	1.0~1.3	0.9~1.1	0.7~0.9

注：① 断续加工和加工有冲击的工件，表内进给量应乘系数 $k=0.75 \sim 0.85$；

② 加工无外皮工件，表内进给量应乘系数 $k=1.1$；

③ 加工耐热钢及其合金，进给量不大于 1mm/r；

④ 加工淬硬钢，应减少进给量。当钢的硬度为 44～56HRC，应剩系数 $k=0.8$；当钢的硬度为 57～62HRC 时，应乘系数 $k=0.5$。

进给速度 v_f 是指单位时间里，刀具沿进给方向移动的距离（mm/min），进给速度与进给量的关系如下：

$$v_f = nf \tag{3-7}$$

式中：n 为主轴转速，单位 r/min。

一般而言，当工件的质量要求能够得到保证时，为提高生产率，可选择较高（2 000mm/mim 以下）的进给速度；切断、车削深孔或精车时，宜选择较低的进给速度；刀具空行程，特别是远距离"回零"时，可以设定尽量高的进给速度；进给速度应与主轴转速和背吃刀量相适应。

3. 主轴转速（切削速度 v_c）的确定

主轴转速应根据零件上被加工部位的直径、零件和刀具的材料及加工条件所允许的切削速度来确定。背吃刀量和进给量选定之后，首先在保证刀具合理耐用度的条件下，用计算或查表来确定切削速度 v_c，再根据 v_c 按照如下的关系式计算求出主轴转速：

$$n = \frac{1\,000 v_c}{\pi d} \tag{3-8}$$

式中：n 为主轴转速，单位 r/min；v_c 为切削速度，单位 m/mim；d 为切削刃选定点处所对应的工件回转直径，单位 mm。

此外,切削速度还可根据实践经验确定。表 3-8 为硬质合金外圆车刀切削速度的参考值。

表 3-8　硬质合金外圆车刀切削速度的参考值

工件材料	热处理状态	$a_p=0.3\sim2mm$ $f=0.08\sim0.3mm/r$ $v_c/m \cdot min^{-1}$	$a_p=2\sim6mm$ $f=0.3\sim0.6mm/r$ $v_c/m \cdot min^{-1}$	$a_p=3\sim10mm$ $f=0.6\sim1mm/r$ $v_c/m \cdot min^{-1}$
低碳钢　易切钢	热轧	140～180	100～120	70～90
中碳钢	热轧	130～160	90～110	60～80
	调质	100～130	70～90	50～70
合金工具钢	热轧	100～130	70～90	50～70
	调质	80～110	50～70	40～60
工具钢	退火	90～120	60～80	50～70
灰铸铁	<190(HBS)	90～120	60～80	50～70
	190～225(HBS)	80～110	50～70	40～60
高锰钢			10～20	
铜及铜合金		200～250	120～180	90～120
铝及铝合金		300～600	200～400	150～200
铸铝合金		100～180	80～150	60～100

注:表中刀具材料切削钢及灰铸铁时寿命约为 60min,由于各个刀具厂家生产的刀具质量不一,很难以一种刀具的参数来说明整体情况,一般来讲,实际选用可高于表中值。

4. 螺纹车削时切削用量的确定

螺纹切削时螺距(或导程)是由图纸指定的。车削螺纹时的切削用量,主要是确定主轴转速 n 和背吃刀量 a_p。

(1) 车螺纹时主轴转速的确定。在车削螺纹时,车床的主轴转速将受到螺纹螺距(或导程)大小、驱动电动机的升降频特性及螺纹插补运算速度等多种因素的影响,故对于不同的数控系统,推荐不同的主轴转速选择范围。大多数普通数控车床数控系统推荐车螺纹时的主轴转速如下:

$$n \leqslant \frac{1\,200}{P} - k \tag{3-9}$$

式中: P 为工件螺纹的螺距或导程,单位 mm; k 为保险系数,一般取为 80; n 为主轴转速,单位 r/min。

(2) 车螺纹时背吃刀量的确定。由于车削螺纹是成型加工,刀具强度较差,且切削进给量大,刀具所受切削力也很大,所以一般都要多刀加工,并按逐层递减原则合理安排每刀的背吃刀量。表 3-9 列出了常见米制螺纹车削进给次数和切削深度参考值,以供借鉴。

表 3-9 常见米制螺纹切削的进给次数和背吃刀量

螺距	牙深（半径值）	切削深度（直径值）								
		1 次	2 次	3 次	4 次	5 次	6 次	7 次	8 次	9 次
1.0	0.694	0.7	0.4	0.2						
1.5	0.974	0.8	0.6	0.4	0.16					
2.0	1.299	0.9	0.6	0.6	0.4	0.1				
2.5	1.624	1.0	0.7	0.6	0.4	0.4	0.15			
3.0	1.949	1.2	0.7	0.6	0.4	0.4	0.4	0.2		
3.5	2.273	1.5	0.7	0.6	0.6	0.4	0.4	0.2	0.15	
4.0	2.598	1.5	0.8	0.6	0.6	0.4	0.4	0.4	0.3	0.2

5. 切削用量选择的原则

粗加工时一般以提高生产效率为主要目标，兼顾经济性和加工成本。提高切削速度、加大进给量和背吃刀量都能提高生产效率，其中，切削速度对刀具寿命影响最大，进给量次之，背吃刀量影响最小。所以，粗加工时首现选择一个尽可能大的背吃刀量，其次根据机床动力和刚性的限制条件选择一个较大的进给量，最后根据刀具寿命确定最佳的切削速度。

精加工时是以保证零件加工精度和表面粗糙度为主要目标。加工余量不大而且较均匀，应着重考虑如何保证加工质量，并在此基础上尽量提高生产效率。所以，精加工时首现根据粗加工后的余量确定背吃刀量，其次根据已加工表面的粗糙度要求，选取一个较小的进给量，最后在保证刀具寿命的前提下，尽可能选择较高的切削速度。

3.3 典型零件的数控车削加工工艺案例分析

3.3.1 轴类零件数控车削工艺的制订

如图 3-46 所示为典型轴类零件，试制定其数控车削加工工艺。

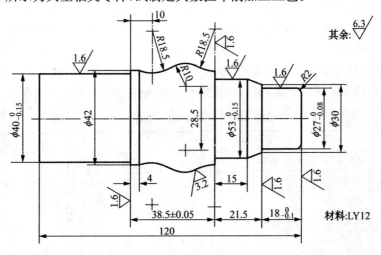

图 3-46 轴类零件图

1. 分析零件图样

(1) 结构形状分析。从图 3-46 可知,该零件为简单轴类零件,可通过车削加工来完成。该零件由轴向台阶、圆锥面、圆弧成型面等轮廓要素组成,因其轮廓要素中具有锥面和圆弧成型面,采用普通车床加工可能难以保证加工质量要求,因此使用数控车床进行加工。从台阶结构来看,该零件还需要调头加工。

(2) 尺寸精度分析。右端 $\phi27^0_{-0.08}$ 的径向尺寸,通过查表可知其精度等级为 IT10 级,$\phi35^0_{-0.15}$ 的径向尺寸,其精度等级为 IT11 级;左端 $\phi40^0_{-0.15}$ 的轴,其精度等级为 IT11 级;还有两个轴向尺寸 38.5 ± 0.05 和 $18^0_{-0.1}$ 精度分别为 IT10、IT11 级;几处重要表面其表面粗糙度要求为 $Ra1.6\mu m$ 和 $Ra3.2\mu m$,由此分析在加工过程中采用半精车即可达到要求。

(3) 材料分析。加工材料为 LY12,即超硬铝,切削加工性能良好。但铝材塑性好,在加工过程中易黏刀而形成积屑瘤,故加工过程中要求刀具锋利、冷却充分。

(4) 零件图样尺寸分析。该零件图纸结构清晰,尺寸完整,无薄壁窄槽等难加工的特殊部位,工艺性良好。

2. 零件加工工艺设计

(1) 总体加工方案分析。由于该零件是中间大、两头小的结构形状,可以选择的加工方案有:

① 掉头装夹。以直径为 $\phi50mm$ 的棒料作毛坯,利用锯床下料,锯切长度超过 125mm,先加工一端后再调头加工另一端。

② 一端装夹。采用直径 $\phi50mm$ 的棒料做毛坯,穿越主轴孔后仅用一端夹持,使用左、右偏刀分别车削左右两端,最后由切断刀切断控制总长,继续送料后可连续加工下一件。

③ 方案对比:

方案 1:在使用普通三爪卡盘装夹的情况下,总长及两端轴向相对位置不容易保证,调头装夹也会使得两端轴颈同轴度降低,但需要使用的刀具较少。若为大批量生产类型要求,则需要制作精密软爪定位或进行装夹定位方案的设计,以减少调头对刀的麻烦和由此引起的总长尺寸误差。

方案 2:一次装夹加工左右两端,总长及两端轴向相对位置容易保证,两端轴颈同轴度较高,但需要使用多把车刀(左、右偏刀和切断刀),较适合形位精度要求较高或大批量生产的类型。

由于该零件属单件小批量生产类型,图纸中对总长尺寸及两端同轴度也没有提出特别高的要求,因此选择掉头装夹的方案,进行工艺设计。掉头装夹的工艺设计见表 3-10。

表 3-10 掉头装夹的工艺设计

序号	工序名称	工序内容	刀具/量具	夹具	设备
1	备料	$\phi50\times125$ 冷轧圆棒料	带锯/锯条		锯床
2	车左端	车左端 $\phi40\times42$ 台肩	外圆车刀	三爪卡盘	数控车床
3	检验	检验 $\phi40^0_{-0.15}$	游标卡尺		
4	调头车右端	车右端各台肩及轮廓成型面	外圆车刀	三爪卡盘	数控车床
5	检验	检验 $\phi27^0_{-0.08}$、$\phi35^0_{-0.15}$、38.5 ± 0.05 和 $18^0_{-0.1}$	游标卡尺,深度尺		
入库					

（2）加工顺序的确定。由于零件加工精度要求不是太高，采用粗、精车即可保证。按照先粗后精的原则划分工序。因零件左端结构简单，且轴颈尺寸较大，先粗、精加工左端 $\phi40\times42$ 的台肩，作为调头加工时轴向装夹定位的精基准，再粗、精加工右端复杂台肩及圆弧成型面。左端加工时可将左端圆弧曲面部分粗加工完成，调头加工右侧时可连续走刀将圆弧成型面一起精加工出来，以减少使用刀具数量并保证圆弧面的完整，避免对接加工产生接刀痕。而且，首先加工左端尺寸较大的 $\phi40$ 长轴颈部分，还可以确保调头夹持时获得较好的刚性。该零件加工顺序及装夹方案如图 3-47 所示。

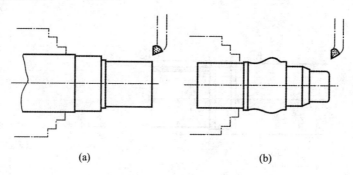

（a）　　　　　　　　　　　　（b）

图 3-47　装夹示意图

（a）加工左侧的装夹示意图；（b）加工右侧的装夹示意图

（3）刀具选用。该零件采用调头分别车削两端，因此加工时仅用一把外圆车刀即可完成。由于毛坯材料为硬铝 LY12，选择高速钢材质的刀具即可，刀具必须刃磨锋利，前角约 $20°\sim 30°$。由于零件中有半径为 $R10$ 和 $R18.5$ 的凹凸圆弧成型面，通过对交接处切线角度的分析，可知外圆车刀的副偏角必须大于 $30°$，如图 3-48 所示。若使用副偏角小于 $30°$ 的外圆车刀，则必须在两端调头加工前后分别进行粗、精车对接加工，在一般三爪卡盘装夹定位的条件下，容易产生接痕。该零件结构简单且具有一定长度的稳定夹持表面，不需要特殊的夹具，使用三爪卡盘即可。

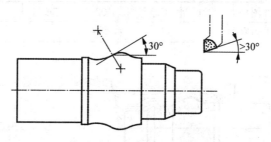

图 3-48　刀具主偏角的分析

如果使用可转位机夹车刀，根据副偏角要大于 $30°$ 的要求，应选用 J 形刀杆（93°偏头侧切）、V 形刀片（35°刀尖角），实际工作中可以参照具体机床刀架允许的装刀要求，可选用 16×16 或 20×20 方刀的刀杆，综合上述，最后选用的机夹车刀型号为 SVJCR1616H16，刀片型号为 VCUM160404R-A2。

（4）起刀位置及走刀路线的确定：

① 确定对刀点距离车床主轴轴线 25mm，距离毛坯右端面 5mm。

② 确定换刀点距离车床主轴轴线 50mm，距离毛坯右端面 50mm。

③ 走刀路线：

（a）左端车削加工除 $\phi 40$ 的轴颈需精车到尺寸外，其余仅作台肩粗车。车削的走刀路线如表 3-11 所示。

表 3-11 左端台阶走刀路线图

数控加工走刀路线图	零件图号	C01	工序号	01	工步号		程序号	
机床型号		加工内容		左端台阶加工			第　页	共　页

编程说明：
使用 G71 指令进行粗加工，X 方向留 0.5mm 余量，用 G70 指令连续完成轮廓精车，通过磨耗控制尺寸精度

编程	
校对	

主要节点坐标	$O(52.0,0)$，$1(44.5,-60.0)$，$2(42.86,-57.0)$，$3(40.0,-42)$	审批

符号	⊙	⊗	◕	•→	→	←⊢	•—	⌁	⤶
含义	抬刀	下刀	编程原点	起刀点	走刀方向	刀路相交	爬斜坡	钻孔	行切

（b）调头装夹，使用 G73 指令对右侧的外圆表面进行粗、精加工。车削加工的走刀路线如表 3-12 所示。

表 3-12 右侧外圆加工走刀路线图

数控加工走刀路线图	零件图号	C01	工序号	02	工步号		程序号	
机床型号		加工内容		右端车削			第　页	共　页

编程说明：
使用 G73 指令进行粗加工，X 方向留 0.5mm 余量，用 G70 指令连续完成轮廓精车，通过磨耗控制尺寸精度

主要节点坐标	$A(23.0,0)$，$B(27.0,-2.0)$，$C(27.0,-17.95)$，$D(30.0,-17.95)$，$E(34.925,-24.45)$，$F(34.925,-39.45)$，$G(41.67,-39.45)$，$H(46.104,-48.281)$，$I(45.518,-58.281)$，$J(42.0,-74.0)$，$K(42.0,-78.0)$	编程
		校对
		审批

符号	⊙	⊗	◕	•→	→	←⊢	•—	⌁	⤶
含义	抬刀	下刀	编程原点	起刀点	走刀方向	刀路相交	爬斜坡	钻孔	行切

（5）切削用量的选用。由切削参数资料查得，高速钢刀具车削铝合金材料时推荐 $v_c =$ 15～200m/min，按车削直径为 $\phi40$ 计算，其主轴转速 $n = 1\,000v_c/\pi D$，为 120～1 600r/min，考虑到机床的刚性等因素，确定粗车时 $S = 800$r/min，$a_p = 1$mm；精车时 $S = 1\,000$r/min，$a_p = 0.1～0.2$mm。切削用量的选取如表 3-13 所示。

表 3-13　切削用量的选择

工件材料	加工方式	背吃刀量/mm	主轴转速/(r/min)	进给量/(mm/r)	进给速度/(mm/min)
硬铝 LY12	粗加工	1～2	800	0.2～0.4	120～240
	精加工	0.1～0.2	1 000	0.1～0.2	80～160

（6）编制数控加工工序卡片。数控加工工序卡片如表 3-14、表 3-15 所示。

表 3-14　数控加工工序卡（左侧）

产品名称	数控加工工序卡片		零(部)件图号	零(部)件代号	工序名称	工序号
成型轴			01	GY-01	左端车削	

材料名称	材料牌号	
硬　铝	LY12	
机床名称	机床型号	
数控车床		
夹具名称	夹具编号	
三爪卡盘		

工步	工作内容	刀　具	量　具	主轴转速 n/(r/min)	背吃刀量/mm	进给量 f/(mm/r)
1	车左端台阶 ϕ44.5	外圆刀	游标卡尺	800	1	0.3
2	精车左端台阶 ϕ42.0	外圆刀	游标卡尺	1 000	0.2	0.15
3	精车左端台阶 ϕ40.0	外圆刀	游标卡尺	1 000	0.2	0.15
4	检验					
5						

表 3-15　数控加工工序卡(右侧)

产品名称	数控加工工序卡片		零(部)件图号	零(部)件代号	工序名称	工序号
成型轴			01	GY-01	右端车削	

材料名称	材料牌号
硬 铝	LY12
机床名称	机床型号
数控车床	
夹具名称	夹具编号
三爪卡盘	

工步	工作内容	刀 具	量 具	主轴转速 $n/(r/min)$	背吃刀量/ mm	进给量 $f/(mm/r)$
1	粗车右端台阶	外圆刀	游标卡尺	800	1	0.3
2	精车右端轮廓	外圆刀	游标卡尺	1000	0.2	0.15
3	检验					
4						
5						

(7) 数控加工程序略。

3.3.2　套类零件数控车削工艺方案制订

如图 3-49 所示盘套类零件,材料 45♯钢,分析其数控车削加工工艺。

1. 零件图工艺分析

(1) 结构形状分析。从图样可知,该套类零件主要由端面、外圆柱面、外割槽、内外倒角、内孔、内螺纹等组成。根据零件的台阶结构形状,本例需要掉头加工。

(2) 尺寸精度分析。经查表可知,左端 $\phi40^{+0.065}_{+0.026}$ 内孔尺寸精度等级为 IT10 级,右端外圆柱面 $\phi64^{-0.01}_{-0.046}$ 尺寸精度等级为 IT9 级,轴向总长 $40^{0}_{-0.1}$ 为 IT10 级,另外,右侧外圆柱面、$\phi40^{+0.065}_{+0.026}$ 内孔的表面粗糙度要求很高达到 $Ra1.6$,其余表面要求 $Ra3.2$。为了保证图样要求的尺寸精度和表面粗糙度,本零件需要粗、精加工两个阶段加工。

(3) 材料分析。加工材料为 45♯钢,属于碳素结构钢,材质较软,塑性好,但是强度低,为

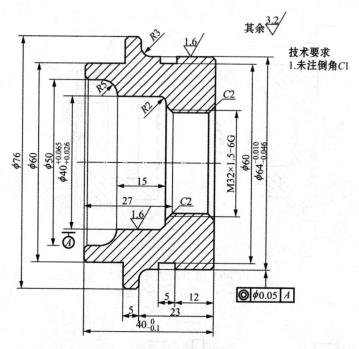

图 3-49　盘套零件图

提高材料的综合力学性能,毛坯应先进行调质处理,保证其较高的强度和良好的切削加工性。

(4) 零件图样尺寸分析。该零件图纸结构清晰,尺寸完整,工艺性良好。

2. 零件加工工艺设计

(1) 总体加工方案分析。由于该零件是中间大、两端小的结构形状,选择掉头装夹方案分头加工。选择盘套毛坯尺寸为 $\phi80\times\phi25\times45$mm,利用锯床下料,锯切长度控制在 42～45mm;先用 $\phi25$ 的钻头加工预制孔,便于镗刀杆伸入孔内加工。掉头加工时,一般表面质量要求严格、尺寸精度要求高、有螺纹加工的表面等考虑后加工,因此本例先加工左端内外轮廓,再掉头加工右端内外轮廓以及螺纹;此外,按照工件伸出长度尽量短以保证加工刚度的原则,中间 $\phi76$mm 的外圆表面应该与左端一起加工。该零件的加工工艺卡见表 3-16。

(2) 走刀路线、装夹方案的确定。为避免掉头后右端对接加工产生接刀痕,影响零件表面质量,在加工左端时,要在图样轴向尺寸的基础上再多加工 3～5mm,即(12+5+5=22mm),因此保证伸出长度大于 22mm,如图 3-50(a)所示;另外,为保证轮廓的连续性、完整性,左右两端内外轮廓的倒角部位的加工,均应在该倒角的延伸线上切入、切出。见图 3-51、图 3-52 所示;加工右端时,以左侧 $\phi60$ 的外圆柱面为径向装夹基准,并以 $\phi76$ 的左端面为轴向装夹基准,以保证零件在加工中不沿轴向发生位移,如图 3-50(b)所示。走刀路线图如图 3-51、图 3-52 所示。

(3) 刀具、夹具、切削用量的确定。该零件有左右外圆、左右内孔、右侧外割槽、右侧内螺纹等加工内容,因为内外轮廓尺寸差异较大,粗加工去除余量较多,粗加工时对刀具的磨损较严重,而且小批量生产,要考虑加工的经济性,因此,粗加工外圆时选择主偏角 93°、刀尖角 75°的高速钢刀具 T01,精加工外圆时选择刀尖角 35°的 YT5 硬质合金刀具 T02;内孔镗刀选择刀尖角 55°的硬质合金刀具 T03,外割槽刀具选择刀宽 5mm 的成型割槽刀 T04。内螺纹刀选择

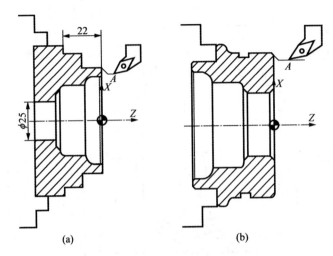

图 3-50　工件的装夹示意图

(a) 加工左端；(b) 加工右端

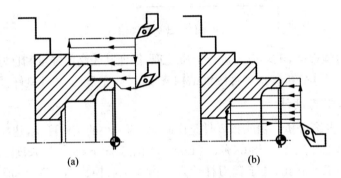

图 3-51　加工零件左端的走刀路线

(a) 车削左端外圆的走刀路线；(b) 车削左端内孔的走刀路线

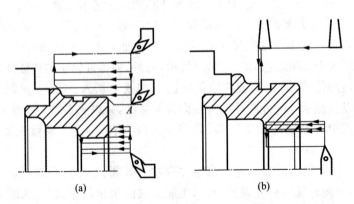

图 3-52　加工零件右端的走刀路线

(a) 车削右端外圆、内孔；(b) 车削右端外割槽、内螺纹

刀尖角 60°的成型刀片 T05。因为零件的轴向尺寸较短,因此只用三爪卡盘装夹即可。切削用量的具体数值详见表 3-16。

表 3-16 盘套零件数控加工工艺卡片

盘套零件数控加工工艺卡						零件代号	材料名称
						1.2.1	45♯钢
设备名称	数控车床	系统型号	Fanuc 0I TC 车床	夹具名称	三爪卡盘	毛坯尺寸	$\phi80 \times \phi25 \times 45$
工序号	工序内容			刀具号	主轴转速/(r/min)	进给量/(mm/r)	背吃刀量/mm
1-1	调整卡爪行程,夹持 $\phi80$ 外圆,伸出长度大于 20mm,车削端面,车削 $\phi79 \times 25$ 外圆用作调头夹持基准			T01	800	$f0.15$	$a_p = 0.3$
1-2	调头夹持 $\phi79$ 外圆,伸出长度大于 20mm,车削端面,保证总长度至 40.5,放 0.5mm 余量			T01	800	$f0.15$	$a_p = 0.2$
1-3	粗车左端 $\phi60$ 外圆、$\phi76$ 外圆,余量放 0.5mm			T01	800	$f0.3$	$a_p = 1$
	精车左端倒角 C1,$\phi60$ 外圆,倒角 C1,$\phi76$ 外圆,保证尺寸精度、表面粗糙度,未注公差加工符合 IT12 精度			T02	1 000	$f0.15$	$a_p = 0.2$
1-4	粗镗 $\phi50$ 孔,$R5$ 圆弧孔,$\phi40$ 孔,$R2$ 圆弧孔,余量放 1mm			T03	600	$f0.18$	$a_p = 0.5$
	精镗倒角 C1,$\phi50$ 孔,$R5$ 圆弧孔,$\phi40$ 孔,$R2$ 圆弧孔,C2 倒角,保证 $\phi40 + 0.065/+0.026$,保证尺寸公差,未注公差加工复合 IT12 精度			T03	800	$f0.1$	$a_p = 0.2$
2-1	调头夹持 $\phi60 \times 12$ 外圆,以 $\phi60$ 外圆柱面和 $\phi76$ 左端面定位,校正 $\phi76$ 外圆工件跳动,保证同轴度 0.05						
	车削右端面,保证总长 $40.0/-0.1$ 符合公差要求			T01	800	$f0.15$	$a_p = 0.2$
2-2	粗车右端 $\phi64$ 外圆,$R3$ 圆弧,放余量 0.5			T01	800	$f0.3$	$a_p = 1$

（续表）

工序号	工序内容	刀具号	主轴转速/(r/min)	进给量/(mm/r)	背吃刀量/mm
	精车右端面倒角 C1,ϕ64 外圆,R3 圆弧,倒角 C1,保证 ϕ64$-$0.01/$-$0.045 尺寸精度和表面粗糙度,倒角 C1、未注尺寸符合 IT12 精度	T02	1 000	f0.15	a_p=0.2
2-3	选择 5mm 的外割槽刀切削 5×2mm 外槽,保证 ϕ60 尺寸,槽底暂停,修光槽底和侧壁	T04	500	f0.15	
2-4	粗镗倒角 C2,M32×1.5 螺纹底孔,倒角 C2,放余量 1mm	T03	600	f0.18	a_p=0.5
	精镗倒角 C2,M32×1.5 螺纹底孔,倒角 C2,未注尺寸符合 IT12 精度	T03	800	f0.1	a_p=0.2
2-5	粗精车 M32×1.5$-$6G 内螺纹,中径、顶径精度符合 6G 标准	T05	350	f=P=1.5	螺纹递减规律
编制	审核	批准		年　月　日	共　页

【本章小结】

本章主要讲解了以下内容:

(1) 数控车削加工工艺的基础知识。包括切削运动形式及切削用量,数控车削加工工艺的特点、主要内容和适用对象等内容。

(2) 数控车削加工工艺流程的制订。包括针对车削常见零件进行工艺性分析,选择数控车削加工方案,工序的划分及顺序安排,确定加工进给路线,选择合适的数控车削刀具、装夹方式及切削用量等内容。

(3) 常见零件数控车削加工工艺流程的制订。以轴类、套类零件的数控车削工艺编制实例,讲解了工艺指定的流程和技巧。

习题与思考题

1. 数控车削主要的加工对象有哪些? 最适宜数控车削加工的是什么样的零件?

2. 数控加工对刀具有哪些要求? 常用数控车刀的类型有哪些?

3. 数控车削轴类零件的装夹方案有哪些?

4. 切削用量的选择应遵循哪些原则？具体要注意哪些问题？

5. 数控加工工工艺的制订包括哪些内容？

6. 试画图说明螺纹车削加工设置引入及引出距离原因。

7. 简述工步顺铣安排的原则。

8. 粗车锥面的进给路线有哪几种？试加以比较。

9. 如图 3-53 所示的轴类零件，工件材料 45♯钢，毛坯为 $\phi30\times75$mm 的棒料，要求对该零件进行技术分析，确订装夹方案，选择合适的刀具，制订加工工艺方案。

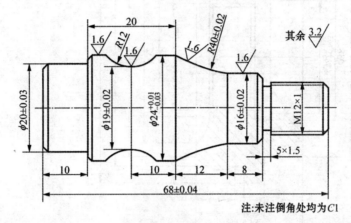

图 3-53　轴类零件

10. 如图 3-54 所示的轴类零件，工件材料 45♯钢，毛坯为 $\phi50\times100$(孔$\phi20\times27$)mm 的棒料，要求对该零件进行技术分析，确订装夹方案，选择合适的刀具，制订数控车削加工工艺方案。

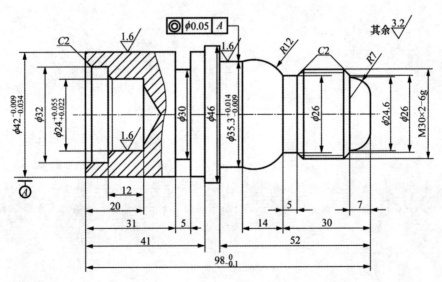

技术要求:
1. 未注倒角$C1$
2. 毛胚$\phi50\times100$(孔$\phi20\times27$)

图 3-54　轴类零件

11. 如图 3-55 所示的盘套类零件，工件材料 45♯钢，毛坯为 $\phi85\times\phi35\times45mm$ 的盘套料，要求对该零件进行技术分析，确订装夹方案，选择合适的刀具，制订加工工艺方案。

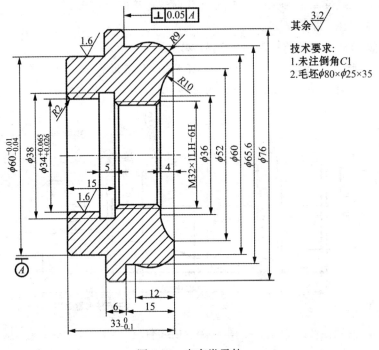

技术要求:
1.未注倒角C1
2.毛坯$\phi80\times\phi25\times35$

图 3-55　盘套类零件

第 4 章　数控车削程序的编制

【学习目标】

通过本章的学习,了解数控车床编程的基础知识,掌握工件坐标系的设定方法,数控车床的编程特点及数控车削的主要功能;掌握常见 G 功能、M 功能、F 功能、S 功能和刀具 T 功能的编程方法;掌握回参考点指令、快速定位和插补加工指令、单一固定循环指令、复合固定循环指令、螺纹加工、子程序及宏程序加工等常用指令的编程技巧;具备中等复杂零件的数控车削编程能力。

4.1　数控车床编程基础

4.1.1　工件坐标系的设定

1. 数控车床的坐标系

数控车床的坐标系如图 4-1 所示。与车床主轴平行的方向(卡盘中心到尾座顶尖的方向)为 Z 轴,与车床导轨垂直的方向为 X 轴。坐标原点位于卡盘后端面与中心轴线的交点 O 处。

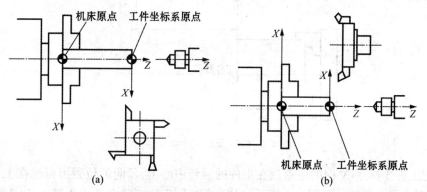

图 4-1　数控车床的坐标系

(a) 前置刀架的机床坐标系;(b) 后置刀架的机床坐标系

数控车床通常只有 X、Z 两根坐标轴,高性能数控机床配有 C 轴,C 轴(主轴)的正向的判断方法为:从机床尾架向主轴看,逆时针为"$+C$"向,顺时针为"$-C$"向。机床厂家在坐标轴的正极限位置通过软件、硬件设定一个参考点,参考点与机床原点之间的距离经过精确测定后设置在数控系统中。机床每次通电后,首先要让刀架返回参考点,CNC 可以根据参考点预置数据通过"反推"确定机床原点的精确位置,从而建立机床坐标系。

2. 工件坐标系

工件坐标系也称为编程坐标系、加工坐标系。针对零件图样进行手工编程前,为了简化编程和便于对刀,编程人员在图样上通常选择零件的右端面与轴线的交点作为编程原点,建立编程坐标系继而编写程序单,如图 4-1 所示。编程坐标系与数控车床坐标系的坐标方向一致,即纵向为 Z 轴,其正方向是远离卡盘上的工件指向尾座的方向;径向为 X 轴,与 Z 轴相垂直,其正方向也是刀架远离工件的方向;当毛坯在数控车床上装夹完毕后,该工件进入加工状态,工件上编程原点的位置也唯一确定下来,此时的编程坐标系也改成加工坐标系。

3. 工件坐标系的设定

当工件在数控车床上装夹完毕后,刀具必须正确识别工件坐标系的原点位置,才能按照程序指定的轨迹进行正确的加工,这就必须先进行工件坐标系的设定。

设定工件坐标系的方法通常有以下两种:

(1) 程序中以 G50 或 G92 指令设定。

指令格式:G50 X $\underline{\alpha}$　Z $\underline{\beta}$

　　　　或 G92 X $\underline{\alpha}$　Z $\underline{\beta}$

虽然 G50、G92 指令因系统不同而异,但是两个指令设定的原理是相同的。以 G50 为例,G50 指令中 α、β 参数的数值,是指当前刀具起刀点在工件坐标系中的坐标值,如图 4-2 所示,当运行写在车削程序首行的 G50 程序段时,CNC 系统会通过"倒推"原理,根据 α、β 的数值确定工件坐标系原点的位置,从而建立工件坐标系。显然,如果刀具和工件发生相对位置变化但 G50 程序段中 α、β 的数值没有及时刷新,就会因工件原点漂移导致错误加工甚至撞刀等事故。因此,一旦程序中设定好 α、β 参数,刀具和工件在加工前不能再发生相对位移。G50 指令必须单独占一行写在程序头,它并不能产生运动,它是模态指令,一经指定持续有效。

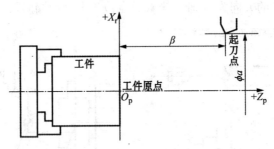

图 4-2　G50 设定工件坐标系

通常把工件坐标系 X 向的原点选在工件的回转中心上,Z 向的位置可以选在工件的左端面、卡盘端面或者右端面。如图 4-3 所示,用 G50 指令可以将 Z 向零点设置在不同位置,设置的程序如表 4-1 所示。一般而言,编程原点尽量与设计基准、安装基准重合,以便于编程和对刀。

表 4-1　用 G50 指令将工件坐标系的原点设在不同位置

Z 坐标点位置	设在工件左端面	设在卡盘端面	设在工件右端面
程序	G50 X130. Z139.	G50 X130. Z127.	G50 X130. Z52.
刀尖距原点距离	X=65. ,Z=139.	X=65. ,Z=127.	X=65. ,Z=52.

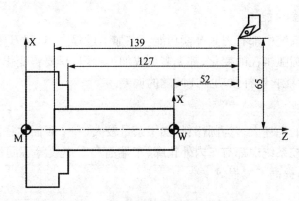

图 4-3　G50 指令设定坐标系的 Z 坐标零点

（2）在 G54～G59 或刀具地址中设置工件原点偏置量。该方法的原理是把工件坐标系原点在机床坐标系的绝对坐标值，直接通过 MDI 方式在操作面板上的 G54～G59 中进行设置。这种方式下，机床必须首先执行返参，从而建立机床坐标系；接下来要通过刀具与工件之间的试切等方法的对刀操作，以获取工件坐标系原点在机床坐标系下的绝对坐标值，并在面板上加以设定。该方式设定好工件坐标系后，在加工之前，刀具的位移不受限制。

G54 在程序中写在运动指令之前，通常 G54 位于程序头。G54 本身并不让刀具产生运动，但可以与运动指令等其他指令写在同一程序段。

例 G54 G00　X120. Y35.；即指令刀具快速运动至 G54 工件坐标系下的 X120. Y35. 位置。

此外，也可以通过 MDI 方式将对刀数据预存在所对应的刀具地址中，在程序头直接调用该刀具的同时也调用对刀数据，所起到的作用和预存在 G54 中是完全一样的。数控车削过程中，利用刀具地址设定工件坐标原点偏置量更加直观、易懂、易操作，因此刀具地址中设定工件坐标系的方法得到广泛应用。本教材后续部分基本都是采用 T××××刀具地址形式来设定、调用工件坐标系。

4.1.2　数控车床的编程特点

1. 混合编程

数控车削程序中，坐标尺寸的指定非常灵活。可以采用绝对编程方式，即加工程序中目标点的坐标以地址 X、Z 表示；也可以采用增量编程方式，即目标点的坐标以地址 U、W 表示；此外，数控车床还可以采用混合编程，即在同一程序段中绝对编程方式与增量编程方式同时出现，如 G00 X35. W－20.。

2. 直径编程

数控车床的编程有直径、半径两种方法。在数控车削编程时，多数机床提供半径编程和直径两种编程方式。直径编程是指 X 方向的相关尺寸为直径值，半径编程是指 X 方向的有关尺寸为半径值。通过参数设置即可实现编程方式的切换。实际生产中，车削零件图样上直径方向的尺寸大多采用直径 ϕ×× 的方式设计，所以在直径编程方式下，可以把图纸上 X 方向上的尺寸直接转换为坐标值，避免了尺寸换算过程中可能造成的尺寸精度误差以及换算错误，所以目前数控车床上广泛采用直径编程方式。

3. 刀具半径补偿功能

数控车床的数控系统中都有刀具补偿功能。在加工过程中,对于刀具位置的变化、刀具几何形状的变化及刀尖圆弧半径的变化,都无需更改加工程序,只要将变化的尺寸或圆弧半径输入到存储器中,刀具就能自动补偿功上述问题的误差。

4. 循环切削功能

数控车床上工件的毛坯大多为圆棒料,加工余量较大,一个表面往往需要进行多次反复的加工。数控车床的数控系统中都有车内外轮廓、车端面和车螺纹等不同形式的循环功能。大大简化了编程工作量,提高了编程效率。

4.2　数控车削控制系统的主要功能

4.2.1　准备功能(G 功能)

G 功能也称为准备功能,用于指令机床动作方式,由地址 G 及其后面的数字组成。表 4-2 为 FANUC 0i Mate-TC 系统的常用 G 代码表。

在使用 G 代码编程时,要注意 G 代码的以下几个特点:

(1) G 代码有模态 G 代码和非模态 G 代码之分。模态 G 代码一旦设定,其功能在后续程序段中始终保持有效,指令字不必重写,直至被同组其他指令字代替或被注销。非模态 G 代码仅在其出现的单个程序段中有效。

(2) 00 组 G 代码中除 G10 和 G11 外都是非模态 G 代码,其他组 G 代码均为模态代码。

(3) 当电源接通或复位而使系统处于清除状态时,模态 G 代码处于表 4-2 所标明的功能状态(为系统的默认值)。

(4) 不同组的 G 代码能够在同一程序段中指定。如果同一程序段中指定了同组 G 代码,则最后指定的 G 代码有效。

(5) 在固定循环的程序段中,若指定 01 组的 G 代码,固定循环会被自动注销。

(6) 不同数控系统其 G 代码并非一致,即使相同型号的数控系统,G 代码也未必完全相同。编程时一定要根据机床说明书中所规定的代码进行编程。

表 4-2　FANUC 0i Mate-TC 数控系统常用 G 代码

G 代码	组别	功能	G 代码	组别	功能
G00		快速点定位	G65	00	宏程序调用
G01	01	直线插补(切削进给)	G66		宏程序模态调用
G02		顺时针圆弧插补	G67	12	宏程序模态调用取消
G03		逆时针圆弧插补	G70		精加工循环
G04	00	暂停(延时)	G71	00	内外径粗车循环
G10		可编程数控输入	G72		端面粗车循环

（续表）

G 代码	组别	功能	G 代码	组别	功能
G11	00	可编程数控输入方式取消	G73		成形重复循环
G18	16	$Z_p X_p$ 平面选择	G74	00	Z 向啄式钻孔，端面沟槽循环
G20	06	英制输入	G75		内外径切槽循环
G21		公制输入	G76		螺纹切削复合循环
G22	09	存储行程检测功能有效	G80		取消固定循环
G23		存储行程检测功能无效	G83		正面钻孔循环
G27		返回参考点检测	G84		正面攻丝循环
G28		返回参考点	G85	10	正面镗孔循环
G30	00	回到第二参考点	G87		钻孔循环
G31		跳转功能	G88		侧面攻丝循环
G32	01	切螺纹	G89		侧面镗孔循环
G40		刀尖半径补偿取消	G90		内外径切削循环
G41	07	刀尖半径左补偿	G92	01	螺纹切削循环
G42		刀尖半径右补偿	G94		端面切削循环
G50		修改工件坐标；设置主轴最转速	G96	02	恒线速度控制
G52	00	设置局部坐标系	G97		恒线速度控制取消
G53		选择机床坐标系	G98	05	每分钟进给量
G54～G59	14	选择工件坐标系	G99		每转进给量

4.2.2　M 功能

M 功能即辅助功能，用于指定主轴起动、主轴停止、程序结束等机床辅助动作及状态。辅助功能由地址 M 及其后面的数字组成。不同数控系统中的 M 功能会有所差别。表 4-3 为 FANUC 0i、6T 系统的 M 代码表。

表 4-3　FANUC 0i Mate-TC 数控系统常用 M 代码

M 代码	功　能	M 代码	功　能
M00	程序停止	M07	冷却液打开
M01	程序选择性停止	M08	冷却液打开
M02	程序结束（复位）	M09	冷却液关闭
M03	主轴正转	M30	程序结束并返回
M04	主轴反转	M98	子程序调用
M05	主轴停转	M99	子程序调用返回

M 指令的的功能、格式及应用请读者参见第二章的相关介绍，在此不再赘述。

4.2.3　进给功能(F功能)

进给功能又称F功能,用于控制刀具的进给速度,由地址F及其后面的数字组成。
编程格式:F_;

加工实践中进给功能有下面两种使用方法:

1. 每分钟进给速度指令G98

指令格式:G98 F_

在F后用数字指定刀具每分钟进给速度的大小,进给速度单位为mm/min。

例如,G98 F120表示每分钟刀具进给速度为120mm/min

2. 每转进给量指令G99

指令格式:G99　F_

在F后指定主轴每转一圈相应刀具的进给量,单位为r/min。

【例4-1】　G99 F0.3,表示刀具的进给量是0.3mm/r.

在车削螺纹的时候,刀具的进给量必须指定为该螺纹的螺距,否则会造成乱扣等错误。

数控车削中普遍采用每转进给量的设定方法。

4.2.4　主轴转速功能(S功能)

主轴转速功能也称为S功能,用于指定主轴的转速,由地址S和其后的数字组成。单位为r/min,主轴速度的单位取决于机床的设定。S是模态指令,在主轴速度可调节时,S指令指定的主轴转速可以借助机床控制面板上的主轴倍率开关进行修调。此外,在具备恒线速度切削控制功能的机床上,S功能还有以下几种实用功能:

1. 恒线速度控制(G96)

指令格式:G96　S_

G96指令用于启动机床的恒线速度切削功能。切削线速度恒定会使零件表面的的粗糙度一致,提高表面质量。在车削大端面或工件直径变化较大时,若主轴转速保持恒定,刀具的径向进给会改变工件表面的实际切削线速度,影响工件表面质量。此时,利用G96设定一个恒定的表面切削线速度,使工件转速随刀具径向移动而改变,就可以保证零件表面粗糙度的稳定,提高表面加工质量。控制系统执行G96指令后,S后面的数值表示以刀尖所在的X坐标值为直径计算的切削线速度,单位为m/min。

【例4-2】　如图4-4所示的零件,G96 S150表示切削点线速度控制在150m/min。

根据切削线速度和主轴转速的关系:

$$v_c = \pi d n / 1\,000$$

式中:v_c是切削速度(m/min);n是主轴转速(r/min);d是零件待加工表面的直径(mm)。

为保持ABC各点的线速度在150m/min,则各点加工时的主轴转速为:

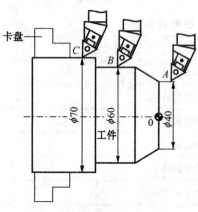

图4-4　恒线速切削实例

A 点：$n=1\,000\times150\div(\pi\times40)=1\,193\,(r/min)$

B 点：$n=1\,000\times150\div(\pi\times60)=795\,(r/min)$

C 点：$n=1\,000\times150\div(\pi\times70)=682\,(r/min)$

一般恒线速度切削方式加工结束后，应该使用 G97 功能将该模式取消。

2. 恒线速度取消（$G97$）

指令格式：G97　S＿

G97 是取消恒线速控制的指令。该功能可设定主轴转速并取消恒线速控制，S 后面的数值表示取消恒线速切削控制后的每分钟主轴转数。例如，G97S800 表示主轴转速为 800r/min。G97 用于车削螺纹或工件直径变化较小的零件加工。系统默认是 G97 模式。

注意：当由 G96 模式转为 G97 时，应对 S 指令赋值，若 S 未指定，将保留 G96 指令的最终值；当由 G97 转为 G96 模式时，若没有对 S 赋值，则按照前一个 G96 所赋的 S 值进行恒线速度切削控制。

3. 主轴最高转速限制（$G50$）

指令格式：G50　S＿

G50 可以对主轴的最高转速进行限制。S 后面的数值表示允许的主轴最高转速。单位 r/min。例如，G50 S1800，表示允许的最高转速为 1 800r/min。一般使用 G96 的同时，常使用 G50 指令对主轴最高速度进行限制，防止当刀具接近工件中心时，工件转速会变得越来越高，造成飞车事故。在车床上 G50 还可用于坐标系设定，但是指令格式不同，详见后续的介绍。

4.2.5　刀具功能（T 功能）

指令格式：T＿

刀具功能又称为 T 功能，用于选择调用机床上的刀具。T 后面指定四位数字，前两位代表刀具号，后两位代表刀具的补偿号，包括刀尖半径补偿和长度补偿。

【例 4-3】 T0103 表示选用 01 号刀具，选择 03 号刀具补偿。

在实践加工时，最好所选用的刀具号和补偿号能够保持一致，可以方便操作人员记忆，避免调错补偿号造成加工错误。当后两位数字为 00 时表示取消刀具补偿。

【例 4-4】 T0100 表示取消 01 号刀具所使用的刀具补偿。

4.2.6　刀具半径补偿功能（G41、G42、G40）

数控车床一般都具备刀具补偿功能，包括刀具长度补偿功能和刀尖圆弧半径补偿功能。

1. 刀具长度补偿

刀具长度补偿又称为刀具偏置补偿，用来补偿实际刀具和编程中的假想刀具（通常所谓基准刀具）的偏差，如图 4-5 所示。下面几种情况，需要进行刀具长度补偿。

（1）实际加工中，通常是用不同尺寸的若干把刀具加工同一工件，而编程时是以刀架中心为基准（刀位点）设定工件坐标系的，因此必须将所有刀具的刀尖都移到此基准

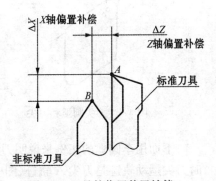

图 4-5　刀具的位置偏置补偿

点,利用刀具位置补偿功能,即可完成。

（2）对于同一把刀而言,重磨后再把它准确地安装到程序所设定的位置是非常困难的,总是存在着位置误差,这种位置误差在实际加工时便成为加工误差。因此在加工以前,必须用刀具位置补偿功能来修正安装位置误差,即把重磨后的刀具重新安装后,测出重磨后刀尖位置与刀架中心的差值,作为补偿值。

（3）刀具在加工过程中,都会有不同程度的磨损,磨损后刀具的刀尖位置与编程位置存在着差值,势必造成加工误差。这一问题也可以用修正刀具位置补偿值的方法来解决。

（4）当工件尺寸发生变化时,只要修正偏移值 X、Z,就可运用刀具位置补偿的方法来解决,而不用修改加工程序。如某工件加工后,外圆直径比程序要求的尺寸大 0.03mm,则可用 $U-0.03$ 来修改相应存储器中的数值（X 轴方向上）,在执行一遍精加工即可保证尺寸达到图纸要求。

刀具长度补偿功能通常由操作面板上 T 功能模块来设定,要特别注意的是,刀具补偿功能只在 G00 或 G01 指令程序段内设定才能有效。其他指令都不能建立、撤销刀具补偿。

在 FANUC 0I 系统中 T 代码格式为 4 位数 T××××,前两位指定调用的刀具号,后两位指定该刀具的补偿号,刀具补偿号实际上就是刀具补偿寄存器的地址号,刀具补偿值由操作者按实际需要输入到数控装置中的补偿寄存器里,如 T0101 即刀具号为 01,刀具补偿号也为01。为了方便记忆,避免误操作,一般操作者在 T 功能中设定相同的刀具号和刀具补偿号。当补偿号为 0 时,表示不进行补偿或取消刀具补偿。

刀具长度补偿值可用对刀仪测量法、对刀显微镜测量法或试切法确定,其中应用最为广泛的是试切法。

2. 刀尖圆弧半径补偿

车刀的刀尖由于磨损等原因总有一个小圆弧（车刀不可能是绝对尖的）。但是,编程计算点坐标是根据理论刀尖（假想刀尖）A 来计算的,如图 4-6 所示。车削时,实际起作用的切削刃是圆弧的各切点,这样在加工圆锥面和圆弧面时,就会产生加工表面的形状误差,如图 4-7 所示。从图中看出,编程时刀尖运动轨迹是 P_0、P_1、P_2,但由于刀尖圆弧半径 R 的存在,实际车出工件形状为图中虚线,这样就产生圆锥表面误差 δ。如果工件要求不高可忽略不计,如工件要求很高,就应考虑刀尖圆弧半径对工件表面形状的影响。

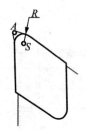

图 4-6　刀尖圆弧和刀尖

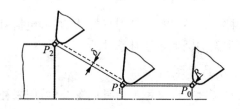

图 4-7　车圆锥时产生的误差

下面用车圆弧的实例来说明刀尖磨损对工件表面形状误差的影响。如图 4-8 所示,编程时刀尖运动轨迹是刀尖 A 轨迹（图中 P_1,A,A,A,…,P_2）。但是,车削时实际起车削作用的是刀尖圆弧的各切点,因此车出的工件实际表面形状是图中的虚线形状,这样就产生了较大的形

状误差 δ_1、δ_2。此时就必须考虑刀尖圆弧半径对工件表面形状的影响。

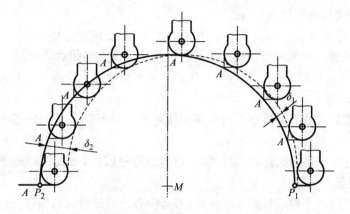

图 4-8　车圆弧时产生欠切、过切现象

在车内孔、外圆或端面时，因为实际切削刃的运动轨迹与假想刀尖轨迹以及工件轨迹一致，所以并无误差产生。但车圆锥面和圆弧时，在工件轮廓上假想刀尖轨迹与实际切削刃轨迹不重合，就会产生误差 δ。消除误差的方法是采用机床的刀具半径补偿功能. 编程者只需按工件轮廓线编程。执行刀具半径补偿后，刀具自动偏离工件轮廓一个刀具半径值，从而消除了刀尖圆弧半径对工件形状的影响，如图 4-9 所示。

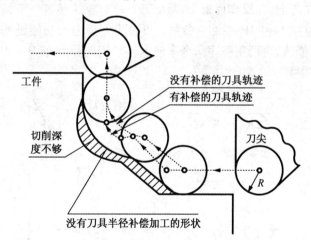

图 4-9　执行刀尖半径补偿时的刀具轨迹

在编制轮廓切削加工场合中，一般以工件的轮廓尺寸作为刀具运动轨迹进行编程，这样编制加工程序简单，即假设刀具中心运动轨迹是沿工件轮廓运动的，而实际的刀具运动轨迹要与工件轮廓有一个偏移量(刀具半径)。利用刀具半径补偿功能可以方便地实现这一转变，机床可自动判断补偿的方向和补偿值的大小，自动计算出实际刀具中心轨迹，并按刀具中心轨迹运动。从而简化编程。

(1) 刀尖半径补偿的指令，包括 G41、G42、G40 三个指令。

格式:G00　(G01)　G41　(G42、G40)　X(U)_Z(W)_;

G41——建立、运行刀尖半径左补偿。

G42——建立、运行刀尖半径右补偿。

G40——取消刀尖左、右补偿。如需要取消刀尖左右补偿,可编入 G40 代码。这时,使假想刀尖轨迹与编程轨迹重合。

X、Z 为刀具建立或者取消刀具半径补偿运动中目标点的绝对坐标。

U、W 为刀具建立或者取消刀具半径补偿运动中目标点的相对坐标。

(2)刀具半径补偿的应用。刀具半径补偿的应用包括三个阶段,即刀补的建立、刀补的运行、刀补的取消。

① 刀补的建立。是指刀具中心从与编程轨迹重合过渡到与编程轨迹偏离一个偏置量的过程。

② 刀补的进行。是指执行有 G41、G42 指令的程序段后,刀具中心始终与编程轨迹相距一个偏置量的过程。

③ 刀补的取消。是指刀具离开工件后,刀具中心轨迹过渡到与编程轨迹重合的过程。

(3)判断刀具补偿的方法。从不在加工平面(指 X、Z 平面)的第三轴(Y 轴)的正向朝负向看,观察者跟随在刀具的后面,若刀具始终在被加工轮廓的右侧为右刀补 G42,反之为 G41。

(4)刀尖的方位号。车刀的形状有很多,在进行刀尖圆弧半径补偿时,假想刀尖相对于圆弧中心的方位与刀具移动的方向有关,它直接影响圆弧车刀补偿计算的结果,因此必须把代表车刀形状和假想刀尖方位的参数输入到存储器中。我们根据车刀的结构和加工方法把刀尖的方位号归纳为 9 种,如图 4-10 所示,主要是按外圆加工、内孔加工、端面加工和钻孔等刀具规定了不同的刀尖定位方向,在操作面板上,每把刀具相对应的都有一组偏置量 X、Z,以及刀尖半径补偿量 R 和刀尖方位号 IP 共 4 个参数。可以用面板上的功能键 OFFSET,同相应的 T 代码一起选择设定、修改,也可用程序指令来输入。常用的外圆车刀正刀的方位角为 3 号,内孔镗刀的方位角为 2 号。

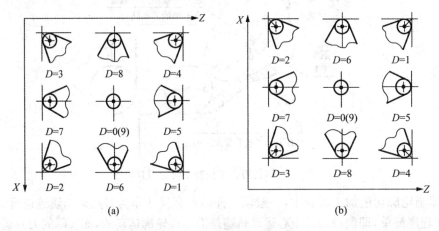

图 4-10　前置、后置刀架车刀刀尖方位角的定义
(a) 前刀架;(b) 后刀架

提醒:使用刀具半径补偿的过程中要注意以下问题:

① G41、G42、G40 指令是通过直线运动来建立或取消刀具补偿的,因此它们不能与圆弧切削指令写在同一个程序段内,只能与 G01、G00 指令在同一程序段。

② 为了避免产生加工误差,在调用新刀具前或要更改刀具补偿方向时,中间必须取消刀具补偿。

③ 程序的最后必须以取消偏置状态结束,否则刀具不能在终点定位,而是停在与终点位置偏移一个矢量的位置上。

④ G41、G42、G40 是模态代码。一经设定持续有效。

⑤ 在使用 G41 和 G42 之后的程序段,不能出现连续两个或两个以上的不移动指令,否则 G41 和 G42 会失效。

采用刀具半径补偿功能,编程人员只需按工件轮廓轨迹编程,在程序加工前,首先要将刀具的刀尖方位号和刀尖半径 r 输入该刀具号的存储器中,刀尖半径补偿才能起作用。刀尖圆弧半径补偿会通过 G41、G42、G40 指令和刀具号 T 指令一起进行调用或取消。加工中执行刀具半径补偿后,刀具会自动偏离工件轮廓一个刀具半径值,从而消除刀尖圆弧半径对工件形状的影响。当刀具半径变化时,不需修改加工程序,只需修改相应刀具补偿号和刀具圆弧半径值即可。

4.3　数控车削的基本编程指令

4.3.1　绝对编程、相对编程

1. 绝对编程

是指程序中指定的刀具移动终点坐标为工件坐标系中的绝对坐标。该方式下,程序段中的地址符分别采用 X、Z 来相应表示 X、Z 轴的坐标数据。

【例 4-5】　如图 4-11 所示,刀具在 AB 两点的绝对坐标为:

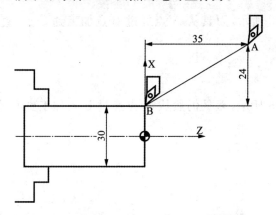

图 4-11　绝对编程、相对编程、混合编程实例

A(78,35),B(30,0)

刀具从 A 点快速移动到 B 点,绝对编程方式下程序为:

G00　X30.　Z0.;

2. 相对编程

也称为增量编程,是指程序中指定的刀具移动终点坐标是相对上一个刀具位置的增量值。该方式下,程序段中的地址符分别采用 U、W 来表示相应 X、Z 轴增量坐标。仍以图 4-11 为例,刀具从 A 点快速移动到 B 点,刀具沿 X 轴的移动增量为 $\phi 30 - \phi 78 = -\phi 48$,而刀具沿 Z 轴

的移动增量为 0－35＝ －35,因此相对编程方式下程序为:

    G00   U-48.   W-35.;

    3. 混合编程

    是指程序中指定的刀具移动终点坐标可以选择一根轴的坐标用绝对方式指定,另一根轴的坐标用相对方式指定,在 FANUC 系统数控车床上,可以直接以 X、W 或者 U、Z 两种坐标方式给出。例如图 4-11 所示,混合编程方式下程序为:

    G00   U-48.   Z0.;

或者: G00   X30.   W-35.;

    选择合适的编程方式可使编程简化。当图纸尺寸由统一的基准给出时,用绝对编程较为方便;而当图纸尺寸是以轮廓顶点之间的间距给出时,采用相对编程更加有利;混合编程使得编程方式更加灵活,特别是在单轴方向上图纸尺寸明显是间距式标注时,例如车削多段阶梯轴、倒角等场合,利用混合编程要比单纯的绝对编程、相对编程有利得多。

4.3.2 直径编程和半径编程

    由于车床加工的零件大多数为回转体零件,图纸的标注也是以直径方式标注径向尺寸,因此数控车削加工中 X 坐标一般为直径方式指定。如果采用半径编程就必须把图样的直径尺寸除以 2,显然半径编程繁琐而且容易造成尺寸精度误差,编程的点位数据换算、加工时的测量控制以及报错时数据查询都不方便,容易造成各种失误。所以,目前数控车床上广泛采用直径编程方式。FANUC 系统中用参数来设定直径或半径编程方式,其他系统也有的使用 G 指令的方式指定。

    【例 4-6】   如图 4-12 所示,刀具从 A 点经过 B 点加工到 C 点,直径编程编程方式下程序为:

    G01   X30.   Z-20.   F0.3;

    G01   X40.   Z-20.;

    【例 4-7】   如图 4-13 所示,刀具仍然从 A 点经过 B 点加工到 C 点,半径编程方式下程序为:

    G01   X15.   Z-20.   F0.3;

    G01   X20.   Z-20.;

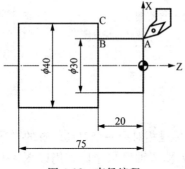

图 4-12　直径编程

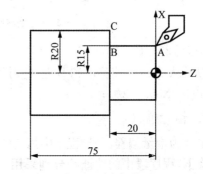

图 4-13　半径编程

4.3.3　英制编程(G20)和米制编程(G21)

数控车床的程序输入方式有两种,一种为米制输入,另一种为英制输入。程序用英制编程,表示程序中相关的数据单位均为英制(单位为 in);如果用米制编程,则表示程序中的数据单位是米制(单位为 mm)。英制或米制指令断电前后一致,即停机前使用的英制或米制指令,在下次开机时仍有效,除非再重新设定。无论采用米制还是英制输入,必须在坐标系确定之前指定,且在一个程序内,不能两种指令同时使用。我国一般使用米制尺寸,机床出厂车床的各项参数均以米制单位设定。FANUC 系统用 G20 或 G21 指令分别表示英制编程、米制编程。

4.3.4　暂停指令 G04

格式:G04　X _

或 G04　P _

其中,X、P 设定的是暂停时间,X 后面可用小数表示,单位为秒;P 后面用整数表示,单位为毫秒。

说明:当内、外沟槽的槽底表面粗糙度要求较高,或者槽比较深需要断屑加工时,该指令可使刀具作短时间的无进给光整加工。G04 是非模态指令,执行完 G04 所指定的进给暂停时间后,自动执行下一段程序。G04 暂停功能也常用于钻孔时的断屑暂停以及钻盲孔、锪孔等场合,以提高表面质量。车退刀槽到槽底后,需要进给暂停 1.5 秒,暂停程序为:

G04　P1000;进给暂停 1 000 毫秒,

或者 G04　X1.5;进给暂停 1.5 秒。

【例 4-8】　车削退刀槽,刀具进给暂停 2.5 秒的程序为:

　　:

G01　X24.　F0.15;　　　　　切槽至 φ24 槽底

G04　X2.5;　　　　　　　　刀具在槽底执行进给暂停 2.5 秒

G01　X30.;　　　　　　　　退刀

4.3.5　回参考点指令(G27、G28、G29)

数控机床通常是长时间连续工作,为了提高加工的可靠性及保证零件的加工精度,可用 G27 指令来检查工件原点的正确性。

1. 返回参考点检查 G27

格式:G27　X(U)_　Z(W)_

说明:X、Z 值指机床参考点在工件坐标系的绝对值坐标,U、W 表示机床参考点相对刀具目前所在位置的增量坐标。当完成一个阶段性加工后,在程序结束前,执行 G27 指令,则刀具将以快速定位 G00 移动方式自动返回机床参考点。如果刀具到达参考点位置,则操作面板上的返回参考点成功的指示灯会亮。若工件原点位置在某一轴向有误差,则该轴对应的指示灯不亮,且系统将自动停止执行程序,发出报警提示。

注意:

(1) 若前面用过刀具补偿,必须将刀具补偿取消后,才能执行 G27 指令。

(2) 使用 G27 指令前,机床必须已经回过一次参考点(手动返回或者自动返回过)。

(3) G27 指令执行后,数控系统会继续执行下面的程序;若需机床停止,应在 G27 程序段后加 M00 或 M01 等辅助指令。

2. 自动返回参考点 G28

格式:G28　X(U)_　Z(W)_

G28 指令的功能是使刀具从当前位置以 G00 快速定位方式,经过指定的中间点返参。指定中间点的目的是使刀具沿着一条安全路径回到参考点。

说明:X、Z 是刀具经过中间点的绝对值坐标,U、W 是中间点相对起点的增量坐标。

注意:若前面用过刀具补偿,必须将刀具补偿取消后,才能执行 G28 指令。

【**例 4-9**】　如图 4-14 所示,若刀具从当前位置经过中间点(30,15)返回参考点,程序为:

G28　X30.　Z15.

【**例 4-10**】　如图 4-15 所示,若刀具从当前位置直接返回参考点,此时相当于中间点与刀具当前位置重合,则可用增量方式编程:

G28　U0　W0;

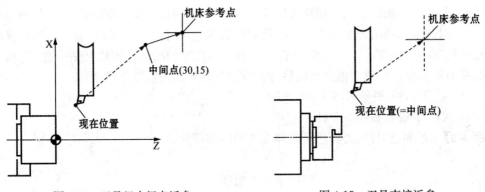

图 4-14　刀具经中间点返参　　　　　图 4-15　刀具直接返参

3. 从参考点返回(G29)

格式:G29　X_　Z_;

其中 X、Z 后面的数值是指刀具的目标点坐标。该指令的功能是使刀具由机床参考点经过中间点到达目标点。这里经过的中间点就是 G28 指令所指定的中间点,故刀具可经过这一安全路径到达切削加工的目标点位置。所以用 G29 指令之前,必须先用 G28 指令,否则 G29 不知道中间点位置导致刀具无法正确返回目标点。

4.3.6　快速点定位、插补加工指令

1. 快速点定位指令 G00

格式: G00 X(U)_ Z(W)_ ;

功能:指令刀具从当前点快速移动到程序指定的目标点。

说明:X、Z 是绝对编程方式下目标点的坐标值,U、W 是相对编程方式下目标点的坐标;G00 运动轨迹因系统不同而不同,有直线和折线两种。为了防止刀具和工件发生干涉碰撞,一般先将刀具沿 X 轴正向快速移动到安全位置,再执行 Z 向的 G00 动作;G00 快速移动速度不

需要程序指定,最大快速移动速度在系统性能参数中设定,使用中可通过控制面板上的倍率调整旋钮修调。

注意:

(1) G00 指令是模态指令,一经指定持续有效,直至被其他 01 组代码覆盖。

(2) 对于不适合联动的场合,在进退刀时尽量采用单轴移动。

(3) G00 指令只用于快速点定位,不能用于切削加工。

【例 4-11】 如图 4-16 所示,刀具从 A 点快速移动至 B 点的程序为:

G00 X30. Z5.;

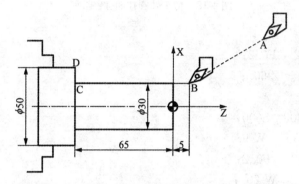

图 4-16 G00、G01 指令示意图

2. 直线插补指令 G01

格式:G01 X(U)_ Z(W)_ F_ ;

功能:指令刀具按指定进给速度以直线运动方式运动到指令指定的目标点。

说明:X、Z 是绝对编程方式下目标点的坐标值,U、W 是相对编程方式下目标点的坐标值;G01 作为直线切削加工运动指令,进给速度也可由面板上的倍率修调旋钮修调。

注意:

(1) G01 指令也是模态指令,一经指定持续有效,直至被其他 01 组代码覆盖。

(2) 程序中第一次应用 G01 时,一定要规定一个 F 指令,否则机床不产生运动。在以后的程序段中,如果没有新的 F 指令,则进给速度持续有效保持不变。

【例 4-12】 如图 4-16 所示,刀具从 B 点经 C 点到 D 点的直线插补程序为:

G01 X30. Z-65. F0.2;

G01 X50. Z-65. F0.2;

【阶段训练】

【例 4-13】 如图 4-17 所示,单次车削外圆锥面:

(1) 绝对编程:G01 X50. Z-45. F0.3;

(2) 相对编程:G01 U30. W-45. F0.3;

(3) 混合编程:G01 X50. W-45.;

　　　　或者 G01 U30. Z-45.;

【例 4-14】 单刀车削外圆柱面、锥面综合练习。

(1) 绝对编程:

N10 T0101 M03 S600;

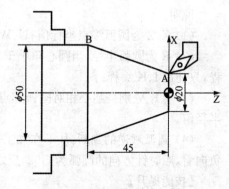

图 4-17 圆锥面的单次切削

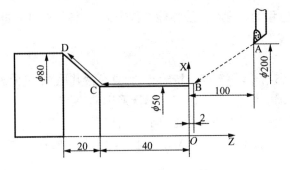

图 4-18 精车外圆柱面、圆锥面

N20 G00 X50. Z2.；
N30 G01 Z-40. F0.2；
N40 G01 X80. Z-60.；
（2）相对编程：
N10 T0101 M03 S600；
N20 G00 U-150. W-98.；
N30 G01 W-42. F0.2；
N40 G01 U30. W-20.；
（3）混合编程：
N10 T0101 M03 S600；
N20 G00 U-150. Z2；
N30 G01 X50. W-42. F0.2；
N40 G01 U30. Z-60.；

【技能提升】

混合编程时应以"便于编程"为原则，优先选择绝对方式，合理选用增量方式。一般当 Z 向有间隔性尺寸时，选择 W 编程较为方便。

3．圆弧插补指令 G02、G03

格式：G02(G03) X(U)_ Z(W)_ R_ F_；用圆弧半径 R 指定圆心位置
或   G02(G03) X(U)_ Z(W)_ I_ K_ F_；用 I、K 指定圆心位置

功能：控制刀具以给定的进给速度 F，做圆弧插补运动，切削加工圆弧至程序指定目标点。

说明：

（1）X、Z 为圆弧终点坐标值；U、W 为圆弧终点相对于圆弧起点的坐标增量。

（2）R 为圆弧半径，当圆心角小于 $\alpha \leqslant 180$ 时 R 取正，反之取负；整圆编程时不能用 R 编程，只能用 I、K 编程。

（3）I、K 分别是圆心相对圆弧起点的增量坐标（即圆心的坐标减去圆弧起点的坐标），I 是半径值。

（4）圆弧顺逆的判断：从不在加工平面（即 X、Z 平面）的第三根坐标轴（即 Y 轴）的正向朝负向看，顺时针方向的圆弧为 G02，反之 G03。

【技能提升】

因为车床的刀架有前置、后置之分，因此机床坐标系、工件坐标系的 X 轴正方向也有差

别,如图 4-19(a)、图 4-19(b)所示。但是不论哪种坐标系方向,判断圆弧的顺逆的结果是一致的。为了便于编程时判断圆弧的顺逆,只需按照后置刀架的形式判断中心轴线以上部分的圆弧走向即可。

【例 4-15】　如图 4-20 所示的零件,刀具从 A 点经 B 点加工到 C 点,车削圆弧 AB,分别用 R 编程和 I、K 编程两种方式编写加工程序。

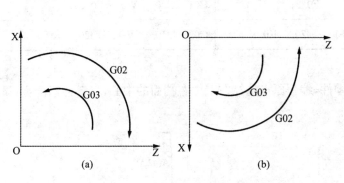

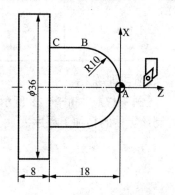

图 4-19　圆弧顺逆的判断
(a) 后置刀架的圆弧顺逆判断;(b) 前刀架的圆弧顺逆判断

图 4-20　逆圆加工

表 4-4　逆圆加工编程实例

编程方式	绝对编程	相对编程
R 编程	G03　X20.　Z-10.　R10.　F0.2;	G03　U20.　W-10.　R10.　F0.2;
	G01　Z-18.;	G01　W-8.;
I、K 编程	G03　X20.　Z-10.　I0.　K-10.;	G03　U20.　W-10.　I0.　K-10.;
	G01　Z-18.;	G01　W-8.;

【例 4-16】　如图 4-21 所示的零件,刀具从 A 点经 B 点加工到 C 点,车削圆弧 BC,分别用 R 编程和 I、K 编程两种方式编写加工程序。

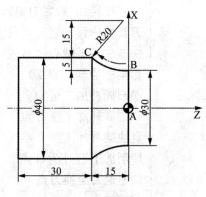

图 4-21　顺圆加工

表 4-5 顺圆加工编程实例

编程方式	绝对编程	相对编程
R 编程	G01 X30. Z0. F0.2;	G01 U30. W0. F0.2;
	G02 X40. Z-15. R20.;	G02 U10. W-15. R20.;
I、K 编程	G01 X30. Z0. F0.2;	G01 U30. W0. F0.2;
	G02 X40. Z-15. I20. K0.;	G02 U10. W-15. I20. K0.;

【阶段训练】

【例 4-17】 如图 4-22 所示的零件,编程原点选择在工件右端面的中心,材料为铝合金,试编制该零件的精加工程序。

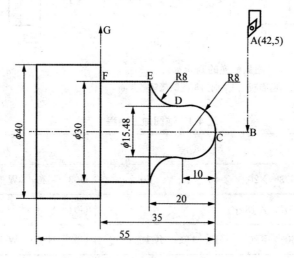

图 4-22 轴类零件的精加工

程序清单	简要说明
O101	程序名
T0101;	调用 T01 刀具及 01 号补偿,设定工件加工坐标系
M04 S800;	主轴反转(因后置刀架),转速 800r/min
G00 X42. Z5.;	刀具快速移动至起刀点 A
G00 X0.;	快速进刀至轴心线 B 点
G01 Z0. F0.1;	切削进给至 C 点 Z0
G03 X15.48 Z-10. R8.;	逆圆插补加工至 D 点
G02 X30. Z-20. R8.;	顺圆插补加工至 E 点
G01 Z-35.;	直线插补加工至 F 点
G01 X42.;	切削加工退刀至 G 点
G00 X100. Z100.;	快速退刀至换刀点
M30;	程序结束

【技能提升】

车削加工过程中,零件的端部结构形式各异。一般在对刀设定加工坐标系时,已经车削过右端面,因此,设计刀具的进刀线时必须考虑保证各种右端轮廓加工的正确和完整。根据零件端部的不同形状,进刀线也有不同的形式。下面把常见的几种进刀线、退刀线的设定技巧介绍如下:

如图 4-23 所示,首先设定刀具的起刀点统一在 A(42,5)。

(1) 图 4-23(a)右端部为平齐的进刀线,为了保证端部平齐的效果,一般是把右端外圆延长线上一点作为进刀线的终点的 X 坐标,该例为 B(30,5)。

(2) 图 4-23(b)右端部为倒角的进刀线,如果刀具直接从(28,0)坐标点加工 C1 倒角,反而会因为刀尖半径的影响造成端部倒角的瑕疵。为了让倒角做的完整、美观,一般都是再把倒角按照相同的斜率延伸一倍出来,换言之本来是 C1 的倒角,故意处理成 C2 倒角,则进刀线的终点 B 点坐标为(26,5),C 点坐标为(26,1)。

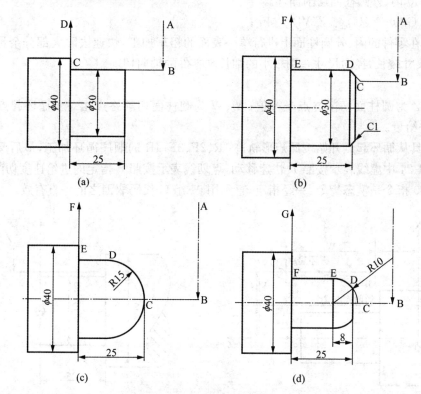

图 4-23 车削零件常见的进刀线、退刀线形式
(a) 右端为平齐的进刀线;(b) 右端为倒角的进刀线
(c) 右端为整个圆弧的进刀线;(d) 右端为部分圆弧的进刀线

(3) 图 4-23(c)右端为整个圆弧,进刀线的目标点为(0,5),然后工进至 Z0 后,加工圆弧即可。

(4) 图 4-23(d)右端为部分圆弧,此时进刀线的终点坐标应该从圆弧的延长线与轴心线的交点,进而 Z 坐标也就确定下来。本例进刀线的终点坐标为 B(0,5),圆弧的起点 C 点坐标(0,2)。

4.4　循环加工指令

4.4.1　单一固定循环指令(G90、G94)

对零件上几何形状简单的单一表面的切削路线,如:外径、内径、端面的切削,若加工余量较大,刀具常常要反复地执行相同的动作,才能达到工件要求的尺寸。要完成上述加工,在一个程序中就要写入很多的程序段。针对这种情况,数控车床设有各种固定循环指令,可以将"切入→切削→退刀→返回"等一系列连续加工动作,用一个循环指令完成。这样只需用一个指令,一个程序段,便可完成多次重复的切削动作,简化编程,减少系统内存,提高了编程效率。

1. 圆柱面/圆锥面车削循环指令 G90

(1) G90 内、外圆柱面切削循环。

格式:G90　X(U)_　Z(W)_　F_;

功能:在零件的内、外圆柱面上进行单一表面的粗车加工,快速去除大部分余量。特别适合于轴向尺寸较长,径向尺寸差别较小的细长轴零件的轴向切削。

说明:

① X、Z 为圆柱面切削终点坐标值;U、W 为圆柱面切削终点相对于循环起点的坐标增量;F 为进给量。

② 刀具从循环起点开始按照矩形轨迹 1R、2F、3F、4R 的顺序循环加工,最后又回到循环起点。图 4-24 中虚线表示按照 R 快速移动,点划线表示按照 F 指定的进给速度切削加工。

③ G90 指令是模态指令,一经指定,直到用 01 组 G 代码取消之前一直有效。

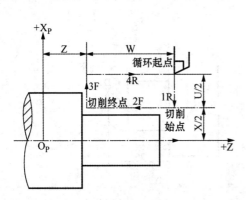

图 4-24　G90 外圆柱面切削循环指令

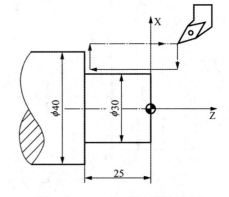

图 4-25　G90 车削外圆柱面实例

【例 4-18】　如图 4-25 所示,用 G90 指令编制粗车外圆柱面的加工程序。每次循环切削背吃刀量为 1mm,即每刀径向切除 2mm,分五次切削加工。

O101;	程序名
T0101;	设定工件加工坐标系
M04　S600;	主轴反转,转速 600r/min
G00　X42.　Z5.;	刀具快速运动至循环起点(42,5)

G90 X38. Z-30. F0.25;	执行第一次循环加工,循环结束后刀具停留在循环起点,以下同
X36.;	执行第二次循环加工
X34.;	执行第三次循环加工
X32.;	执行第四次循环加工
X30.;	执行第五次循环加工
G00 X100. Z100.;	取消 G90 循环,刀具快速返回换刀点
M30;	程序结束

(2) G90 内、外圆锥面切削循环。

格式:G90 X(U)_ Z(W)_ R_ F_;

功能:在零件的内、外圆锥面上进行单一表面的粗车加工,快速去除大部分余量。

说明:

X、Z 为圆锥面切削终点坐标值;U、W 为圆锥面切削终点相对于循环起点的坐标增量,其他指令功能说明与上述圆柱面循环相同;R 为圆锥面切削始点与切削终点的半径差,当锥面起点坐标大于终点坐标时为正,反之为负。圆柱面时该值为 0,该值为 0 可省略此项。需要特别注意的是,当起刀点的位置不在工件端面 Z0 时,R 值并不等于工件圆锥起点与终点的半径差,而是与起刀点的轴向位置有关,详见例 4-19 所述。

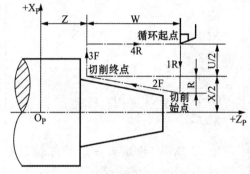

图 4-26 G90 外圆锥面切削循环指令

【例 4-19】 如图 4-27 所示,用 G90 指令编制粗车外圆锥面的加工程序。每次循环切削单边背吃刀量为 1mm,分五次切削加工。

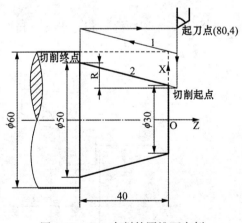

图 4-27 G90 车削外圆锥面实例

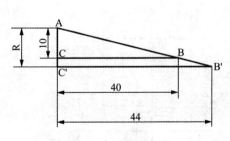

图 4-28 R 值的计算

分析:通过图 4-27 可以发现,加工该工件时,不论怎样走刀,刀具的切削轨迹都在刀具路径 1 与刀具路径 2 之间。起刀点的位置只需要不低于刀具路径 1 即可。因此图中起刀点的位置在直径方向上选择的是(80,0);另一方面为了在进刀时刀具不碰到工件,起刀点在轴向上的位置要离开端面,选择在了 Z4 的位置。切削起点与切削终点均已确定,在此基础上可以计算出 R 值。根据图 4-28 可知△ABC 与△AB'C'相似,得出 R=11,因为切削起点半径小于切削终点半径,所以 R 取负值。参考程序下:

O0001;	程序名
G40 G97 G99 T0101;	程序头初始化,调用 T01 刀具,建立工件加工坐标系
S600 M04;	主轴反转(因为后置刀架),转速 600r/min
G00 X80. Z4.;	刀具快速定位至循环起点 A(80,4)
G90 X74. Z-40. R-11. F0.2;	执行第 1 次循环加工,循环结束后刀具回循环起点
X71.;	执行第 2 次循环加工
X68.;	执行第 3 次循环加工
X65.;	执行第 4 次循环加工
X62.;	执行第 5 次循环加工
X59.;	执行第 6 次循环加工
X56.;	执行第 7 次循环加工
X53.;	执行第 8 次循环加工
X50.;	执行第 9 次循环加工
G00 X100. Z100.;	取消单一固定循环,刀具快速移动至换刀点
M30;	程序结束

2. 平端面/锥端面车削循环指令 G94

(1) G94 平端面切削循环。

格式:G94 X(U)_ Z(W)_ F_ ;

功能:在零件的平端面上进行单一表面的粗车加工,快速去除大部分余量。特别适合于径向尺寸差别较大,轴向台阶尺寸较短的盘套类零件的平端面切削。

说明:

① X、Z 为平端面切削终点的绝对坐标值;U、W 为平端面切削终点相对于循环起点的坐标增量。

② 其余内容同 G90。

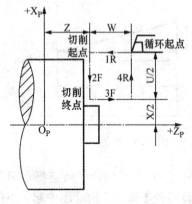

图 4-29 G94 平端面切削循环指令

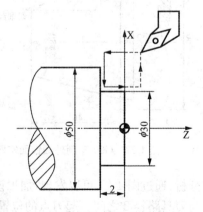

图 4-30 G94 车削平端面实例

【例 4-20】　如图 4-30 所示,用 G94 指令编制粗车端面的加工程序。刀尖半径 R0.8mm,每次循环 Z 向切深为 0.4mm,分五次切削加工掉 2mm 的余量。

O103;	程序名
T0101;	设定工件加工坐标系
M04　S600;	主轴反转,转速 600r/min
G00　X52.　Z5.;	刀具快速运动至循环起点(52,5)
G94　X30.　Z-0.4　F0.25;	执行第 1 次循环加工,循环结束后刀具停留在循环起点
Z-0.8;	执行第 2 次循环加工
Z-1.2;	执行第 3 次循环加工
Z-1.6;	执行第 4 次循环加工
Z-2.;	执行第 5 次循环加工
G00　X100.　Z100.;	取消 G90 循环,刀具快速返回换刀点
M30;	程序结束

(2) G94 锥端面切削循环(如图 4-31 所示)。

格式: G94　X(U)_ Z(W)_　R_　F_;

功能:在零件的锥端面上进行单一表面的粗车加工,快速去除大部分余量。特别适合于径向尺寸差别较大,轴向台阶尺寸较短的盘套类零件的锥端面切削。

说明:

① X、Z、U、W、F 含义与平端面 G94 循环指令相同。

② R 为锥端面切削起点相对于切削终点的在 Z 轴方向上的坐标增量。当起点的 Z 坐标小于终点 Z 向坐标时 K 为负值,反之为正。当加工平端面时,该值为 0 可省略此项。需要特别说明的是,当起刀点的 X 向尺寸大于工件

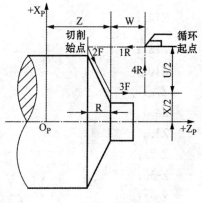

图 4-31　G94 锥端面切削循环指令

的切削起点 X 向尺寸时,R 值也并不等于工件圆锥起点与终点的轴向差,R 的数值和起刀点的径向尺寸有关。R 值的计算具体参见图 4-31 所述。

【例 4-21】　加工如图 4-32 所示的工件锥端面,编写加工程序,毛坯为 ϕ80mm×60mm 的 45♯钢。

分析:通过图样分析可知,加工该工件时,不论怎样走刀,切削的刀具轨迹都在刀具路径 1 与刀具路径 2 之间。起刀点的位置只需不低于刀具路径 1,在切削路径 1 之外即可。因此图中起刀点的位置在轴向上选择的是 Z20.;同时为了在进刀时刀具不碰到工件,起刀点在轴向上的位置要高于毛坯的外圆面,选择在了 X90. 的位置。切削起点与切削终点均已确定,在此基础上可求出 R 值。根据图 4-33 中△ABC 与△AB'C'相似,得出 R=24。因为切削起点的轴向坐标值小于切削终点的轴向坐标值,所以 R 取负值。参考程序如下:

O0002;	程序名
G40　G97　G99　T0101　S600　M04;	程序头初始化 主轴正转,转速 600r/min
G00　X90.　Z20.;	刀具快速运动至循环地点 A(90,20)

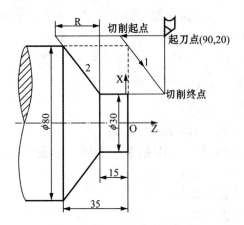

图 4-32 G94 车削锥端面实例

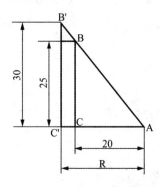

图 4-33 R 值的计算

G94 X30. Z17. R-24. F0.2;	执行第 1 次锥端面循环加工,以下为依次循环走刀
Z14.;	每次循环结束时刀具都回循环起点 A,然后从 A 点再开始下一个循环加工
Z13.;	
Z10.;	
Z7.;	
Z4.;	
Z1.;	
Z-2.;	
Z-5.;	
Z-8.;	
Z-11.;	
Z-14.;	
Z-15.;	最后一次循环加工,循环结束后刀具回循环起点 A
G00 X100.Z100.;	刀具快速运动至换刀点
M30;	程序结束

4.4.2 复合固定循环指令 (G71、G72、G73、G70)

1. 内、外径粗车复合循环指令 G71

格式:G71 U(Δd) R(e);

G71 P(ns) Q(nf) U(Δu) W(Δw) F(f) S(s) T(t);

功能:如图 4-34 所示,G71 指令是纵向切削复合循环,主要沿轴向快速去除余量,适用于 Z 向余量较多的细长轴内、外径轮廓的粗车加工。

其中:Δd 为每刀径向切削的背吃刀量(半径值,无正负号);e 为每次切削循环 X 向的退

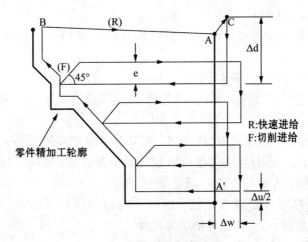

图 4-34　G71 指令走刀路径

刀量(半径值,无正负号);ns 为精加工轮廓描述段的开始程序段号;nf 为精加工轮廓描述段的结束程序段号;Δu 为 X 方向精加工余量(直径值,有正负);Δw 为 Z 方向精加工余量;f、s、t 为指定粗加工循环时的进给速度、主轴转速、刀具。

说明:

(1) G71 指令的循环过程。CNC 装置首先根据 ns 至 nf 所描述的精加工轮廓,在预留出 XZ 两个方向的精加工余量 Δu、Δw 后,计算出粗加工实际轮廓的各个点坐标;之后,刀具按照层切法快速去除余量,每一层循环中,刀具首先沿 X 向进刀 Δd,Z 向切削至粗加工最终轮廓后,再沿 45°方向退刀 e 值并返回,如此循环直至粗加工余量全部切除。此时工件斜面和圆弧部分形成台阶状表面,最后沿粗加工最终轮廓光整最后一刀,在零件表面的 XZ 方向仅留下 Δu、Δw 的精加工余量以备零件进行精加工。

(2) 其他有关说明:

① 在 FANUC Ⅰ型系统中,应用 G71 指令进行外圆粗车循环时,零件的被加工轮廓必须在 X 和 Z 两个方向都符合单调递增或单调递减的规律,否则系统将会报错。

② G71P、Q 地址后面的 ns、nf 必须严格地与精加工程序段的起止段号对应,否则将导致零件加工报废以及撞刀等事故。

③ ns、nf 的程序段必须是 G00、G01 指令,且 FANUC Ⅰ型系统下,ns、nf 程序段中不能指定 Z 轴的运动。

④ G71 指令进行粗加工时,只有在 G71 指令段的 F、S、T 才对粗加工有效;而在 ns 至 nf 之间精加工程序段中的 F、S、T,只对精加工循环有效。粗加工只调用 ns 至 nf 之间精加工程序段中的点坐标,不调用 F、S、T 等工艺参数。

⑤ 在 ns 至 nf 之间的程序段中不能调用子程序。

⑥ 加工内轮廓时,G71 中的 Δu 应为负值。

⑦ 循环起点 A 的选择应尽量接近工件,尽量缩短刀具空行程。

2. 精车复合循环指令 G70

G71、G72、G73 指令粗车结束后,均要配以 G70 精车循环指令进行零件的精加工,切除粗加工留下的余量。

格式：G70 P(ns) Q(nf)

其中：ns 为精加工轮廓描述段的开始程序段号；nf 为精加工轮廓描述段的结束程序段号。

说明：

(1) G70 指令用于控制刀具精加工工件轮廓，其走刀路线即为 ns 与 nf 程序段之间的编程轨迹。

(2) 在 G71、G72、G73 程序段中规定的 F、S、T 功能对于 G70 无效；G70 只执行 ns 和 nf 程序段之间的 F、S 和 T。另外也可以在 G70 程序段中直接加上精加工的 F、S、T。

(3) 在 ns 至 nf 间精车的程序段中，不能调用子程序。

(4) 必须先执行 G71、G72 或 G73 粗车指令后，才能执行 G70 指令。

(5) 在车削循环期间，刀尖半径补偿功能有效。

(6) 当 G70 循环加工结束时，刀具返回到循环起点。

【例 4-22】 编写图 4-35 所示零件的数控粗、精加工程序，毛坯尺寸为 $\phi50\times100$mm 的 45# 钢料。

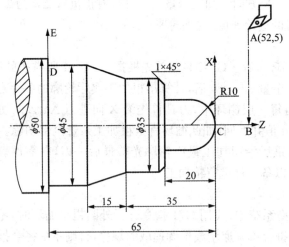

图 4-35 G71 指令加工细长轴零件

分析：该零件 X、Z 方向尺寸均单调变化，Z 向去除余量较多，属于细长轴零件。选择 G71、G70 指令进行粗车、精车循环加工，为了尽量减少刀具的空行程，循环起点 A 的 X 坐标仅比毛坯 $\phi50$ 大 2mm，进刀线 AB、退刀线 DE 均只有 X 方向动作，如图 4-35 所示。为了粗加工结束后能安排尺寸检测和设置调整，程序中编入 M00 程序暂停指令；对刀后将工件坐标系数据预存在刀具地址中，在程序中通过直接调用刀具来设定工件坐标系。数控程序如下：

O101;	程序名
G40 G97 G99 T0101;	程序头初始化，调用 T01 刀具，设定工件坐标系
M04 S800 ;	主轴反转，(因后置刀架)转速 800r/min
G00 X52. Z5.;	刀具快速定位至循环起点 A(52,5)
G71 U1. R0.1;	每刀切深 1mm，退刀时抬起 0.1mm，以免划伤工件表面，磨损刀具

G71　P10　Q20　U0.5　W0　F0.3；	给精加工预留余量径向 0.5mm,轴向为 0,粗加工进给量 0.3mm/r
N10　G00　X0；	刀具径向快速进刀至轴心线
G01　Z0　F0.15；	刀具轴向切削进给至端面 Z0
G03　X20.　Z-10.　R10.；	加工逆圆 R10
G01　Z-20.；	
G01　X33.；	
G01　X35.　W-1.；	加工 C1 倒角
G01　Z-35.；	
G01　X45.　W-15.；	
G01　Z-65.；	
N20　G01　X52.；	刀具径向退刀至 X52,与循环起点持平
G00　X100.　Z100.；	刀具快速退刀至换刀点,为中间测量让出空间
M05；	主轴停
M00；	程序暂停,中间检测粗加工的尺寸,如有必要进行参数调整
T0101　M04　S1200；	设定工件加工坐标系,主轴反转(因后置刀架)
G42　G00　X52.　Z5.；	刀具快速定位至循环起点 A 的途中建立右刀补
G70　P10　Q20；	精车循环
G40　G00　X100.　Z100.；	快速退刀至换刀点,同时撤销刀补
M30；	程序结束

【技能提升】

(1) 在生产实践中,粗加工结束后安排 M00 强制程序暂停,进行中间测量的意义非常重要。由于对刀误差、刀具磨损、系统误差等各种原因,一般粗加工结束后的工件尺寸并非预期值,此时必须安排对粗加工后工件的检测,并根据实际加工尺寸进行精加工阶段的调整,确保精加工的正确性。

(2) 在程序暂停之前,刀具要快速退刀至远离工件的区域,这个动作的意义有以下几点:一是腾出空间便于操作者检测;二是为了在精加工开始前,刀具快速返回循环起点的途中建立刀补;三是当粗、精加工并非同一把刀具时,能保证换刀时不和工件发生干涉。

(3) 在 FANUC I 型数控系统中,精加工描述段的起始段、结束段必须 X 向单轴运动,不允许 X、Z 双向联合运动。因此 N10、N20 段均仅为 X 向坐标。

【例 4-23】　如图 4-36 所示零件的内孔加工,毛坯尺寸 $\phi 50 \times 35$mm,预钻底孔 $\phi 21$mm,试用 G71 指令编写内孔加工程序。

分析:从图样可知,该零件内径尺寸 $\phi 40_0^{+0.05}$、$\phi 26_0^{+0.03}$ 分别达到 IT9 级,IT8 级精度要求,而轴向尺寸 $12_{-0.04}^0$ 也是 IT9 级精度要求,而且 $\phi 40$、$\phi 26$ 内孔表面粗糙度为 $Ra6.4$,为保证内孔尺寸精度和表面质量,需要粗、精加工分开编程。利用 G71 指令进行内径循环车削,粗加工时在 X 向为精加工预留 0.5mm 的余量。为方便对刀和检测,编程坐标系原点设在工件右端面

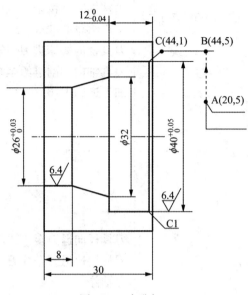

图 4-36 内孔加工

的中心。

数控程序如下：

O101;	程序名
T0101 M04 S600;	调用 T01 刀具,建立工件加工坐标系,主轴反转
G00 X20. Z5.;	刀具快速定位至循环起点 A
G71 U0.5 R0.1;	每刀径向切深单边 0.5mm,退刀量 0.1mm
G71 P10 Q20 U-0.5 W0 F0.15;	粗加工时在径向预留 0.5mm 精加工余量,进给量 0.15mm/r
N10 G00 X44.;	为确保右端倒角的完整,倒角处直接再外延 C1 至 B 点
G01 Z1. F0.1;	刀具工作进给至 B 点的 Z1
G01 X40. Z-1.;	倒角加工
G01 Z-12.;	
G01 X32.;	
G01 X26. W-10.;	
G01 Z-32.;	为保证 φ26 内孔壁的连续性,刀具轴向超出左端面 2mm
N20 G01 X20.;	刀具径向退刀至 D 点,与起刀点 A 齐平
G00 Z100.;	快速退刀至换刀点,为检测让出空间
M05;	
M00;	程序暂停
T0101 M04 S800;	调用 T01 刀具,建立工件加工坐标系,主轴反转

G41 　G00 　X20. 　Z5.；	刀具快速定位至循环起点 A,同时建立左刀补
G70 　P10 　Q20；	执行精加工循环
G40 　G00 　Z100；	快速退刀至换刀点,同时撤销刀补
M30；	程序结束

注意:利用 G71 进行内孔车削时,程序中在径向给精加工预留的余量必须为负值;根据刀补方向的定义,内孔精加工前建立的是左刀补。

3. 端面粗车复合循环指令 G72

格式:G72 　U(Δd) 　R(e)；

　　　G72 　P(ns) 　Q(nf) 　U(Δu) 　W(Δw) 　F(f) 　S(s) 　T(t)；

功能:G72 指令控制刀具对端面轮廓进行快速粗车加工,适用于径向粗车余量较大的零件,主要沿径向进行切削加工,因此,一般用来粗车径向尺寸变化较大、长径比较小的盘类零件。G72 指令走刀路径如图 4-37 所示。

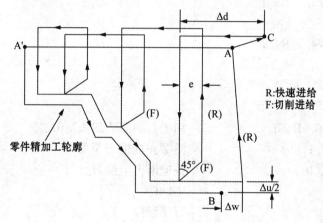

图 4-37　G72 指令走刀路

其中:Δd 为每次切削循环中刀具在 Z 向的切削深度(无正负号);e 为每次切削循环中刀具在 Z 向的退刀量;ns 为精加工轮廓描述段的开始程序段号;nf 为精加工轮廓描述段的结束程序段号;Δu 为 X 方向精加工余量(直径值);Δw 为 Z 方向精加工余量;F、s、t 为粗加工循环时的进给速度、主轴转速、刀具号。

说明:

(1) G72 端面粗车复合循环指令也必须用于 X、Z 两个方向的尺寸单调变化的零件加工。

(2) 其他功能特性同 G71。

【例 4-24】　图 4-38 所示棒料零件,毛坯尺寸为 $\phi80\times80$mm 的 45♯钢。工件坐标系如图 4-38 所示,试用端面粗车循环 G72 指令编写车削程序。

分析:为尽量减少刀具的空行程,循环起点 A 的 X

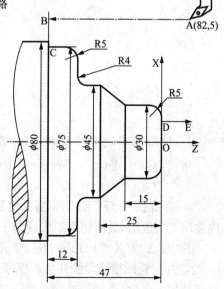

图 4-38　G72 指令加工盘类零件

坐标仅比毛坯尺寸大 2mm,Z 方向也在保证足够的退刀线长度情况下尽量缩短与端面的距离,最终确定循环起点 A(82,5)。另外,因为对刀时端面已经试切加工,程序中应避免再循环加工端面,故加工完端面顺圆弧 R5 后刀具直接沿 Z 正向退刀。数控程序如下:

O0001;	程序名
G40 G97 G99 T0101;	程序头初始化,调用 T01 刀具,建立工件加工坐标系
M04 S800;	主轴反转(后刀架),转速 800r/min
G00 X82. Z5.;	刀具快速定位至循环起点 A
G72 W1. R0.2;	每次循环时 Z 向切深 1mm,退刀量 0.2mm
G72 P10 Q20 U0.5 W0 F0.3;	径向给精加工留余量 0.5,轴向余量为 0
N10 G00 Z-47.;	快速进刀至 B 点
G01 X75. F0.1;	工作进给至 C 点,以下为精加工轮廓描述
W7.;	
G02 X65. W5. R5.;	
G01 X53.;	
G03 X45. W4. R4.;	
G01 Z-25.;	
G01 X30. Z-15.;	
G01 Z-5.;	
G02 X20. Z0 R5.;	加工右端面顺圆弧至 D 点
N20 G01 Z5.;	沿 Z 正向退刀至 E 点
G00 X100. Z100.;	快速退刀至换刀点
M05;	主轴停
M00;	程序暂停
T0101 M04 S1200;	建立工件加工坐标系,主轴转速提高至 1 200r/min
G41 G00 X82. Z5.;	快速定位至循环起点的同时建立左刀补
G70 P10 Q20;	执行精加工循环
G40 G00 X100. Z100.;	快速退刀至换刀点的同时退刀补
M30;	程序结束

4. 仿形粗车复合循环指令 G73

格式:G73 U(Δi) W(Δk) R(Δd);

G73 P(ns) Q(nf) U(Δu) W(Δw) F(f) S(s) T(t);

功能:如图 1-2 所示,G73 指令控制刀具沿着与被加工轮廓等距偏置的封闭轮廓,由外向内逐层切削进给,最终切削形成预留了精加工余量后的粗加工轮廓形状。

其中:Δi 为 X 方向总退刀量(半径值、正值);Δk 为 Z 方向总退刀量;d 为重复加工次数;ns 为精加工轮廓描述段的开始程序段号;nf 为精加工轮廓描述段的结束程序段号;Δu 为 X 方向精加工余量(直径值);Δw 为 Z 方向精加工余量;f、s、t 为粗加工循环时的进给速度、主轴转速、刀具号。

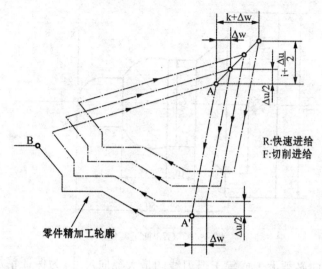

图 4-39 G73 指令走刀路径

说明：

（1）G73 指令的循环过程。执行 G73 指令时，每一刀切削循环的轨迹都相同，只是位置不同。每加工一刀，都把轮廓轨迹向着工件方向偏移一个距离，移动距离的大小与参数 Δi、Δk 和 d 的数值有关。粗加工最后一刀留下径向、轴向的精加工余量 Δu、Δw。循环结束，刀具返回到起刀点。因为 G73 是按照轮廓多次偏置的位置进行加工，所以 G73 对于铸件、锻件等毛坯轮廓与零件轮廓基本接近的情况非常适用，效率很高。而对于等径的棒料毛坯，G73 指令反而会增加刀具的切削加工空行程。

（2）因为 G73 指令让刀具沿着轮廓的偏置轨迹循环加工，所以 G73 对零件尺寸的单调性没有要求。

（3）背吃刀量分别通过 X 方向总退刀量和 Z 方向总退刀量除以循环次数 d 求得。设定的总退刀量反应的是刀具在该轴方向总的切削深度。在 X 方向上，$\Delta i =$（毛坯直径最大值—零件直径的最小值）/2，每刀径向切深（单边值）为 a_p，粗加工次数为 d，在数值上 $d = \Delta i / a_p$；而在 Z 方向上，如果所加工的毛坯为棒料，端面已经切削成为精加工表面，为了够保证零件端面轮廓的表面质量，一般 Z 向的总退刀量常设定为 0。

（4）使用仿形粗车复合循环指令，首先要确定循环起点 A、切削始点 A' 和切削终点 B 的坐标位置。循环起点 A 应设定在毛坯 X、Z 两个方向上最大轮廓的外侧，保证不和循环走刀轨迹干涉。

【例 4-25】 按图 4-40 所示，已知毛坯为铸件，毛坯上 X 方向单边最大切削深度 8.5mm，Z 方向最大切削深度 5.5mm，设定刀具每刀背吃刀量为 1.5mm，粗加工时在 X 方向上预留精加工余量 1mm，在 Z 方向上精加工余量为 0。试用 G73 指令编写粗车仿形循环加工程序。

分析：该零件毛坯是铸件，毛坯轮廓与零件轮廓基本相仿，加工次数 $d = \Delta i / a_p$，因为本例 $a_p = 1$，所以 $d = 8.5 / 1.5 = 5.33$ 次，但是加工次数不能为小数，因此需要圆整为 5 次或者 6 次，区别在于加工 5 次意味着每刀切削深度稍微大于 1.5mm，而 6 次意味着每刀切深小于设定的 1.5mm，一般这个圆整次数对整个加工过程的刀具受力、切削状况等影响不大。一般遵循宁多不少的原则，本例圆整为 6 次。

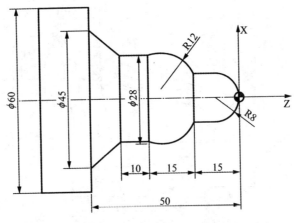

图 4-40　G73 加工实例

　　起刀点在 X 方向必须大于或等于退刀线的最大径向尺寸,为保证精加工轮廓尾部的完整,避免带刀补进行精加工时急停急转引起的轮廓瑕疵。本例在轮廓的尾部 DE 段沿径向外延 2mm,因此循环起点 A 在 X 向坐标为 X62;Z 方向上超出工件右端面的距离要大于毛坯 Z 向最大切削深度再加上 3～5mm,本例定为 10mm,循环起点坐标 A(62,10)。G73 循环加工走刀路线如图所示。

　　数控程序如下:

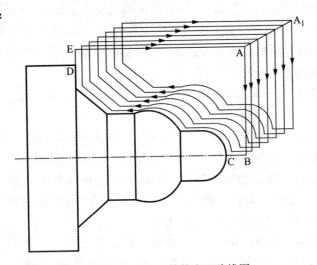

图 4-41　G73 加工铸件走刀路线图

O101;	程序名
T0101;	调用 T01 刀具及 01 号补偿,同时设定工件加工坐标
M04　S800;	主轴反转(因后置刀架),转速 800r/min
G00　X62.　Z10.;	刀具快速移动至循环起点 A(62,5)
G73　U8.5　W5.5　R6;	定义 X 向总退刀量 8.5mm,Z 向总退刀量为 5.5mm 粗加工循环 6 次
G73　P10　Q20　U1.　W0　F0.3;	定义粗车加工时给精加工预留 X 方向 1mm 余量, Z 向不预留,进给量为 0.3mm/r

N10　G00　X0. ；	刀具快速运动至零件中心线
G01　Z0. F0.15 ；	工作进给至圆弧起点,精加工进给量 0.15mm/r
G03　X16. Z-8. R8.；	加工 R8 逆圆
G01　Z-15. ；	
G03　X28. W-15. R12.；	加工 R12 圆弧
G01　W-10. ；	
G01　X45. Z-50. ；	加工锥面
N20　G01　X62. ；	沿径向走退刀线
G00　X100. Z100.；	粗加工循环结束,刀具快速移动至换刀点
M05；	主轴停止
M00；	程序暂停
T0101　M04　S1000；	调用 T01 刀具,建立工件加工坐标系
G42　G00　X62. Z10.；	刀具快速定位至循环起点的同时建立右刀补
G70　P10　Q20；	运行精加工循环
G40　G00　X100. Z100.；	快速退刀至换刀点并同时撤销刀补
M30；	程序结束

【技能提升】

(1) 本例如果采用 ϕ60mm 的棒料毛坯,则:

Δi=(毛坯直径最大值—零件直径的最小值)/2=(ϕ60-0)/2=30mm,

即在 X 方向上总退刀量为 30mm;按照每刀径向切深(单边值)为 a_p=1mm,则粗加工次数为:

d=$\Delta i/a_p$=30/1=30,

当切削端面后 Z 方向不预留精加工余量时,G73 第 1 行指令应为:

G73　U30.　W0　R30；

(2) 当精加工轮廓的尾部是锥面或倒角时,如果刀具在轮廓最后一点直接退刀返回,会造成零件与毛坯相接处形成毛刺,而且因为刀补的原因会在零件轮廓上留下瑕疵,另外,在低版本系统中退刀线都要求只能沿 X 方向退刀,斜面段退刀会引起系统报错,因此,程序中沿斜度方向顺延到轮廓外部,之后再沿 X 方向退刀至与循环起点持平即可。

4.4.3　螺纹加工

1. 螺纹切削指令 G32

螺纹切削 G32 指令用于等螺距的圆柱螺纹、圆锥螺纹和端面螺纹的切削,也可以用于多线螺纹的切削。

格式:G32　X(U)_　Z(W)_　F_；

其中:X、Z 为螺纹切削终点的绝对坐标;

U、W 为螺纹切削终点相对起点的增量坐标值;

F 为螺纹导程(导程=螺距×线数,单线螺纹时,导程=螺距)。

说明:

(1) 当 X(U)省略时为圆柱螺纹切削,Z(W)省略时为端面螺纹切削,X(U)、Z(W)均不省略时为锥螺纹切削。

（2）G32 指令没有自动退尾功能，所以必须有退刀槽；一般切削螺纹时，从粗车到精车，根据切削深度逐刀递减原则，按照同一螺距进行多次切削；由于伺服系统的滞后性，一般导程会不规则，因此必须设置螺纹切削的升速进刀段 δ1 和降速退刀段 δ2，且一般 δ1 取大于 2 个导程；螺纹切削中进给倍率无效；螺纹从粗车到精车转速必须保持一致；粗、精加工时的起刀点要相同，以防止螺纹乱牙；车螺纹时，为了降低表面粗糙度值和去毛刺，可以进行 1～2 次空行程。

（3）螺纹车削中相关尺寸的计算

螺纹的大径、小径的确定应该按照相关技术手册，也可参见第三章相关内容，加工实践中也可以按照经验公式计算：

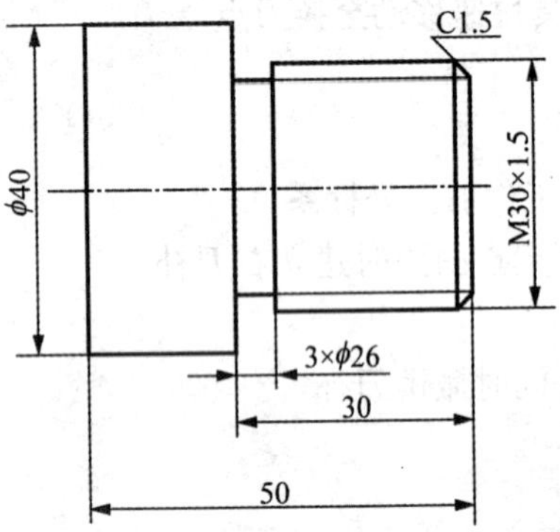

加工外螺纹时螺纹大径的公式为：D 大径＝D 公称直径－0.1×P；（P 是螺距）

加工外螺纹时螺纹小径的公式为：d 小径＝D 公称直径－1.3×P。

【例 4-26】 试用 G32 指令车削如图 4-42 所示的圆柱螺纹零件，毛坯规格为 ϕ40mm×50mm，材料为 45♯钢。

分析：根据零件形状和加工内容，选择刀具包括：T01 为高速钢外圆刀，主偏角 93°；T02 为刀宽为 3mm 的切槽刀；T03 为刀尖角 60°的米制螺纹车刀；切削用量如表 4-6 所示。

图 4-42　G32 加工外螺纹

表 4-6　本例加工切削用量

刀具号	加工内容	主轴转速/(r/min)	进给量 f/(mm/r)	背吃刀量/mm
T01	外圆粗加工	800	0.3	1
T01	外圆精加工	1 200	0.15	0.3
T02	切槽	400	0.1	刀宽＝槽宽＝3mm
T03	车螺纹	350	F=1.5	逐层递减

按照经验公式计算本例外螺纹的大径、小径：

D 大径＝(ϕ30－0.1×1.5)mm＝29.85mm

d 小径＝(ϕ30－1.3×1.5)mm＝28.05mm

参考程序如下：（采用 T 指令对刀，粗、精车外圆与切槽程序详见循环指令 G92，此处从略）

O101;	程序名
T0303;	调用 T03 螺纹车刀，建立工件加工坐标系
M04　S350;	主轴反转（后置刀架），转速为 350r/min
G00　X42.　Z5.;	快速进刀接近工件
G00　X29.2;	径向快速进刀至第 1 刀切深位置，做好加工第 1 刀螺纹的准备
G32　Z-28.5　F1.5;	车削第 1 刀螺纹，螺距 1.5mm

G00　X42.；	先沿 X 向快速退刀
G00　Z5.；	再沿 Z 向快速退刀
G00　X28.7；	径向快速进刀至第 2 刀切深位置，做好加工第 2 刀螺纹的准备
G32　Z-28.5　F1.5；	车削第 2 刀螺纹
G00　X42.；	先沿 X 向快速退刀
G00　Z5.；	再沿 Z 向快速退刀，以下类推
G00　X28.3；	径向快速进刀至第 3 刀切深位置，做好加工第 3 刀螺纹的准备
G32　Z-28.5　F1.5；	车削第 3 刀螺纹
G00　X42.；	
G00　Z5.；	
G00　X28.1；	径向快速进刀至第 4 刀切深位置，做好加工第 4 刀螺纹的准备
G32　Z-28.5　F1.5；	车削第 4 刀螺纹
G00　X42.；	
G00　Z5.；	
G00　X28.05；	径向快速进刀至第 5 刀切深位置，做好加工第 5 刀螺纹的准备
G32　Z-28.5　F1.5；	车削第 5 刀也是最后一刀螺纹
G00　X100.；	沿 X 方向快速退刀
G00　Z100.；	沿 Z 向快速退刀至换刀点
M30；	程序结束

2. 螺纹切削单一循环指令 G92

G92 螺纹切削单一循环指令把 G32 指令加工时的四个动作：X 定位准备→螺纹切削→X 向退刀→Z 向退刀整合在一起形成循环，G92 指令的动作顺序如图 4-43 所示，每一条 G92 指令都自动执行 A→B→C→D→A 的循环路径，大大简化了编程，在实践加工中应用广泛。G92 指令可用来车削圆柱螺纹和锥螺纹。

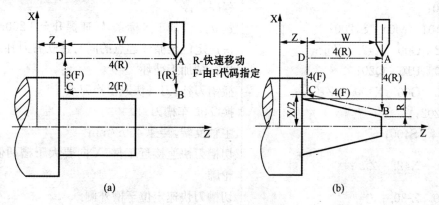

图 4-43　螺纹切削单一循环指令 G92
(a) G92 指令加工圆柱螺纹；(b) G92 指令加工圆锥螺纹

(1) 圆柱螺纹切削单一循环。

格式：G92　X(U)_　Z(W)_　F_　；

说明：X(U)、Z(W)为螺纹切削段终点坐标；F 为螺纹导程，运动轨迹如图 4-43(a)所示。

(2) 锥螺纹切削单一循环。

格式：G92　X(U)_ Z(W)_ R_ F_；

说明：X(U)、Z(W)、F 的含义同圆柱螺纹切削循环；R 为螺纹切削起点与螺纹终点的半径差。

运动轨迹如图 4-43(b)所示。

【例 4-27】　仍然以图 4-42 所示零件为例，试用 G92 指令切削加工 M30×1.5 螺纹。试编写数控程序。

数控程序如下：

O102；	程序名
T0101；	调用 T01 外圆刀，建立工件坐标系
M04　S800；	主轴反转(后置刀架)，转速 800r/min
G00　X42. Z5. ；	刀具快速定位至循环起点 A(42,5)
G71　U1. R0.1；	粗加工每刀切深 1mm，退刀量 0.1mm
G71　P10 Q20 U0.5 W0 F0.3；	粗加工在 X 向给精加工预留 0.5mm 余量，Z 向为 0
N10　G00　X23.85；	快速进刀至 C1.5 倒角外延后的径向坐标
G01　Z1.5　F0.1；	切削进给至 C1.5 外延倒角的 Z 坐标
G01　X29.85　Z-1.5；	加工倒角
G01　Z-30. ；	
N20　G01　X42. ；	切削进给走退刀线
G00　X100. Z100. ；	刀具快速返回至换刀点，为中间测量操作让出空间
M05；	主轴停
M00；	程序暂停
T0101　M04　S1200；	建立工件加工坐标系，转速提升至 1 200r/min
G42　G00　X42. Z5. ；	快速定位至循环起点的同时建立右刀补
G70　P10 Q20；	执行精加工循环
G40　G00　X100. Z100. ；	撤销刀补，刀具快退至换刀点
T0202；	换 T02 车槽刀
M04　S400；	主轴反转，转速 400r/min
G00　X42. Z5. ；	切槽刀快速接近工件，X 向要大于槽两侧的最大轮廓
G00　Z-30. ；	切槽刀快速定位至槽外侧
G01　X26. F0.1；	切槽至槽底 φ26
G04　X1.5；	进给暂停 1.5 秒，以修光槽底和槽的两侧壁
G01　X42. ；	工作进给退刀至槽外侧

G00 X100. Z100.;	切槽刀快速退刀至换刀点
T0303;	换 T03 螺纹刀具
M04 S350;	主轴反转,转速 350r/min
G00 X42. Z5.;	螺纹刀快速定位至循环起点
G92 X29.2 Z-28.5 F1.5;	循环车削第 1 刀螺纹,螺距 1.5mm
X28.7;	循环车削第 2 刀螺纹
X28.3;	循环车削第 3 刀螺纹
X28.1;	循环车削第 4 刀螺纹
X28.05;	循环车削第 5 刀螺纹
X28.05;	螺纹的光整加工
G00 X100. Z100.;	取消螺纹循环,快速退程序结束刀至换刀点
M30;	程序结束

【例 4-28】 加工如图 4-44 所示零件的内螺纹,已知已经预钻毛坯孔 $\phi24$mm,毛坯尺寸为 $\phi60\times50$mm,材料为 45♯钢。试编写内孔加工、内螺纹加工程序。

分析:先用 55°内孔镗刀,利用 G71 指令循环加工该零件 M32×1.5 内螺纹的底孔,再用 60°内螺纹刀加工内螺纹。内螺纹加工时有关参数计算的经验公式:

内螺纹的小径(底孔直径)=D 公称直径-1.1P=$\phi30$-1.1×1.5=28.35mm

内螺纹的大径(牙底直径)=D 公称直径=$\phi30$mm

内螺纹车削时每刀的切深同样遵循"逐刀递减"原则,最后一刀重复走刀进行光整加工。

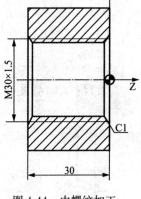

图 4-44 内螺纹加工

数控程序如下:

O101;	程序名
T0101 M04 S800;	调用 T01 内孔镗刀,建立工件加工坐标系
G00 X22. Z5.;	刀具快速定位至循环起点
G71 U0.5 R0.1;	每刀切深 0.5mm,退刀量 0.1mm
G71 P10 Q20 U-0.5 W0 F0.2;	X 向预留精加工余量 0.5mm,进给量 0.2mm/r
N10 G00 X32.35;	刀具快速径向进刀至 C1 倒角的外延伸线 X 坐标
G01 Z1. F0.1;	刀具工作进给至 C1 倒角外延伸线的 Z 坐标
G01 X28.35 Z-1.;	加工 C1 倒角
G01 Z-35.;	为保证孔壁的完整性,Z 向加工刀具超出零件 5mm
N20 G01 X22.;	退刀至 X 向与循环起点持平
G00 Z100.;	粗加工结束后仅沿 Z 向快速退刀
M05;	主轴停

M00;	程序暂停,中间测量调整
T010　M04　S700;	调用 T01 内孔镗刀,转速升高至 700r/min
G41　G00　X22.　Z5.;	快速定位至精加工循环起点
G70　P10　Q20;	执行精加工循环
G40　G00　Z100.;	刀具快速退至换刀点,同时撤销刀补
M00;	程序暂停
T0202;	换 T02 螺纹刀,建立工件加工坐标系
M04　S350;	主轴反转
G00　X26.　Z5.;	刀具快速定位至螺纹循环起点
G92　X28.8　Z-35.　F1.5;	第1遍循环加工螺纹,螺距1.5,以下同
X29.2;	第2遍循环加工螺纹
X29.6;	第3遍循环加工螺纹
X29.8;	第4遍循环加工螺纹
X30.;	第5遍光整加工螺纹
X30.;	第6遍光整加工螺纹
G00　Z100.;	取消螺纹循环加工,快速退刀至换刀点
M30;	程序结束

3. 螺纹切削复合循环指令 G76

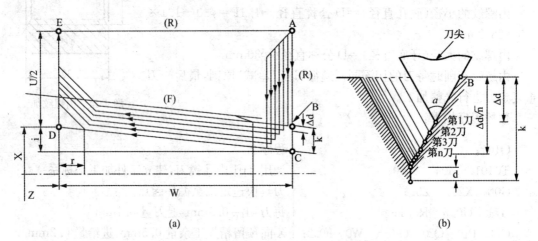

图 4-45　G76 螺纹车削复合循环指令

(a) G76 指令切削轨迹;(b) G76 参数示意图

(1) G76 的指令格式。

格式:G76　P(m)_　(r)_　(α)_　Q(△dmin)_　R(d)_

　　　　G76　X(u)_　Z(w)_　R(i)_　P(k)_　Q(△d)_　F(L)_

其中:X(U)、Z(W)为螺纹终点坐标,增量编程时要注意正负号;m 为精加工次数(1～99),必须用两位数指定,模态值;r 为螺纹末端倒角量,模态值,必须用两位数指定,范围从 0～99,例如 r=10,则倒角量=10×0.1×导程,即倒角量为 1 倍的螺距;α 为刀尖角,可以选择 80°、60°、55°、30°、29°、0°等共六种，其角度数值用两位数指定；另外，m、r、α 都必须用两位数指定，而且同时由 P 参数一同指定，例如，当 m＝2, r＝12,α＝60°可写成 P021260；△dmin 为最小切削深度，半径值，该值必须以整数表示，例如△dmin＝0.02mm，应写成 Q20；d 为精加工余量；i 为螺纹切削起点与螺纹切削终点的半径差，加工圆柱螺纹时 i＝0，当 X(U)方向切削起点坐标小于终点坐标时 i 为负，反之为正；k 为螺纹的螺牙高度(半径值)；△d 为第一刀切削深度，半径值表示，单位 μm。L 为螺纹导程。

（2）螺纹牙型高的确定。牙型高度 h 是指螺纹牙型的牙顶到牙底的垂直于螺纹轴线的距离。理论牙型高度是螺纹原始三角形顶部削去 1/8，底部削去 1/4 形成的。H＝5H/8＝0.54P。但实际加工时，螺纹刀头部倒棱不会是 H/4，而是 H/8。因此，实际切深为 h＝0.65P。如图 4-46 所示。

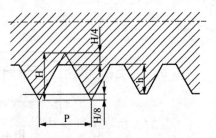

图 4-46　螺纹牙型高示意图

【例 4-29】　仍然以图 4-42 所示螺纹为例，若用 G76 指令加工，参考程序如下：

O101;	程序名
T0303;	调用 T03 刀具，建立工件加工坐标系
M04　S350;	主轴反转，转速 350r/min
G00　X42.　Z5.;	刀具快速定位至螺纹循环起点 A(42,5)
G76　P021060　Q100　R0.1;	精加工两次，螺纹末端倒角量 1.5mm，60°三角形螺纹刀加工，最小切深 0.1mm，精加工余量 0.1mm
G76　X28.05　Z-27.5　R0　P975 Q500　F1.5;	圆柱螺纹复合循环加工，螺牙高度 0.975mm，第一刀切深 0.5mm，螺距 1.5mm
G00　X100.　Z100.;	循环结束，快速退刀至换刀点
M30;	程序结束

4.4.4　深孔钻削循环指令 G74

1. 指令编程格式

G74　R(e)

G74　X(U)　Z(W)　P(△i)　Q(△k)　R(△d)　F(f);

其中：e 为分层切削时每次的退刀量，模态值；X 为 B 点的 X 向分量；U 为从 A 点到 B 点的增量；Z 为 C 点的 Z 分量，钻孔时即孔深；W 为从 A 到 C 的增量；△i 为 X 方向每次的移动量(不带符号)；△k 为 Z 方向每次的切入量(不带符号)；△d 为刀具在切削到终点时的 X 轴退刀量，恒为正值；f 为进给量。

说明：当 X(U)和 P 都省略或者设为 0 时，G74 只执行 Z 向钻孔功能。

2. 深孔钻削循环的走刀路径

深孔钻削循环的走刀路径如图 4-47 所示。深孔钻削循环功能适合加工端面槽或在回转

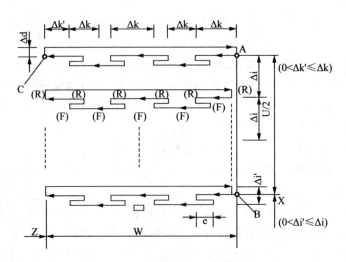

图 4-47　G74 深孔钻削循环走刀路径

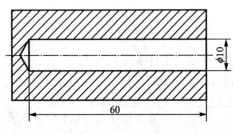

图 4-48　G74 深孔钻削应用实例

体端面上进行深孔加工、镗孔加工。Z 向切入一定深度，再反向回退一定的距离，以实现断屑。若指定 X 轴地址及 X 向移动量，就能实现镗孔加工；否则即为端面的深孔钻削加工。

【例 4-30】　如图 4-48 所示，在工件右端面加工直径为 $\phi 10mm$ 深孔，孔深为 60mm，工件右端面及中心孔已经加工，试编写深孔钻削程序。

分析：端面的深孔加工，刀具及工件受较大的轴向切削力，为避免切削过程中产生振动导致刀具折断，切削进给量应较小，一般取 0.05～0.1mm/r；为保证孔壁完整，孔深尺寸合格，考虑到钻尖的深度，本例钻头切削终点设定为 Z-64；Z 向工件编程坐标系设在右端面的中心。

O101；	程序名
T0101　M04　S300；	调用 T01 刀具，主轴反转，转速 300r/min
G00　X0.　Z2.；	刀具快速定位至钻孔循环起点
G74　R1.；	每次循环退刀量 1mm
G74　Z-64.　Q3000　F0.1；	每次 Z 向切削深度为 3mm，进给量 0.1mm/r
G00　Z100.；	深孔循环加工结束后刀具快速 Z 向退出
G00　X100.；	快速退刀至换刀点
M30；	程序结束

4.4.5　内、外径切槽循环指令 G75

外径切槽循环功适合在外圆柱面上切削沟槽或者切断加工。

1. 指令编程格式

G75　R(e)

G75　X(U)　Z(W)　P(Δi)　Q(Δk)　R(Δd)　F(f)；

其中：

e 为分层切削时每次的退刀量，模态值；X 为槽底的 X 向坐标值；U 为从起刀点 A 点到槽底在 X 向上的增量；Z 为槽底切削终点的 Z 向终点坐标；W 为从起刀点 A 到槽底的切削终点在 Z 向上的增量；Δi 为 X 方向每刀的切深(不带符号)；Δk 为 Z 方向每次的移动量(不带符号)；Δd 为刀具在切削底部的退刀量，d 总为正值；f 为进给量。

2. G75 指令的走刀循环路径

由图 4-49 可见，G75 指令的走刀路径为刀具到达起刀点的位置后，进行径向进刀切削，前进一个 Δk 值后，为利于断屑和排屑，刀具后退一个 e 值，依此循环下去，直到车削到给定的径向尺寸。刀具退出时，为避免刀尖碰到刚车削好的已加工表面，刀具要沿轴向进给的反方向回撤一个 Δd 值。

说明：

(1) 在 MDI 状态下可以执行该指令。

(2) 该指令不支持地址符 P 或 Q 用小数点输入。

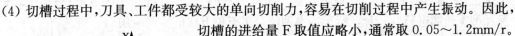

图 4-49　G75 指令的循环路径

(3) 执行刀具补偿指令对该指令无效。

(4) 切槽过程中，刀具、工件都受较大的单向切削力，容易在切削过程中产生振动。因此，切槽的进给量 F 取值应略小，通常取 0.05～1.2mm/r。

【例 4-31】　如图 4-50 所示离合器零件，试编制其滑块槽的加工程序(采用 4mm 切槽刀)。

分析：由图样可知，槽底及槽两侧的表面粗糙度要求很严，达到 Ra1.6，为保证槽的尺寸精度和表面质量，首先采用 G75 指令粗车，并且在 X、Z 两个方向上均给精加工留下 0.1mm 余量，然后再用切槽刀走一刀轮廓来完成精加工。为避免刀尖折断或者产生振动，进给量 F 设留都很小，粗加工为 0.1mm/r，精加工为 0.05mm/r。编程坐标系原点设在右端面与轴心线的交点。数控车槽程序如下：

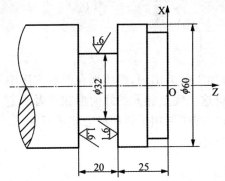

图 4-50　G75 指令车削零件外沟槽

O0001：	程序名
G97　G99　G40　T0101；	程序头初始化，调用 T01 刀具，建立工件加工坐标系
M04　S450；	主轴反转(后置刀架)，转速 450r/min
G00　X62.　Z-29.1；	刀具快进至循环起点，Z 向给右侧壁面留下 0.1mm 精加工余量
G75　R1.0；	每次径向退刀为 1mm

G75 X32.2 Z-44.9 P3000 Q3500 R0. F0.1;	设定槽底切削终点坐标,给槽的径向、轴向均留有 0.1mm 精加工余量,每刀径向切深 3mm,每次 Z 向移动 为 3.5mm,以保证各刀轨迹的搭接消除接刀痕
G01 X62. Z-29. F0.3;	刀具工进至槽口上方
G01 X32. F0.05;	精加工外割槽轮廓 X 向进刀至槽底
G01 Z-45.;	精加工外割槽轮廓 Z 向进刀至槽左侧壁面
G01 X62.;	工进退刀至槽口上方
G00 X100. Z100.;	快速退刀至换刀点
M30;	程序结束

【技能提升】

在轴套类零件上车削径向槽的时候,要注意刀具的安装应该垂直于工件的中心线,以保证车削质量。径向槽的加工方法主要有以下三种:

(1) 车削精度不高、宽度较窄(<5mm)的槽时,可选择与槽宽等宽的切槽刀,采用一次直进法车削成形。

(2) 车削宽度较大的宽槽(>5mm)时,可采用多次直进法切槽,注意各刀之间在 Z 方向上的走刀要有 1/4～1/3 左右的重叠,以消除接刀痕。

(3) 有精度要求的槽,一般要粗、精加工分开。粗加工时 首先在槽底、槽两侧壁都留下精车余量,采用 G75 循环指令,或者直接点坐标编程的方法,直进法车削成形;精加工时根据槽深和槽宽轮廓进行"一刀落"精车。本例便是第三种方法的实践应用。

4.5 子程序加工

如果工件上有相同的几何形状或者固定顺序的轮廓加工频繁出现,则体现在数控程序中也会反复出现完全相同的程序段。为了简化编程,可以将这些完全相同的几何形状或者固定顺序的轮廓加工单独抽出,编写成子程序存储起来,通过主程序调用子程序的方式进行加工。被调用的子程序还可以调用其他子程序,称为子程序的嵌套。

子程序的指令格式

(1) 子程序的结构。与以往的主程序类似,子程序也包括子程序名、子程序体、子程序结束三个要素。在子程序的末尾用 M99 指令结束子程序运行,同时返回主程序。

O ××××;　　子程序名
:　　　　　　子程序体
M99;　　　　子程序结束

(2) 子程序的调用。在主程序中用 M98 指令调用子程序。子程序的调用格式因系统而异。一般有以下两种方式:

① M98 P×××× ××××

其中,P 后面的 8 位数字中,前四位表示重复调用次数,后四位表示被调用的子程序号。前四位中的前导 0 可以省略;但是后四位不可缺位,若不满四位必须用前导 0 补足四位。

例如,M98 P31002,意思是调用 O1002 号子程序 3 次。

② M98　P××××　L××××

其中,P 后面最多四位数字代表被调用的子程序号,L 后面最多四位数代表调用次数。若无 L 参数则默认调用一次子程序。实践加工中这种调用方式更为普遍。

例如,M98　P105　L2,意思是调用 O105 子程序两次。

【例 4-32】　加工如图 4-51 所示零件,车削不等距外槽,已知毛坯尺寸为 $\phi32\times100$mm,试编写该零件的数控车削程序。

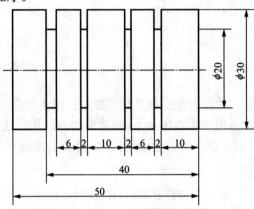

图 4-51　子程序应用实例

分析:该零件的槽宽都是 2mm,可以归纳为两组相同的形状,每一组都在 Z 向上安排 W-12、W-8 两次切槽动作,子程序用增量编程,主程序重复调用两次即可完成加工。加工坐标系设定在工件右端面与轴线交点,调用参考程序如下:

O101;	主程序名
T0101　M04　S500;	调用 T01 号刀具,主轴反转(后置刀架),建立加工坐标系
G00　X32.　Z0.;	刀具快速趋近工件右端面
G01　X-1.　F0.2;	车削右端面
G01　Z2.;	刀具 Z 向右移,以免退刀时划伤端面
G00　X30.;	快速抬刀
G01　Z-55.　F0.2;	工作进给车削外圆柱面
G00　X32.;	X 向抬刀,以免退刀时划伤外圆表面
G00　Z0.;	快退至右端面,定位至 A(32,5)
M98　P102　L2;	调用 O102 号子程序两遍加工不等距槽
G00　X100.　Z100.;	沟槽加工结束,快速退刀至换刀点
M30;	主程序结束
O102;	子程序名
G00　W-12.;	刀具 Z 向快速定位至第 1 槽口上方
G01　U-12.　F0.15;	切槽加工至槽底,进给量 0.15mm/r
G04　X1.5;	进给暂停 1.5 秒,以修光槽底及槽两侧面
G01　U12.;	工作进给退刀至槽口上方

G01　W-8.；	刀具 Z 向快速定位至第 2 槽口上方
G01　U-12.　F0.15；	切槽加工至槽底,进给量 0.15mm/r
G04　X1.5；	进给暂停 1.5 秒,以修光槽底及槽两侧面
G00　U12.；	工作进给退刀至槽口上方
M99；	子程序结束并返回主程序

4.6 宏程序加工

1. 宏程序的概念

在数控系统中存储的带有变量并能实现某种功能的一组子程序,称为用户宏程序,简称宏程序。调用宏程序的指令称为用户宏程序指令,简称宏指令。用户宏程序的实质与应用都与子程序相似。在主程序中,只要编入相应的调用指令就能实现调用宏程序进行零件加工的功能。

表 4-7　用户宏程序与普通程序的比较

普通程序	用户宏程序
只能使用常量	可以使用变量,并给变量赋值
常量之间不能进行运算	变量之间可以进行运算
程序只能顺序执行,不能跳转	程序运行可以跳转

用户宏程序分为 A 类、B 类两种。两者的主要区别在于 A 类宏程序不能对"＋""－""×","/""＝""［ ］"这些符号进行赋值及数学运算。在早期的 FANUC 系统机床面板上没有这些符号,所以只能用 A 类宏程序编程加工;而 FANNC 0i 及其后的系统中(如 FANUC　0i Mate MD 等),则可以方便地通过面板输入这些符号,并运用 B 类宏程序对这些符号进行赋值编程。下面仅以应用广泛的 B 类宏程序讲解宏程序编制的过程。

2. B 类宏程序的变量及其运算

(1) 变量的形式。变量由符号"＃"和其后的变量号码所组成,即 ＃i(i＝1,2,3,…)

例如,＃3,＃101,＃1045。

也可用＃＜表达式＞的形式来表示,但表达式必须全部写入方括号"［ ］"中。

例如,＃［＃201］,＃［＃1045—1］,＃［A＋C］。

(2) 变量的引用。在地址符后的数值可以用变量置换。例如,若写成 F＃12,则当＃12＝200 时,与 F200 相同;再如,Z－＃15,当＃15＝4 时,与 Z—4. 指令相同。

引用变量也可以采用表达式。

【例 4-33】　G01X［＃101—20］Y－＃25　F［＃25＋＃103］；

当＃101＝80、＃25＝50、＃103＝100 时,即表示为 G01 X60.　Y－50.　F150；

需要注意的是,作为地址符的 O、N、/等,不能引用变量。例如,O＃23、N＃45 等,都是错误的。

(3) 变量的种类。变量有空变量、局部变量、公共变量和系统变量四种。

① 空变量:尚未被定义的变量,被称为＜空＞。变量＃0 经常被用作＜空＞变量使用。

空变量不能赋值。

② 局部变量：#1～#33 为局部变量，局部变量只能在宏程序中存储数据。当断电时局部变量被初始化为空，调用宏程序时，自变量对局部变量赋值。

③ 公共变量：#100～#199、#500～#999 为公共变量，公共变量在不同的宏程序中意义相同。当断电时，变量 #100～#199 被初始化为空，变量 #500～#999 的数据不会丢失。

④ 系统变量：#1000 为系统变量，系统变量用于读和写 CNC 运行时的各种数据，如刀具的当前位置和补偿值等。

（4）变量的赋值。变量的赋值有多种方法，其中直接赋值方式因为应用灵活便捷而被广泛使用。在此仅介绍直接赋值的方法，而地址赋值方式等其他方法请读者详见第六章宏程序的相关介绍。

通常可以在程序中以等式方式给变量直接赋值，但等号左边不能用表达式。B 类宏程序的赋值为带小数点的值。在实际编程中，大多采用在程序中以等式方式赋值的方法。

【例 4-34】 N20 #102＝30.；

N30 #102＝#102＋15.；

N40 G01 X#102；

执行 N40 程序段时，刀具将直线插补加工至 X45 坐标点处。

（5）变量的运算指令。B 类宏程序中变量的运算相似于数学运算，变量之间可以进行算术运算和逻辑运算。常用的变量运算指令如表 4-8 所示。

表 4-8 B 类宏程序的变量运算功能表

类型	功能	格 式	举 例	备 注
算术运算	加法	#i＝#j＋#k	#1＝#2＋#3	常数可以代替变量
	减法	#i＝#j－#k	#1＝#2－#3	
	乘法	#i＝#j*#k	#1＝#2*#3	
	除法	#i＝#j/#k	#1＝#2/#3	
三角函数运算	正弦	#i＝SIN[#j]	#1＝SIN[#2]	角度以度指定 35°30′ 表示为 35.5 常数可以代替变量
	反正弦	#i＝ASI[#j]	#1＝ASIN[#2]	
	余弦	#i＝COS[#j]	#1＝COS[#2]	
	反余弦	#i＝ACOS[#j]	#1＝ACOS[#2]	
	正切	#i＝TAN[#j]	#1＝TAN[#2]	
	反正切	#i＝ATAN[#j]	#1＝ATAN[#2]	
其他函数运算	平方根	#i＝SQRT[#j]	#1＝SQRT[#2]	常数可以代替变量
	绝对值	#i＝ABS[#j]	#1＝ABS[#2]	
	舍入	#i＝ROUN[#j]	#1＝ROUN[#2]	
	上取整	#i＝FIX[#j]	#1＝FIX[#2]	
	下取整	#i＝FUP[#j]	#1＝FUP[#2]	
	自然对数	#i＝LN[#j]	#1＝LN[#2]	
	指数对数	#i＝EXP[#j]	#1＝EXP[#2]	

（续表）

类型	功能	格 式	举 例	备 注
逻辑运算	与	#i=#jAND#k	#1=#2AND#2	按位运算
	或	#i=#JOR#k	#1=#2OR#2	
	异或	#i=#jXOR#k	#1=#2XOR#2	
转换运算	BCD转BIN	#i=BIN[#j]	#1=BIN[#2]	
	BIN转BCD	#i=BCD[#j]	#1=BCD[#2]	

注意：函数 SIN、COS 等的角度单位是度，分和秒要换算成带小数点的度。如 $50°30'$ 表示为 $30.5°$。

（6）关系运算。关系运算由关系运算符和变量（或表达式）组成表达式。系统中使用的关系运算指令如表 4-9 所示。

表 4-9 B 类宏程序条件表达式的种类

条件	意 义	示 例
EQ	等于（=）	IF[#5 EQ #6]GOTO 300；
NE	不等于（≠）	IF[#5 NE 100]GOTO 300；
GT	大于（>）	IF[#6 GT #7]GOTO 100；
GE	大于等于（≥）	IF[#8 GE 100]GOTO 100；
LT	小于（<）	IF[#9 LT #10]GOTO 200；
LE	小于等于（≤）	IF[#11 LE 100]GOTO 200；

（7）运算的优先级。宏程序数学运算的顺序依次为：函数运算（SIN、COS、ATAN 等），乘和除运算（*、/、AND 等），加和减运算（+、−、OR、XOR 等），关系运算是最后一级。

【例 4-35】 #1=#2+#3*SIN[#4]运算顺序为：

函数 SIN[#4]；

和乘运算：#3*SIN[#4]；

和加运算：#2+#3*SIN[#4]。

另外，函数中的括号用于改变运算顺序，函数中的括号允许嵌套使用，但最多只允许嵌套 5 层。

【例 4-36】 #1=COS[[[#2+#3]*4+#5]/#6]；

3. B 类宏程序的控制结构

B 类宏程序的控制结构包括分支结构、循环结构、顺序结构等常用类型。下面就常用控制结构加以介绍。

（1）无条件转移（GOTO）。

格式：GOTO n；n 为顺序号（1～9999）

例如，GOTO 20；

    ：   语句组

    N20 G00 X35 Y60；

执行 GOTO 20 语句时,转去执行 N20 的程序段。

(2) 条件转移 (IF)。

格式:IF[关系表达式]

GOTO n;

例如, IF[♯100　LE　♯50]

　　　GOTO　50

　　　：　语句组

　　　N50　G00　X15　Y30

如果♯1 小于等于♯30,转去执行 N50 的程序段,否则执行 GOTO 50 下面的语句组。

(3) 条件转移 (IF)。

格式:IF [表达式] THEN

THEN 后面只能跟一个语句。例如,IF[♯20 GT ♯30]　THEN　♯30＝♯30－1;

当♯20 大于♯30 时,将 ♯30－1 之后的结果赋给变量♯30。

(4) 循环(WHILE)。

格式:WHILE [关系表达式] DO　m;

　　　：　语句组;

　　　END　m:

当条件表达式成立时,执行从 DO 到 END 之间的程序,否则转去执行 END 后面的程序。

【例 4-37】 某段宏程序如下:

♯1＝0;

♯2＝0;

WHILE[♯1 LE 10]　DO　1;

♯1＝♯1＋1;

♯2＝♯2＋♯1;

G00　X♯2;

END　1;

M99;

当♯1 小于等于 10 时,执行循环程序;当♯1 大于 10 时结束循环返回主程序。子程序结束循环时,刀具的位置在 X55 坐标点处。

【例 4-38】 加工图 4-52 所示的零件,毛坯尺寸 $\phi50 \times$ 100mm,右侧抛物线方程为 $Z＝-\frac{1}{20}X^2$。工件坐标系原点设定在抛物线的原点,即零件右端回转中心。试编制数控车削该抛物线零件的 B 类宏程序。

分析:在数控车削编程中,X 坐标默认是直径值,而在该零件抛物线的函数表达式 $Z＝-\frac{1}{20}X^2$ 中,X 是半径值,因此要特别注意在编程中 X 坐标应该由 X 尺寸乘以 2;本例选择 X 为自变量,Z 为因变量,根据给定抛物线函数关系,用线段逼近法近

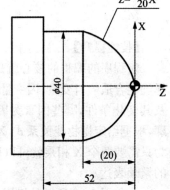

图 4-52　抛物线轮廓的数控加工

似加工抛物线轮廓,数控程序如下:

O0501;	程序名
T0101;	调用 T01 刀具,建立工件加工坐标系
M04　S800;	
G0　X52.　Z5.;	刀具快速定位至循环起点
G71　U1.　R0.1.;	每刀径向切深 1mm,退刀量 0.1mm
G71　P10　Q30　U0.5　W0　F0.2;	径向为精加工预留 0.5mm 余量
N10　G00　X0;	快速进刀至工件中心线
G01　Z0　F0.1;	工进至右端面
#1＝0;	首先定义 X 向半径值作为自变量
N20　#2＝－#1＊#1/20;	按照抛物线函数关系定义 Z 向相应坐标作为因变量
G01　X[#1＊2]　Z#2;	刀具插补加工至动点坐标(Xi、Zi)
#1＝#1+0.5;	自变量 X 自增 0.5mm
IF[#1LE20]　GOTO 20;	若 X 小于等于 20 则跳转至 N20 段继续加工,否则跳出循环
G01　W-30.;	沿 Z 向直线插补加工至轴肩
N30　G01　X52.;	沿 X 向退刀至和循环起点平齐
G00　X100.　Z100.;	刀具快速退刀至换刀点
M05;	
M00;	程序暂停
T0101;	调用 T01 刀具,重新建立工件坐标系
M04　S1200;	主轴反转,精加工转速升至 1200r/min
G42　G00　X52.　Z2.;	刀具快速定位至精加工循环起点,同时建立右刀补
G70　P10　Q30　F0.1;	执行精加工循环
G40　G00　X100.　Z100.;	撤销刀补,刀具快退至换刀点
M30;	程序结束

【技能提升】

宏程序的编程的核心就是变量编程,而变量编程的关键就是理顺变量之间的控制脉络,选择确定合适的自变量、因变量。选择的技巧就是顺着已知的条件关系,确定哪个因素为自变量及其变化条件,哪些因素为因变量及其变化范围。本例中,用线段逼近法近似加工抛物线轮廓,根据给定抛物线关系式,X、Z 均可作为自变量,不过很显然用 X 作为自变量要更简便,因为只需要两个 X 相乘就可以很方便的表达出 Z 坐标,如果用 Z 作为自变量,就会有开方运算的繁琐表达。

再如图 4-53 所示的椭圆轮廓的车削加工中,

椭圆的标准方程为

$$\frac{X^2}{a^2}+\frac{Y^2}{b^2}=1$$

而椭圆的参数方程为

$$\begin{cases} X=a\cos\phi \\ Y=b\sin\phi \end{cases}$$

式中：a 为椭圆的长半轴；b 为椭圆的短半轴；ϕ 为椭圆的圆心角。

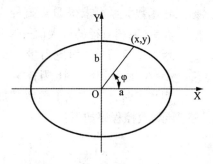

图 4-53　椭圆的宏程序加工

如果按照标准方程确定变量，则宏程序中必然涉及平方、开方运算，表达式很繁琐；如果按照参数方程确定变量，则宏程序的表达非常简洁，因此，通常椭圆的加工选择 ϕ 为自变量，a、b 为自变量，按照参数方程采用直接赋值的方法编写宏程序。请读者尝试据此为本章后面习题图 4-63 中的椭圆加工编写宏程序。

4.7　典型零件的数控车削加工

4.7.1　简单轴类零件的数控车削

【例 4-39】　如图 4-54 所示，已知毛坯为铸件，毛坯为 $\phi50\times100$mm，45# 钢棒料，试用循环指令编写数控车削程序。

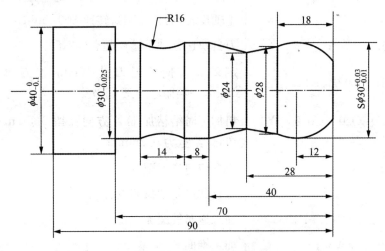

图 4-54　G73 应用实例

分析：由图 4-54 可知，该零件是简单轴类零件，加工轮廓主要由圆柱面、轴向台阶、圆锥面、圆弧成型面等要素组成，轮廓形状相对比较简单，使用刀具较少，仅需一次装夹即可完成加工。由于图 4-54 上 $S\phi30$ 及 R16 都是非单调性尺寸，不能使用 G71 指令，只能使用 G73 仿形循环加工；左端 $\phi40_{-0.1}^{0}$ 尺寸精度为 IT10 级，$\phi30_{-0.025}^{0}$ 为 IT7 级，$S\phi30_{-0.01}^{+0.03}$ 为 IT9 级，为了保证精度要求，必须粗、精加工分开进行；对刀时端面已经车削好，只有外圆轮廓需要加工，仅需外圆刀即可，考虑本例单件生产，粗、精加工使用同一把硬质合金外圆刀具，刀尖角 35°，主偏角 93°（如果小批量生产，可以考虑粗精加工刀具分开）；整个零件直径最小处应为右端面 D 点，根

据三角函数关系可求得 D 点直径为 $\phi 18$mm,因此 X 方向总的退刀量:

Δi=(毛坯直径的最大值—零件直径的最小值)/2=($\phi 50$-$\phi 18$)/2=16mm;

粗加工每刀单边背吃刀量为 a_p=1mm,故走刀次数为:

d=$\Delta i/a_p$=16/1=16 刀;

粗加工时在 X 方向上预留精加工余量0.5mm,在 Z 方向上不预留余量。走刀路线如图4-55 所示,数控程序如下:

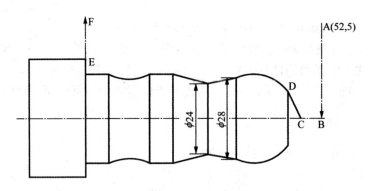

图4-55 铸件的 G73 循环加工走刀路线

O105;	程序名
T0101;	调用 T01 刀具 01 号补偿,设定工件加工坐标系
M04 S800;	主轴反转(后置刀架),转速 800r/min
G00 X52. Z5.;	刀具快速移动至循环起点(52,5)
G73 U16. W0 R16;	定义 X 方向总退刀量 16mm,Z 方向总退刀量为 0mm,一共循环加工 16 次。
G73 P10 Q20 U0.5 W0 F0.2;;	粗加工时给精加工 X 方向预留 0.5mm 余量,Z 向不留,进给量为 0.2mm/r
N10 G00 X0.;	刀具快速进刀至 X0
G01 Z3. F0.1;	刀具共进至圆弧起点
G03 X28. Z-18. R15.;	加工逆时针圆弧
G01 X24. Z-28.;	加工锥面
G01 X30. Z-40.;	加工锥面
G01 W-8.;	增量模式加工圆弧起点
G02 W-14. R16.;	加工顺时针圆弧
G01 Z-70.;	
N20 G01 X52.;	加工 $\phi 30$ 的左侧台阶面
G00 X100. Z100.;	刀具快速退回到换刀点

M05；	主轴停
M00；	程序暂停,粗加工后进行测量和补偿修正
T0101；	调用 T01 刀具,建立工件加工坐标系
M04　S1000；	主轴反转,转速 1000r/min
G42　G00　X52.　Z5.；	刀具快速移动至精加工循环起点,建立右刀补
G70　P10　Q20；	运行精加工循环
G40　G00　X100.　Z100.；；	撤销刀补,刀具快速退回到换刀点
M30；	程序结束

【技能提升】

为了保证加工轮廓的完整性,避免因刀补的运行形成轮廓瑕疵,在使用循环指令进行车削编程时,程序中选取基点时要注意能在一次插补中完成的轨迹就不要断开加工,否则会降低插补精度,有接刀痕迹。这个问题在安排进刀线、退刀线的路径时尤其要注意。本例右端的 CD 段属于球面的一部分,为了保证轮廓的连续加工,一般会沿着曲面轮廓的走势顺延到轮廓之外确定一点作为进刀线的径向尺寸依据。本例取 C(0,3);再如,在左侧的退刀线处,E、F 两点均在同一条径向直线插补轨迹上,此时无需在 E 点停留,而是应该直接将 F 点作为直线插补的终点。如此保证插补的连续性,轮廓精度容易保证。

4.7.2　复杂轴类零件的数控车削加工

【例 4-40】　加工如图 4-56 所示轴类零件,材料 45♯钢,毛坯外径尺寸为 $\phi50×100mm$,预加工内孔尺寸为 $\phi25×37mm$,试用合适的指令编程完成零件加工,实现图样技术要求。

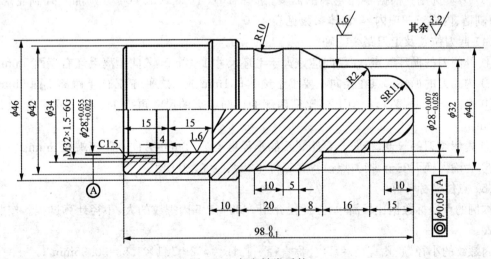

图 4-56　复杂轴类零件

1. 分析零件图样

(1) 结构形状分析。从图 4-56 可知,该零件为复杂轴类零件,由外圆(轴向台阶、圆锥面、圆弧成型面等外轮廓)、内孔、内切槽、内螺纹等轮廓要素组成,左、右两端均需要加工,而且左端的内孔、内螺纹、倒角的加工内容,以及 $\phi46\times10$ 外圆"中间大、两头小"的结构,使得零件必须掉头装夹,左、右两端分别进行加工;为了尽量缩短每次装夹后零件的悬伸长度,提高加工中工件的刚度和加工稳定性,保证尺寸精度和表面质量,$\phi46\times10$ 外圆应和左端加工时一起成形。

(2) 尺寸精度分析。$\phi28^{+0.055}_{+0.022}$ 的尺寸精度为 IT10 级、$\phi28^{-0.007}_{-0.028}$ 为 IT8 级、$98^{0}_{-0.1}$ 为 IT10 级,尺寸精度要求较高,而且右端的 $\phi28^{-0.007}_{-0.028}$ 尺寸与左端的 $\phi28^{+0.055}_{+0.022}$ 有同轴度要求,因此左右掉头装夹时需要打表找正来保证同轴度;由此分析在加工过程中采用粗车、精车方可达到要求。

(3) 材料分析。加工材料为 45# 钢,经调质后,切削加工性能良好。

(4) 零件图样尺寸分析。该零件图纸结构清晰,尺寸完整,但左侧内螺纹、内割槽因为悬伸加工刚性较差,需要保守选择切削参数,以免引起切削振动影响加工质量。

2. 零件加工工艺设计

(1) 掉头装夹。因为右侧 $\phi28^{-0.007}_{-0.028}$ 外圆面有精度要求,不适合做装夹面,右侧其他表面由于装夹面太窄夹紧不牢固,容易引起振动也不适合装夹;另外左侧的 $\phi42$ 圆柱面长度大,$\phi46$ 的轴肩可以做良好的轴向定位基准,适合做装夹面;而且左右两端有同轴度要求,以左端为基准保证右端的同轴度,应该先做左端;装夹住左端加工右端的方案可以让刀具伸出更短,夹紧牢固,加工刚度更好。综合上述各种因素,最终确定先加工左侧,再掉头装夹右侧,并通过打表找正来保证左右的同轴度要求。

(2) 加工顺序的确定。加工左端时,如果先做内孔及附属内容后再做外圆,则零件会因为材料中空过早的丧失加工刚度而导致振动加剧,因此此应该先做左侧外圆柱面、台阶面,然后再做内孔及其内部其他内容;右端只有外轮廓,可以外圆刀一次成形连续加工。

(3) 刀具选用。根据零件轮廓的需要,选择 T01、T02、T03、T04 分别加工外圆轮廓、内孔、内割槽、内螺纹四项内容,具体参数见表 4-10。

(4) 起刀位置及走刀路线的确定:

① 外圆刀的循环起点,在径向应该大于毛坯尺寸 1~2mm,Z 向距离毛坯右端面 5mm。

② 内孔刀的循环起点在径向上要小于预钻孔 1mm 或与之平齐,Z 向上距离端面 5mm。

③ 内割槽刀的起点,径向上要比槽两侧的径向最小的尺寸再小 1~2mm,Z 向上距离端面 5mm。

④ 内螺纹刀的起点,径向上要比螺纹的小径再小 1~2mm,Z 向上距离端面 5mm。

⑤ 为确保换刀安全,换刀点设置在工件坐标系(100,100)处。

(5) 点位坐标计算:

本例的点坐标数据比较简单,在此仅介绍 M32*1.5 内螺纹的大、小径计算过程。按照经验公式:

内螺纹的小径(底孔直径)=D 公称直径-1.1P=$\phi32$-1.1×1.5=30.35mm

内螺纹的大径(牙底直径)=D 公称直径=$\phi32$mm

(6) 切削用量的选用。查询切削参数相关资料,并考虑到机床的刚性等因素,确定各种刀具的切削用量如表 4-10 所示。

表 4-10 轴类零件数控加工工艺卡

轴类零件数控加工工艺卡						零件代号	材料名称
						1.1.1	45 钢
设备名称	数控车床	系统型号	Fanuc 0I mate TC	夹具名称	三爪卡盘	毛坯尺寸	外圆 Φ50×100 内孔 Φ25×37
工序号	工 序 内 容			刀具号	主轴转速 /(r/min)	进给量 /(mm/r)	背吃刀量 /mm
1-1	调整卡爪行程,夹持 φ50 外圆,伸出长度大于 70mm,车削端面,车削 φ49×70 外圆用作调头夹持基准			T01	800	0.3	$a_p=1$
1-2	调头夹持 φ49 外圆,伸出长度大于 50mm,车削端面,保证总长度至 98.5,放 0.5mm 余量			T01	800	0.2	$a_p=0.2$
1-3	粗车左端 φ42 外圆、φ46 外圆,余量放 0.5mm			T01	800	0.3	$a_p=1$
	精车左端倒角 C1,φ42 外圆,φ46 台阶及外圆,保证表面粗糙度符合 Ra3.2 要求,未注公差加工符合 IT12 精度			T01	1 200	0.1	$a_p=0.5$
1-4	粗镗 φ28 孔,M32 螺纹底孔,余量放 0.5mm			T02	600	0.2	$a_p=0.5$
	精镗倒角 C1.5,M32×1.5 螺纹底孔,$φ28^{+0.055}_{+0.022}$,保证尺寸公差及 Ra1.6 要求,未注公差加工符合 IT12 精度及 Ra3.2 表面粗糙度要求			T02	800	0.1	$a_p=0.2$
1-5	选择 4mm 的内割槽刀切削 4×φ34 内孔槽,保证 φ34 槽底尺寸,槽底暂停,修光槽底和侧壁,未注公差加工符合 IT12 精度及 Ra3.2 表面粗糙度要求			T03	500	0.15	直进法加工刀宽 4mm
1-6	粗精车 M32×1.5－6G 内螺纹,中径、顶径精度符合 6G 标准			T04	350	F=P=1.5	螺纹递减规律
2-1	调头夹持 φ42 外圆,以 φ42 外圆柱面和 φ46 轴肩定位,校正右侧 φ28 外圆工件跳动,保证同轴度 0.05						打表
	车削右端面,控制总长 $98^0_{-0.1}$ 符合公差要求			T01	800	0.2	$a_p=0.2$
2-2	粗车右端 φSR11、R2 圆弧、φ28 圆弧、圆锥面、φ40 外圆、R10 圆弧、C1 倒角等轮廓,放余量 0.5			T01	800	0.3	$a_p=1$

（续表）

工序号	工 序 内 容	刀具号	主轴转速 /(r/min)	进给量 /(mm/r)	背吃刀量 /mm
	精车右端轮廓，保证 $\phi 28^{-0.007}_{-0.028}$ 尺寸精度和 $Ra1.6$ 表面粗糙度，其余倒角 C1 等未注尺寸符合 IT12 精度及 $Ra3.2$ 表面粗糙度要求	T01	1 200	0.15	$a_p=0.5$
编制		审核		批准	
年 月 日				共 页	

3. 数控程序

（1）加工左端外圆。

O101；	程序名
T0101　M04　S800；	调用 T01 外圆刀，建立工件加工坐标系
G00　X52. Z5.；	刀具快速定位至粗加工循环起点
G71　U1. R0.1；	径向每刀切深 1mm
G71　P10　Q20　U0.5　W0　F0.3；	粗加工时给精加工 X 向预留 0.5mm 余量
N10　G00　X38.；	快速进刀至 C1 倒角的延伸线的 X 向坐标
G01　Z1. F0.12；	快速进刀至 C1 倒角的延伸线的 Z 向坐标
G01　X42. Z-1.；	加工 C1 倒角
G01　Z-29.；	加工至 $\phi 46$ 轴肩
G01　X44.；	
G01　X46. W-1.；	加工 C1 倒角
G01　Z-45.；	
N20　G01　X52.；	工进径向退刀至与循环起点平齐
G00　X100. Z100.；	快速退刀至换刀点
M05；	
M00；	程序暂停，中间检测调整
T0101　M04　S1200；	重新调用 T01 刀具，主轴转速升至 1200r/min
G42　G00　X52. Z5.；	刀具快速定位至循环起点
G70　P10　Q20；	执行精加工循环
G40　G00　X100. Z100.；	快速退刀至换刀点
M30；	程序结束

（2）加工左端内孔。

O102；	程序名

T0202　M04　S600；	调用 T02 刀具，建立工件加工坐标系
G00　X24.　Z5.；	刀具快速定位至循环起点
G71　U0.5　R0.1；	内孔加工径向每刀切深 0.5mm
G71　P10　Q20　U-0.5　W0　F0.2；	为精加工留余量 0.5mm(余量为负值)
N10　G00　X36.35；	快速进刀至 C1.5 倒角外延伸线 X 坐标
G01　Z1.5　F0.1；	工进至 C1.5 倒角外延伸线 Z 坐标
G01　X30.35　W-1.5；	加工螺纹底孔
G01　Z-15.；	
G01　X28.03；	
G01　Z-30.；	加工至孔底
N20　G01　X24.；	沿 X 向退刀至与循环起点平齐
G00　Z100.；	仅沿 Z 向快速退刀
M05；	
M00；	程序暂停
T0202　M04　S800；	调用 T02 刀具，重新建立工件坐标系
G41　G00　X24.　Z5.；	刀具快速定位至循环起点，同时建立左刀补
G70　P10　Q20；	执行精加工循环
G40　G00　Z100.；	先沿 Z 方向快速退刀，同时撤销刀补
G00　X100.；	再沿 X 方向快速退刀至换刀点
M30；	程序结束

(3) 加工左端内割槽。

O103；	程序名
T0303　M04　S500；	调用 T03 刀具，建立工件加工坐标系
G00　X27.　Z5.；	刀具快速定位至起刀点
G01　Z-15.　F0.2；	刀具工作进给至槽口外侧
G01　X34.　F0.15；	加工至槽底，进给量 0.15mm/r
G04　X1.5；	进给暂停，以修光槽底及两侧
G01　X27.；	工进退刀至与起点平齐
G00　Z100.；	仅沿 Z 向快速退刀
G00　X100.；	沿 X 向退刀至换刀点
M30；	程序结束

(4) 加工左端内螺纹。

O104；	程序名

T0404　M04　S350；	调用 T04 刀具,建立工件加工坐标系
G00　X27.　Z5.；	刀具快速定位至循环起点
G92　X30.8　Z-12.　F1.5；	第 1 遍循环加工螺纹
X31.2；	第 2 遍循环加工螺纹
X31.5；	第 3 遍循环加工螺纹
X31.8；	第 4 遍循环加工螺纹
X32.；	第 5 遍循环加工螺纹
X32.；	最后一遍光整加工
G00 Z100.；	沿 Z 向快速退刀
G00 X100.；	沿 X 向快速退刀至换刀点
M30；	程序结束

（5）粗、精加工右端外圆轮廓。

O105；	程序名
T0101 M04 S800；	调用 T01 外圆刀具,建立工件加工坐标系
G00 X52. Z5.；	刀具快速定位至循环起点
G73 U20. W0 R20；	X 向总退刀量为 20mm,循环加工 20 次
G73 P10 Q20 U0.5 W0 F0.3；	为精加工 X 向预留 0.5mm 余量
N10 G00 X0；	快速进刀至轴心线
G01 Z1. F0.15；	工进至右端面圆弧起点
G03 X22. Z-10. R11.；	插补加工逆时针圆弧
G01 Z-15.；	
G01 X24.；	
G03 X27.99. W-2. R2.；	加工 R2 圆弧
G01 Z-31.；	
G01 X32.；	
G01 X40. W-8.；	加工锥面
G01 W-5.；	
G02 W-10. R10.；	加工 R10 圆弧
G01 Z-59.；	
G01 X44.；	
G01 X48. W-2.；	加工 C1 倒角至外延伸线 X 坐标
N20 G01 X52.；	沿径向退刀至与循环起点平齐
G00 X100. Z100.；	快速退刀至换刀点

```
M05；
M00；                        程序暂停,中间检测调整
T0101 M04 S1200；            调用 T01 外圆刀具,重新建立工件加工坐标系
G42 G00 X52. Z5.；           刀具快速定位至循环起点,同时建立右刀补
G70 P10 Q20；                执行精加工循环
G40 G00 X100. Z100.；        快速退刀至换刀点,同时撤销刀补
M30；                        程序结束
```

【技能提升】

(1) 掉头装夹时,左、右两端加工的先后顺序的确定遵循以下几个原则:

① 表面粗糙度要求严格、尺寸精度要求高、有螺纹加工的表面应该考虑后加工。

② 对比左、右两端的装夹面,能使装夹后工件的悬伸更短,径向、轴向的定位基准更可靠的表面所在侧应该先加工。本例就属于这种情况。

③ 某个表面装夹后令刀具、工件振动加大或难以测量,则该表面所在侧应先加工。

(2) 加工右端外圆时,X 向总退刀量的计算,需根据图样的不同灵活确定。该零件右端圆弧为部分圆弧,为了保证轮廓的完整性,圆弧起点可以顺势外延至(0,1),但是总退刀量的计算中选零件最小直径值时无需按 X0 计算,应该仍然按照轮廓上的最小值,即右端面的圆弧起点,根据几何关系可知该点 X 坐标为 $4.583 \times 2 = 9.166$,因此 $\triangle i = (\phi$毛坯 max$-\phi$零件 min$)/2 = (\phi50 - \phi9.2)/2 \approx 20$。

4.7.3　复杂套零件的数控车削加工

【例 4-41】　加工如图 4-57 所示盘套零件,材料 45♯钢,毛坯外径尺寸为 $\phi80 \times 46$mm,预加工内孔尺寸为 $\phi25 \times 46$mm,试用合适的指令编程完成零件加工,实现图样技术要求。

1. 分析零件图样

(1) 结构形状分析。从图 4-57 可知,该零件为复杂套类零件,由外圆(圆柱面、轴向台阶、倒角等外轮廓)、内孔(内圆柱面、内锥面、内台阶面、内圆弧、内倒角等)、外切槽、内螺纹等轮廓要素组成,左、右两端均需要加工,而且 $\phi76 \times 8$ 外圆“中间大、两头小”的结构,以及左端复杂的内外轮廓使得该零件必须掉头加工;为了尽量缩短每次装夹后零件的悬伸长度,提高工件、刀具在加工中的刚度和稳定性,保证尺寸精度和表面质量,$\phi76 \times 8$ 外圆应和左端加工时一起成形。

(2) 尺寸精度分析。$\phi48^{+0.065}_{+0.026}$ 内孔的尺寸精度为 IT10 级、$\phi64^{-0.01}_{-0.046}$ 外圆为 IT9 级,而且两者的表面粗糙度要求也很高均为 $Ra1.6$;右端的 $\phi64^{-0.01}_{-0.046}$ 与左端的 $\phi48^{+0.065}_{+0.026}$ 尺寸有同轴度要求,因此左右掉头装夹时需要打表找正来保证同轴度;$44^{0}_{-0.1}$ 为 IT10 级,尺寸精度要求一般,整体表面粗糙度要求达到 $Ra3.2$,由此分析在加工过程中采用粗车、精车即达到要求。

(3) 材料分析。加工材料为 45♯钢,经调质后,切削加工性能良好。

(4) 零件图样尺寸分析。该零件图纸结构清晰,尺寸完整,但是因为盘套类零件径向切削量大,而且轴向尺寸短,装夹面短小,很容易因装夹不牢固导致零件加工中的振动甚至工件从

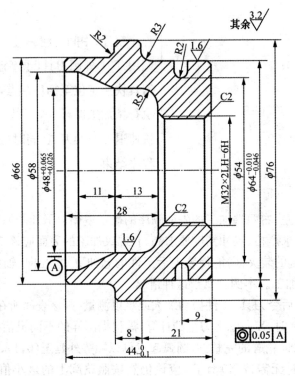

图 4-57 复杂盘套类零件

卡盘中落下,发生撞刀等事故,因此在装夹时需要仔细调整,非常小心。特别在轴向上,要在保证零件轮廓加工成型的基础上,尽量加长装夹距离。

2. 零件加工工艺设计

(1) 掉头装夹。因为右侧 $\phi64_{-0.046}^{-0.01}$ 外圆面表面粗糙度要求很高达到 $Ra1.6$,尺寸精度要求也较高,不适合做装夹面;另外,左侧的 $\phi66$ 圆柱面长度大,$\phi76$ 的轴肩可以做良好的轴向定位基准;而且左右两端有同轴度要求,必须以左端为基准保证右端的同轴度;装夹住左端加工右端的方案可以让刀具伸出更短,夹紧牢固,加工刚度更好。综合上述各种因素,最终确定先加工左侧,再掉头装夹右侧,并通过打表找正来保证左右的同轴度要求。

(2) 加工顺序的确定。与前面复杂轴类零件的分析相同,加工顺序为:左端外圆→左端内孔→右端外圆→右端内孔→右端内螺纹。

(3) 刀具选用。根据零件轮廓的需要,选择 T01、T02、T03、T04 分别加工外圆轮廓、内孔、外割槽、内螺纹四项内容,具体参数如表 4-11 所示。

(4) 起刀位置及走刀路线的确定。与前面复杂轴类零件的分析过程类似,确定各个起刀点、循环起点如下:

① 外圆刀的循环起点,(82,5);

② 内孔刀的循环起点,(24,5);

③ 外割槽刀的起点,(66,5);

④ 内螺纹刀的起点,(26,5);

⑤ 为确保换刀安全,换刀点设置在工件坐标系下(100,100)处。

（5）切削用量的选用。查询切削参数相关资料，并考虑到机床的刚性等因素，确定各种刀具的切削用量见表 4-11。

表 4-11　盘套零件的数控加工工艺卡

盘套零件数控加工工艺卡						零件代号	材料名称
						1.2.3	45♯钢
设备名称	数控车床	系统型号	Fanuc 0I mate TC	夹具名称	三爪卡盘	毛坯尺寸	外圆 φ80×46 内孔 φ25×46
工序号	工序内容			刀具号	主轴转速 /(r/min)	进给量 /(mm/r)	背吃刀量 /mm
1-1	调整卡爪行程，夹持 φ80 外圆，伸出长度大于 30mm，车削端面，车削 φ79×30 外圆用作调头夹持基准			T01	800	0.3	$a_p=1$
1-2	调头夹持 φ79 外圆，伸出长度大于 28mm，车削端面，保证总长度至 44.5，放 0.5mm 余量			T01	800	0.2	$a_p=0.2$
1-3	粗车左端 φ66 外圆、φ76 外圆，C1 倒角，余量放 0.5mm			T01	800	0.3	$a_p=1$
	精车左端倒角 C1，φ66 外圆、φ76 台阶及外圆，保证表面粗糙度符合 Ra3.2 要求，未注公差加工符合 IT12 精度			T01	1 200	0.1	$a_p=0.5$
1-4	粗镗 φ58 内孔，圆锥面，φ48 内孔，R5 圆弧，C2 倒角，余量放 0.5mm			T02	600	0.2	$a_p=0.5$
	精镗内孔，保证 $\phi48^{+0.065}_{+0.026}$ 尺寸精度，及表面粗糙度 Ra1.6 要求，未注公差加工符合 IT12 精度及 Ra3.2 表面粗糙度要求			T02	800	0.1	$a_p=0.2$
2-1	调头夹持 φ66 外圆，以 φ66 外圆柱面和 φ76 轴肩定位，校正右侧 φ64 外圆工件跳动，保证同轴度 0.05						打表
2-2	车削右端面，控制总长 $44^{0}_{-0.1}$ 符合公差要求			T01	800	0.2	$a_p=0.2$
2-3	粗车右端 φ64 外圆、R3 圆弧、C1 倒角等轮廓，放余量 0.5			T01	800	0.3	$a_p=1$
	精车右端外轮廓，保证 $\phi64^{-0.01}_{-0.046}$ 尺寸精度和 Ra1.6 表面粗糙度，其余未注尺寸符合 IT12 精度及 Ra3.2 表面粗糙度要求			T01	1 200	0.1	$a_p=0.5$
2-4	选择 R2 圆弧外割槽刀切削 4×φ54 外沟槽，保证 φ54 槽底尺寸，槽底暂停，修光槽底和侧壁，未注公差加工符合 IT12 精度及 Ra3.2 表面粗糙度要求			T03	500	0.1	直进法加工 刀宽 4mm， 刀尖倒角 R2

（续表）

盘套零件数控加工工艺卡						零件代号	材料名称
						1.2.3	45♯钢
设备名称	数控车床	系统型号	Fanuc 0I mate TC	夹具名称	三爪卡盘	毛坯尺寸	外圆 φ50×100 内孔 φ25×37
工序号	工 序 内 容			刀具号	主轴转速 /(r/min)	进给量 /(mm/r)	背吃刀量 /mm
2-5	粗镗右端内孔 C2 倒角和 M32×2 螺纹底孔,留余量 0.5mm			T02	600	0.2	
	精镗右端内孔,未注尺寸符合 IT12 精度及 Ra3.2 表面粗糙度要求			T02	800	0.1	
2-6	粗精车 M32×2—6G 内螺纹,中径、顶径精度符合 6G 标准			T04	350	F=P=1.5	螺纹递减规律
编制		审核		批准		年 月 日	共 页

3. 数控程序

（1）加工左侧外圆、内孔。

```
O101;                               程序名
T0101   M04   S800;                 调用 T01 外圆刀,建立工件加工坐标系
G00   X82.  Z5.;                    定位至外圆循环起点
G71   U1.  R0.1;                    每刀切深 1mm,径向退刀量 0.1mm
G71   P10   Q20   U0.5   W0   F0.3; 给精加工径向预留 0.5mm 余量
N10   G00   X62.;                   刀具快速进刀至 C1 倒角的延伸线 X 坐标
G01   Z1.  F0.1;                    刀具工作进给至 C1 倒角的延伸线 Z 坐标
G01   X66.  Z-1.;                   加工 C1 倒角
G01   Z-13.;
G02   X70.  W-2.  R2.;              加工 R5 圆弧
G01   X74.;
G01   X76.  W-1.;                   加工 C1 倒角
G01   Z-28.;
N20   G01   X82.;                   径向退刀至与循环起点平齐
G00   X100.  Z100.;                 快速退刀至换刀点
M05;                                主轴停
M00;                                程序暂停,中间测量调整
```

T0101；	调用 T01 外圆刀，重新建立加工坐标系，
M04　S1200；	精加工转速升高至 1200r/min
G42　G00　X82.　Z5.；	刀具快速定位至循环起点，同时建立右刀补
G70　P10　Q20；	执行精加工循环
G40　G00　X100.　Z100.；	刀具快速退刀至换刀点
M00；	程序暂停检测，换刀前的准备工作
T0202　M04　S600；	换 T02 内孔镗刀，建立工件加工坐标系
G00　X24.　Z5.；	刀具快速定位至内孔加工循环起点
G71　U0.5　R0.1；	每刀切深 0.5mm，退刀量 0.1mm
G71　P30　Q40　U-0.5　W0　F0.2；	为精加工径向预留 0.5mm 余量
N30　G00　X58.；	快速进刀至 φ58 延伸线的 X 坐标
G01　Z-4.　F0.1；	加工 φ58 内孔
G01　X48.02　W-11.；	加工锥面
G01　Z-23.；	加工 φ48 内孔
G03　X38.　W-5.　R5.；	加工 R5 圆弧
G01　X33.8；	
G01　X25.8　W-4.；	加工 C2 倒角并沿延长线延伸一倍
N40　G01　X24.；	径向退刀
G00　Z100.；	快速退刀至换刀点
M05；	
M00；	程序暂停，中间检测调整
T0202　M04　S800；	调用 T02 内孔镗刀，重新建立工件加工坐标系
G41　G00　X24.　Z5.；	刀具快速定位至循环起点，同时建立左刀补
G70　P30　Q40；	执行精加工循环
G40　G00　Z100.；	快速退刀至换刀点
M30；	程序结束

（2）加工右侧内、外轮廓，外沟槽、内螺纹。

O102；	程序名
T0101　M04　S800；	调用 T01 外圆刀，建立工件加工坐标系
G00　X82.　Z5.；	快速定位至循环起点
G71　U1.　R0.1；	每刀切深 1mm，径向退刀量 0.1mm
G71　P10　Q20　U0.5　W0　F0.3；	给精加工预留 0.5mm 余量
N10　G00　X60.；	径向快速进刀至 C1 倒角的外延伸线 X 坐标
G01　Z1.　F0.1；	工作进给至 C1 倒角的外延伸线 Z 坐标
G01　X64.　Z-1.；	加工 C1 倒角
G01　Z-18.；	
G02　X70.　W-3.　R3.；	加工 R3 圆弧
G01　X74.；	

G01 X78. W-2.；	
N20 G01 X82.；	退刀至径向与循环起点平齐
G00 X100. Z100.；	快速退刀至换刀点
M05；	
M00；	程序暂停，中间检测调整
T0101；	重新调用 T01 外圆刀，建立工件加工坐标系
M04 S1200；	精加工转速升至 1200r/min
G42 G00 X82. Z5.；	刀具快速定位至精加工循环起点，同时建立右刀补
G70 P10 Q20；	精加工循环
G40 G00 X100. Z100.；	快速退刀至换刀点，同时撤销刀补
M00；	程序暂停，换刀前的准备
T0303；	调用 T03 外割槽刀具，建立工件加工坐标系
M04 S500；	
G00 X66. Z5.；	刀具快速定位，径向比槽两侧壁大 2mm
G00 Z-9.；	刀具工进至槽口上方
G01 X54. F0.1；	加工沟槽，进给量 0.1mm/r
G04 X1.5；	槽底进给暂停，修光槽底和两侧
G01 X66.；	刀具工进退刀至槽口上方
G00 X100. Z100.；	快速退刀至换刀点
M00；	程序暂停，换刀前的准备
T0202；	调用 T02 内孔镗刀，建立工件加工坐标系
M04 S600；	
G00 X24. Z5.；	快速定位至内孔循环起点
G71 U0.5 R0.1；	每刀切深 0.5mm
G71 P30 Q40 U-0.5 W0 F0.2；	给精加工径向预留 0.5mm 余量
N30 G00 X37.8；	刀具快速定位至 C2 倒角的外延伸线 X 坐标
G01 Z2. F0.1；	刀具工进定位至 C2 倒角的外延伸线 Z 坐标
G01 X29.8 Z-2.；	加工 C2 倒角
G01 Z-18.；	为保证孔壁的完整性，刀具超出孔深 2mm
N40 G01 X24.；	工进退刀至径向与循环起点平齐
G00 Z100.；	快速退刀至换刀点
M05；	
M00；	程序暂停，中间检测调整
T0202 M04 S800；	重新调用 T02 内孔镗刀，建立工件加工坐标系
G41 G00 X24. Z5.；	刀具快速定位至循环起点，同时建立左刀补
G70 P30 Q40；	内孔精加工循环
G40 G00 Z100.；	快速退刀至换刀点，同时撤销刀补
M00；	程序暂停，换刀前的准备

T0404　M04　S350；	调用 T04 内螺纹刀，转速 500r/min
G00　X26.　Z5.；	刀具快速定位至螺纹加工循环起点
G92　X30.3　Z-18.　F2.；	第 1 遍循环加工螺纹，螺距 2mm
X30.7；	第 2 遍循环加工螺纹
X31.；	第 3 遍循环加工螺纹
X31.3；	第 4 遍循环加工螺纹
X31.6；	第 5 遍循环加工螺纹
X31.8；	第 6 遍循环加工螺纹
X32.；	第 7 遍循环加工螺纹
X32.；	最后一遍光整加工
G00　Z100.；	取消螺纹循环，刀具快退至换刀点
M30；	程序结束

【本章小结】

本章主要讲解了以下内容：

(1) 数控车床编程的基础知识，包括工件坐标系的设定方法，数控车床的编程特点等内容。

(2) 数控车削的主要指令功能，包括常见的 G 功能、M 功能、F 功能、S 功能、T 功能等。

(3) 数控车削的基本编程指令，主要包括绝对编程、相对编程指令，回参考点指令，快速运动 G00 指令，插补加工 G01、G02、G03 指令，单一固定循环指令 G90、G94，复合固定循环指令 G71、G73，螺纹加工 G92 指令，子程序加工及 G74、G75 和宏程序加工指令。

(4) 典型零件的数控车削编程实例解析。通过对简单轴类零件、复杂轴类零件、盘套类零件的实例编程解析，介绍常规零件的数控车削编程思路、技巧。

习题与思考题

一、选择题

1. 精车时的切削用量，一般以（　　）为主。

A. 提高生产率　　　　　B. 降低切削功率　　　　　C. 保证加工质量　　　　　D. 节约成本

2. 下列指令属于准备功能指令的是（　　）。

A. G01　　　　　　　　B. M08　　　　　　　　　C. T01　　　　　　　　　D. S500

3. （　　）在车床表示每转进给量，并为数控车床的初始状态。

A. G98　　　　　　　　B. G99　　　　　　　　　C. G94　　　　　　　　　D. G95

4. 车床数控系统中，用（　　）指令进行恒线速控制。

A. G00 S_　　　　　　　B. G96 S_　　　　　　　C. G01 F_　　　　　　　D. G98 S_

5. 在 G00 程序段中，（　　）值将不起作用。

A. X　　　　　　　　　B. S　　　　　　　　　　C. F　　　　　　　　　　D. T

6. 可用作直线插补的准备功能代码是（　　）。

A. G01　　　　　　　B. G03　　　　　　　C. G02　　　　　　　D. G04

7. 下列指令中表示固定循环功能的代码有(　　)。

A. G96　　　　　　　B. G90　　　　　　　C. G01　　　　　　　D. G04

8. 数控车削程序中混合编程的程序段是(　　)。

A. GOO X100. Z100.　　　　　　　　　B. G01 X30. Z−20. F0.3

C. G00 U10. W−20.　　　　　　　　　D. G01 X8. W−10. F0.2

9. 程序结束并且光标复位到起始位置的指令是(　　)。

A. M01　　　　　　　B. M02　　　　　　　C. M30　　　　　　　D. M08

10. 采用固定循环编程,可以(　　)。

A. 加快切削速度,提高加工质量　　　　B. 缩短程序的长度,减少程序所占内存

C. 减少换刀次数,提高切削速度　　　　D. 减少吃刀深度,保证加工质量

二、判断题

1. 硬质合金是一种耐磨性好、耐热性高、抗弯强度和冲击韧性都较高的刀具材料。(　　)

2. 在切削内孔、外圆或端面时,刀尖圆弧将不影响零件尺寸和形状。(　　)

3. 车床的进给方式分每分钟进给和每转进给两种,一般可用 G94 和 G95 指定。(　　)

4. T0102 表示选用第 01 号刀具,使用第 02 号刀具位置补偿值。(　　)

5. 取消刀尖圆弧半径补偿的指令为 G40。(　　)

6. G01 Z10. 与 G01 W10. 执行结果等效。(　　)

7. 在程序段 G00 X(U)_Z(W)_中,X、Z 表示绝对坐标值,U、W 表示相对坐标值。(　　)

8. G00 指令是不能用于进给加工的。(　　)

9. G01 指令后的 F 根据工艺要求选定。(　　)

三、编程题

1. 加工 4-58 图示(a)、(b)轴类零件,数量为 200 件,毛坯为 φ50×65mm 的棒料,材料为铝合金,图中未注公差按照 IT12 级精度,表面粗糙度按照 Ra3.2,试编写其数控加工程序。

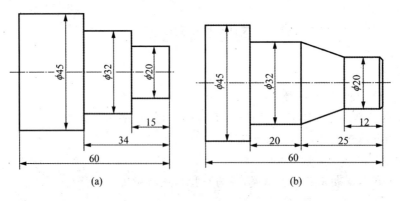

(a)　　　　　　　　　　　　　　　　　　(b)

图 4-58　简单轴类零件

(a) 阶梯轴;(b) 锥销

2. 加工如图 4-59 所示简单轴、套类零件,试选择合适加工指令编写数控车削程序。毛坯材料均为 45#钢。表面粗糙度未注部分均为 Ra6.4,未注倒角为 C1mm,单件小批生产,毛坯尺寸自定。

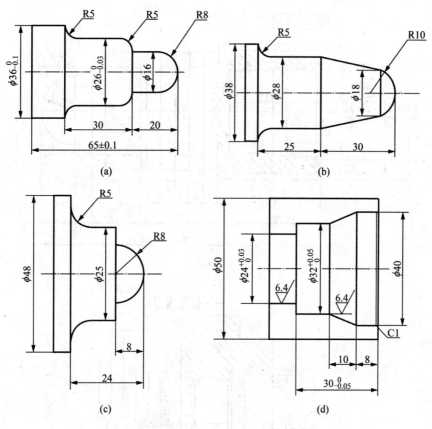

图 4-59 简单轴、套类零件加工

3. 加工如图 4-60 所示复杂轴、套类零件,试编写数控车削程序。毛坯材料均为 45♯钢。表面粗糙度未注部分均为 $Ra3.2$,单件小批生产,毛坯尺寸自定。

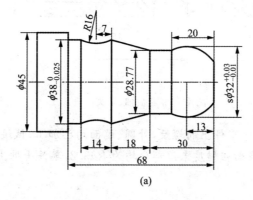

(a)

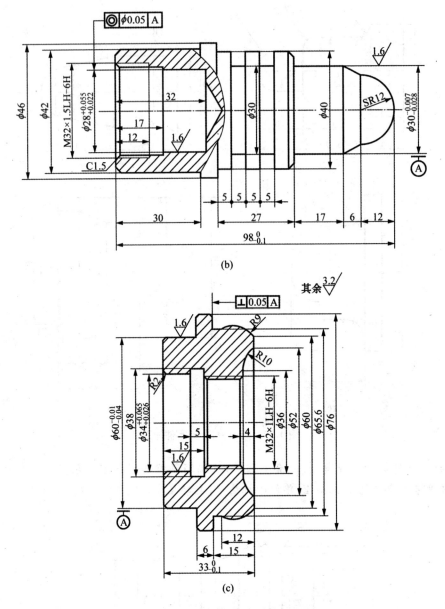

(b)

(c)

图 4-60　复杂轴、套类零件加工

4. 加工如图 4-61 所示零件上的螺纹,外圆、端面均已加工,试编写螺纹的数控车削程序。毛坯材料均为 45♯钢。表面粗糙度未注部分均为 Ra3.2,单件小批生产,毛坯尺寸自定。

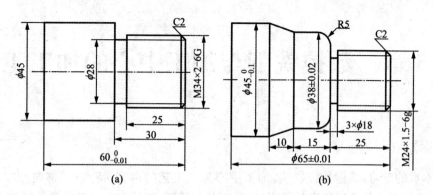

图 4-61　螺纹加工

5. 如图 4-62 所示的轴类零件，外圆、端面均已加工，试编写外沟槽的加工程序，零件材料45#钢。

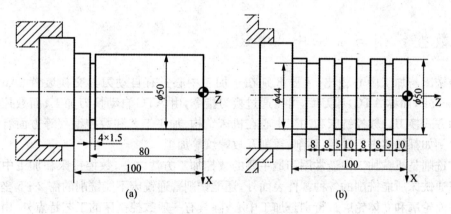

图 4-62　外沟槽零件的加工

(a) 单槽零件加工；(b) 多槽零件加工

6. 如图 4-63 所示轴类零件，零件材料 45#钢，毛坯尺寸为 φ50×100mm，试用变量编写该零件的数控车削程序。

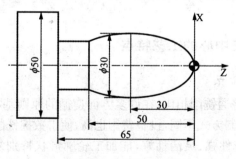

图 4-63　宏程序加工

第5章 数控铣削与加工中心的加工工艺

【学习目标】

通过本章的学习,掌握数控铣削、加工中心加工工艺的内容、特点;了解典型零件数控铣削、加工中心加工工艺方案制定的流程;能针对数控铣削、加工中心加工的常见零件,进行工艺分析、选择毛坯的材料、尺寸及加工余量,选择合适的装夹方案,确定合理的加工方案、加工顺序及进给路线,选择合适的刀具、量具及切削用量,初步具备中等复杂零件的数控铣削工艺编制能力。

5.1 数控铣削与加工中心概述

数控铣床与加工中心相比,主要区别在于加工中心具有自动刀具交换装置(Automatic Tools changer,简称 ATC)和刀库,可以通过换刀指令,由 ATC 自动换刀加工;而数控铣床只能用手动方式换刀。数控铣床和加工中心在机床结构、加工工艺和数控编程等方面有许多相似之处。例如都能够进行铣削、钻削、镗削及攻螺纹等加工。

数控铣削是机械加工中最常用和最主要的数控加工方法之一,数控铣床和加工中心除了能铣削普通铣床所能铣削的各种零件表面外,还能铣削普通铣床不能铣削的需 2~5 坐标联动的各种平面轮廓和立体轮廓。特别是加工中心,除具有一般数控铣床的工艺特点外,由于工序的集中和自动换刀,减少了工件的装夹、测量和机床调整等时间,使机床的切削时间达到机床开动时间的 80% 左右(普通机床仅为 15%~20%);同时也减少了工序之间的工件周转、搬运和存放时间,缩短了生产周期,具有明显的经济效果。加工中心适宜于加工形状复杂、加工内容多、要求较高、需多种类型的普通机床和众多的工艺装备,且经多次装夹和调整才能完成加工的零件。

5.1.1 数控铣削与加工中心的工艺特点

1. 数控铣削的工艺特点

数控铣削加工工艺与普通铣削相比,在许多方面遵循的原则基本一致。但是由于数控机床本身自动化程度较高,控制方式不同,设备费用也高,使得数控铣削加工具有以下几个特点:

(1)对零件加工的适应性强、灵活性好,能加工轮廓形状特别复杂或难以控制尺寸的零件,如模具类零件、壳体类零件等。

(2)能加工普通机床无法(或很困难)加工的零件,如用数学模型描述的复杂曲线类零件以及三维空间曲面类零件。

(3)加工精度高、加工质量稳定可靠。

(4)生产自动化程度高,可以减轻操作者的劳动强度,有利于生产管理的自动化。

（5）生产效率高。一般可省去划线、中间检验等工作，通常可以省去复杂的工装，减少对零件的安装、调整等工作，能通过选用最佳工艺线路和切削用量，有效地减少加工中的辅助时间，从而提高生产效率。

（6）从切削原理上讲，无论是端铣或是周铣都属于断续切削方式，而不像车削那样连续切削，因此对刀具的要求较高，要求刀具具有良好的抗冲击性、韧性和耐磨性。

2. 加工中心的加工工艺特点

加工中心是一种功能较全的数控机床，它集铣削、钻削、铰削、镗削、攻螺纹和切螺纹于一体，使其具有多种工艺手段。加工中心是在数控铣床的基础上发展起来的，因此其加工工艺是以数控铣削为基础的，但又有不同之处。它的优点主要体现在以下几个方面：

（1）加工精度高。在加工中心上加工，其工序高度集中，一次装夹即可加工出零件上大部分甚至全部表面，避免了工件多次装夹所产生的装夹误差，因此，加工表面之间能够获得较高的相互位置精度，同时，加工中心多采用半闭环，甚至全闭环的位置补偿功能，有较高的定位精度和重复定位精度，在加工过程中产生的尺寸误差能及时得到补偿，与普通机床相比，能获得较高的尺寸精度。

（2）精度稳定。整个加工过程由程序自动控制，不受操作者人为因素的影响，同时，没有凸轮、靠模等硬件，省去了制造和使用中磨损等所造成的误差，加工中心的位置补偿功能和较高的定位精度和重复定位精度，加工出的零件尺寸一致性好。

（3）效率高。一次装夹能完成较多表面的加工，减少了多次装夹工件所需的辅助时间。同时，减少了工件在机床与机床之间，车间与车间之间的周转次数和运输工作量。

（4）表面质量好。加工中心主轴转速和各轴进给量均是无级调速，有的甚至具有自适应控制功能，能随刀具和工件材质及刀具参数的变化，把切削参数调整到最佳数值，从而提高了各加工表面的质量。

（5）软件适应性大。零件每个工序的加工内容、切削用量、工艺参数都可以编入程序，可以随时修改，这给新产品试制，实行新的工艺流程和试验提供了方便。

加工中心加工零件的这些特点也带来一些需要考虑的新问题，例如，因为连续进行零件的粗加工和精加工，刀具应具有更高的强度、硬度和耐磨性；悬臂切削孔时，无辅助支承，刀具还应具备良好的刚性；多工序的集中加工，易造成切屑堆积，会缠绕在工件或刀具上，影响加工顺利进行，需要采取断屑措施和及时清理切屑；在将毛坯加工成成品的过程中，零件无时效工序，内应力难以消除；技术复杂，对使用、维修、管理要求较高，对使用环境有一定要求，需要配置一定的外围设备，加工中心的操作者要具有一定的文化技术水平；加工中心机床价格高，一次性投资大，机床的加工台时费用高，零件的加工成本高。

5.1.2　数控铣床的分类及主要加工对象

1. 数控铣床的分类

数控铣床常见的结构类型，主要分为数控立式铣床、数控卧式铣床和数控龙门铣床等。

数控立式铣床如图 5-1 所示，其主轴与机床工作台面垂直，一般采用固定式立柱结构，工作台不升降，主轴箱作上下运动，主轴中心线与立柱导轨面的距离不能太大，以保证机床的刚性。数控立式铣床工件安装方便，加工时便于观察，但不便于排屑。

数控卧式铣床如图 5-2 所示,其主轴与机床工作台面平行。一般配有数控回转工作台,便于加工零件的不同侧面。目前单纯的数控卧式铣床现在已比较少,大多是配有自动换刀装置(ATC)后成为卧式加工中心。

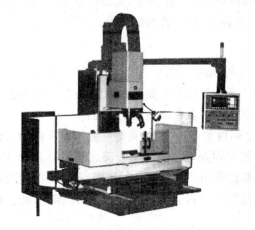

图 5-1　数控立式铣床

图 5-2　数控卧式铣床

图 5-3　数控龙门铣床

对于大尺寸的数控铣床,一般采用对称的双立柱结构龙门铣床,以保证机床的整体刚性和强度。数控龙门铣床有工作台移动和龙门架移动两种形式,适用于加工整体结构件零件、大型箱体零件和大型模具等,如图 5-3 所示。

2. 数控铣床的主要加工对象

数控铣削是机械加工中最常用和最主要的数控加工方法之一,它除了能铣削普通铣床所能铣削的各种零件表面外,还能铣削普通铣床不能铣削的需要 2～5 坐标联动的各种平面轮廓和立体轮廓。根据数控铣床的特点,从铣削加工角度考虑,适合数控铣削的主要加工对象有以下几类:

(1) 平面类零件。这类零件的加工面平行或垂直于定位面,或加工面与定位面的夹角为固定角度,如图 5-4 所示,如各种盖板、凸轮以及飞机整体结构件中的框、肋等。目前在数控铣床上加工的大多数零件属于平面类零件,其特点是各个加工面是平面,或可以展开成平面。

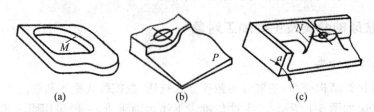

(a)　　　　　　　(b)　　　　　　　(c)

图 5-4　平面类零件

平面类零件是数控铣削加工中最简单的一类零件，一般只需用三坐标数控铣床的两坐标联动(即两轴半坐标联动)就可以把它们加工出来。

(2)变斜角类零件。加工面与水平面的夹角呈连续变化的零件称为变斜角零件，例如图 5-5 所示的飞机变斜角梁椽条。该零件在第(2)肋到第(5)肋的斜角从 $3°10'$ 均匀变化为 $2°32'$，从第(5)肋到第(9)肋均匀变化为 $1°20'$，最后从第(9)肋到第(12)肋均匀变化为 $0°$。

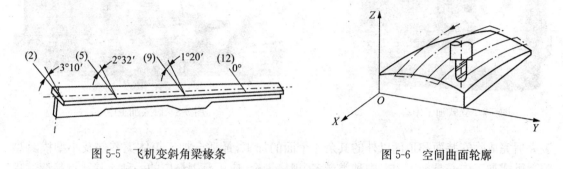

图 5-5　飞机变斜角梁椽条　　　　　图 5-6　空间曲面轮廓

变斜角类零件的变斜角加工面不能展开为平面，但在加工中，加工面与铣刀圆周的瞬时接触为一条线。此类零件最好采用四坐标、五坐标数控铣床摆角加工，若没有上述机床，也可采用三坐标数控铣床进行两轴半近似加工。

(3)空间曲面轮廓零件。这类零件的加工面为空间曲面，如图 5-6 所示。空间曲面轮廓零件不能展开为平面。加工时，铣刀与加工面始终为点接触，一般采用球头刀在三轴数控铣床上加工。当曲面较复杂、通道较狭窄、会伤及相邻表面以及需要刀具摆动时，宜采用四坐标或五坐标铣床加工。

(4)孔类零件。孔类零件一般都有多组不同类型的孔，有通孔、盲孔、螺纹台阶孔、深孔等。其加工方法一般为钻孔、扩孔、镗孔、锪孔、攻螺纹等。由于孔加工多采用定尺寸刀具，需要频繁换刀，当加工孔的数量较多时，就不如用加工中心加工方便、快捷。

5.1.3　加工中心的分类及主要加工对象

1. 加工中心的分类

加工中心常见的结构类型主要有立式、卧式、龙门式和复合式几种。

(1)立式加工中心。指主轴轴心线为垂直状态设置的加工中心，如图 5-7 所示为一种立式加工中心外形图。其结构形式多为固定立柱式，工作台为长方形，无分度回转功能，主要适合加工板材类、壳体类工件，也可用于模具加工。一般具有 3 个直线运动坐标，如果在工作台上安装一个水平轴的数控回转台，还可加工螺旋线类零件。

立式加工中心装夹方便，便于操作，易于观察加工情况，调试程序容易，应用广泛，但受立柱高度及换刀装置(ATC)的限制，不能加工太高的工件。在加工型腔或下凹的型面时切屑不易排除，严重时会损坏刀具，破坏已加工表面，影响加工的顺利进行。立式加工中心的结构简单、占地面积小，价格相对较低。

(2)卧式加工中心。指主轴轴心线为水平状态设置的加工中心，如图 5-8 所示为一种卧式加工中心外形图，通常都带有可进行分度回转运动的正方形工作台。卧式加工中心一般具有 3~5 个运动坐标，常见的是 3 个直线运动坐标加一个回转运动坐标，它能够使工件在一次

图 5-7　立式加工中心

图 5-8　卧式加工中心

装夹后完成除安装面和顶面以外的其余 4 个面的加工,最适合加工箱体类零件及小型模具型腔。卧式加工中心是加工中心中种类最多、规格最全、应用范围最广的一种。其缺点是调试程序及试切时不易观察,生产时不易监视,零件装夹和测量不方便,若没有内冷却钻孔装置,加工深孔时切屑液不易到位。卧式加工中心的加工准备时间比立式的长,但加工件数越多,其多工位加工、主轴转速高、机床精度高等优势就越明显,因此适用于批量生产。加工时排屑容易,对加工有利。与立式加工中心比较,卧式加工中心结构复杂,占地面积大,价格也较高。

(3) 龙门式加工中心。其形状与龙门铣床相似,如图 5-9 所示为一种龙门式加工中心外形图。其主轴多为垂直设置,除带有自动换刀装置以外,还带有可更换的主轴头附件,数控装置的软件功能比较齐全,能够一机多用,尤其适用于大型或形状复杂的工件,如航天工业中飞机的梁、框板及大型汽轮机上的某些零件的加工。

图 5-9　龙门式加工中心

图 5-10　复合加工中心

(4) 复合加工中心(五面加工中心)。这类加工中心兼具立式加工中心和卧式加工中心的功能,工件一次安装后能完成除安装面外的所有侧面和顶面等 5 个面的加工,如图 5-10 所示。常见的复合加工中心有两种方式:一种是主轴可以旋转 90°,可以进行立式和卧式加工模式的切换;另一种是主轴不改变方向,而由工作台带着工件旋转 90°,完成对工件 5 个表面的加工,适于加工复杂箱体类零件和具有复杂曲线的工件,如螺旋桨叶片及各种复杂模具。

　　这种加工方式可以使工件的形位误差降到最低,省去了二次装夹的工装,从而提高生产效率和加工精度,降低了加工成本。但是由于复合加工中心存在结构复杂、造价高、占地面积大等缺点,所以它的生产和使用远不如其他类型的加工中心广泛。

　　2. 加工中心的主要加工对象

　　数控铣削加工应用十分广泛,可以进行平面铣削、平面型腔铣削、外形轮廓铣削、三维及三维以上复杂型面铣削,还可进行钻削、镗削、螺纹切削及钻孔、扩孔、铰孔、攻螺纹和镗孔加工等。加工中心、柔性制造单元等都是在数控铣床的基础上产生和发展起来的。

　　按零件形状来看,加工中心主要可以用来加工以下几类零件:

　　(1) 箱体类零件。一般是指具有 1 个以上孔系,内部有一定型腔,在长、宽、高方向有一定比例的零件。这类零件在机械、汽车、飞机等行业用得较多,如汽车的发动机缸体、变速箱体,机床的床头箱、主轴箱,柴油机缸体,齿轮泵壳体等。图 5-11 所示为汽车发动机缸体。

　　箱体类零件一般都需要进行多工位孔系及平面加工,加工精度要求较高,尤其是形位公差要求特别严格,通常要经过钻、扩、铰、锪、镗、攻丝、铣等工序,需要的刀具、工装较多。在普通机床上需要多次装夹、找正、手工测量次数多,导致工艺复杂,加工周期长,成本高,更重要的是精度难以保证。这类零件在加工中心上加工,一次装夹可完成普通机床 60%～95% 的工序内容,零件各项精度一致性好,质量稳定,同时可缩短生产周期,降低生产成本。

　　当加工工位较多、工作台需多次旋转角度才能完成的零件时,一般选用卧式加工中心;当加工的工位较少且跨距不大时,可选立式加工中心进行加工。

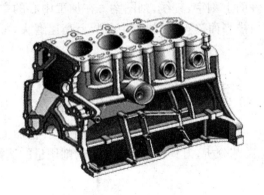

图 5-11　汽车发动机缸体

图 5-12　叶轮

　　(2) 复杂的曲面零件。在航空航天、汽车、船舶、国防等领域的产品中,复杂曲面类零件占有较大的比重。如叶轮、螺旋桨、各种曲面成型模具等,复杂曲面采用普通机械加工方法是难以胜任甚至是无法完成的,此类零件适宜于用加工中心加工。如图 5-12 所示为汽车发动机叶轮,它的叶面是一个典型的三维空间曲面,加工这样的型面,可采用四轴以上联动的加工中心。

　　就加工的可能性而言,在不出现加工干涉区或加工盲区时,复杂曲面一般可以采用球头铣刀进行三坐标联动加工,加工精度较高,但效率较低。如果工件存在加工干涉区或加工盲区,就必须考虑采用四坐标或五坐标联动的机床。

　　仅仅加工复杂曲面并不能发挥加工中心自动换刀的优势,因为复杂曲面的加工一般经过粗铣、(半)精铣、精铣等步骤,所用的刀具较少,特别是像模具这样的单件加工。

　　(3) 异形件。指外形不规则的零件,大多需要点、线、面等多工位混合加工,如支架、基座、样板、靠模等。异形件的刚性一般较差,夹压及切削变形难以控制,加工精度也难以保证。这时可充分发挥加工中心工序集中的特点,采用合理的工艺措施,一次或两次装夹,完成多道工序或全部的加工内容。实践证明,加工异形件时,形状越复杂,精度要求越高,使用加工中心越能显示其优越性。图 5-13 所示为一种异形件。

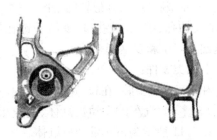

图 5-13　异形件

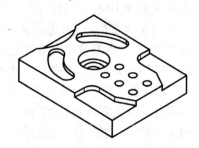

图 5-14　板类零件

（4）盘、套、板类零件。这类零件是指带有键槽或径向孔,或端面有分布的孔系、曲面的盘套或轴类零件,例如带法兰的轴套,带有键槽或方头的轴类零件等;还有具有较多孔加工的板类零件,如各种电机盖等。这种盘、套、板类零件宜选用立式加工中心,有径向孔的可选用卧式加工中心。如图 5-14 所示的板类零件,适宜采用加工中心加工。

（5）特殊加工。在熟练掌握了加工中心的功能后,配合一定的工装和专用工具,利用加工中心可完成一些特殊的工艺内容,例如在金属表面上刻字、刻线、刻图案。在加工中心的主轴上装上高频电火花电源,可对金属表面进行线扫描表面淬火;在加工中心装上高速磨头,可进行各种曲线、曲面的磨削等。

5.2　数控铣削与加工中心工艺方案的制订

加工工艺的正确与优化决定着加工的成败、效率及精度。数控铣削与加工中心在加工之前,首先必须考虑机床的加工条件,工件的加工工艺分析,刀具、夹具的选择,切削用量的选择,走刀路线等多方面的工艺问题。

5.2.1　零件图的工艺分析

1. 确定和选择加工部位及内容

一般情况下,并不是零件所有的表面都需要采用数控加工,数控加工可能只是零件加工工序的一部分,应根据零件的加工要求和企业的生产条件进行具体分析,确定具体的加工部位和内容及要求。以下几方面的加工部位及内容适宜选择数控铣削加工。

（1）空间的曲线或者曲面。

（2）工件上由直线、圆弧、非圆曲线和列表曲线（如正、余弦曲线）构成的内外轮廓。

（3）尺寸繁多、形状复杂、检测困难的部位。

（4）用普通铣床加工难以检测、控制的内腔、凹槽。

（5）尺寸要求较高的平面和孔。

（6）在一次装夹中能够顺带加工出来的简单表面和形状。

（7）采用数控铣削方式后，能够大大减轻劳动强度、有效提高生产率的一般加工内容。

此外，在选择数控加工内容时，还应结合企业设备条件、生产批量、生产周期、生产成本、产品特点及现场生产组织管理方式等情况进行综合分析，以高效、优质、低成本完成零件的加工为原则。

2. 零件图纸的工艺分析

在确定零件加工的内容后，根据实际工作经验和机床的性能，分析图纸，从以下几个方面考虑，以减少后续加工和编程中可能出现的失误。

（1）零件图样尺寸标注的正确性。由于数控程序是依赖零件图样上标注的精确尺寸编制而成的，因此图样各个几何要素间相互关系（如相切、相交、垂直和平行等）必须明确，各个几个要素的条件必须充分。图样尺寸应该无遗漏、多尺寸的情况，无封闭尺寸，零件结构表达清楚，视图完整。

（2）零件的形状、结构及尺寸的特点。确定零件上是否有妨碍刀具运动的部位，是否有会产生加工干涉或加工不到的区域，对于一些受到位置限制的加工部位，如铣刀刀柄部与工件干涉，可采用加长柄铣刀或小直径专用夹头。确定零件的最大形状尺寸是否超过机床的最大行程，零件的刚性随着加工的进行是否有太大的变化等。

（3）零件材料的种类、牌号及热处理要求。零件材料的切削加工性能、热处理条件等都影响刀具材料和切削参数的选择。若发生热处理变形，必须在工艺路线中安排相应的工序消除这种影响。此外，零件的最终热处理状态也将影响工序的前后顺序。

（4）加工过程中的整体协调安排。当零件上的一部分内容已经加工完成，这时应充分了解零件的已加工状态，数控铣削加工的内容与已加工内容之间的关系，尤其是位置尺寸关系，在加工时这些内容之间如何协调，采用什么方式或基准保证加工要求。

（5）尽量统一内外轮廓的几何类型和尺寸。图样上的过渡圆角、倒角、槽宽等尺寸尽量统一，才能尽量减少刀具种类、数量、换刀及对刀次数和时间，有利于提高生产效率，且便于编程。

（6）零件内槽转角处圆弧半径的合理性。零件内轮廓圆弧半径 R 会限制刀具直径，因此 R 不宜过小。如图 5-15 所示，当 $R<0.2H$（H 为被加工内轮廓面的最大厚度）时，将被迫采用细长刀具，令刀具刚性变差，需采取多次分层切削加工，效率降低，其加工工艺性不好。与其相反，零件被加工的底面与侧面相交处的圆角半径则不宜过大，如图 5-16 所示，因为铣刀与铣削平面接触的最大直径 $d=D-2r$，当刀具圆角半径 r 越大时，$d=D-2r$ 就越小，铣刀端刃铣削平面的能力越差，效率也就越低，因此这种情况应尽量避免。

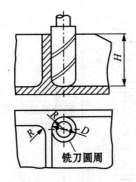

图 5-15 内轮廓圆弧对铣削工艺性的影响

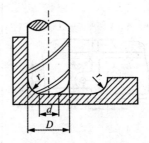

图 5-16 底面圆弧对铣削工艺性的影响

（7）毛坯的尺寸、安装等工艺性分析。在零件图样工艺性审查中同时还应考虑毛坯的工艺性，主要注意以下几个方面：

① 毛坯应有充分、稳定的加工余量。数控铣削中最难保证的是加工面与非加工面之间的尺寸，这一点应引起足够的重视。

② 毛坯的余量大小及均匀性。主要考虑在加工时是否要分层切削，分几层切削。也要分析加工中与加工后的变形程度，考虑是否应采取预防措施或补救方法。如对于热轧中、厚铝板，经淬火时效后很容易在加工中与加工后变形，最好采用经预拉伸处理后的淬火坯板。

③ 毛坯安装定位的适应性。主要考虑毛坯在加工时定位和夹紧的可靠性与便利性，对不便于装夹的毛坯，考虑增加装夹余量或工艺凸台、凸耳等辅助设施。如：可通过增加工艺凸台提高定位面的稳定性，增加工艺凸耳以提高定位精度等。有关提高铣削零件的结构工艺性措施见表5-1。

表 5-1　零件的数控铣削加工工艺性实例

序号	A 结构 工艺性差的结构设计	B 结构 工艺性好的结构设计	说　明
1	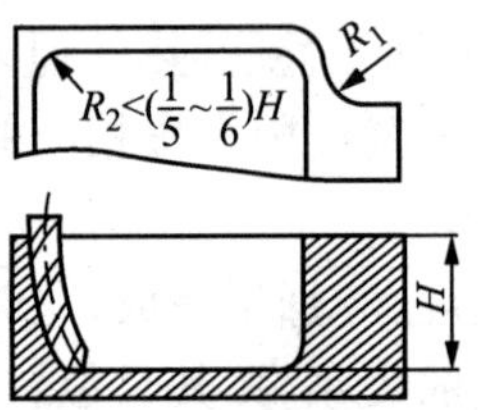	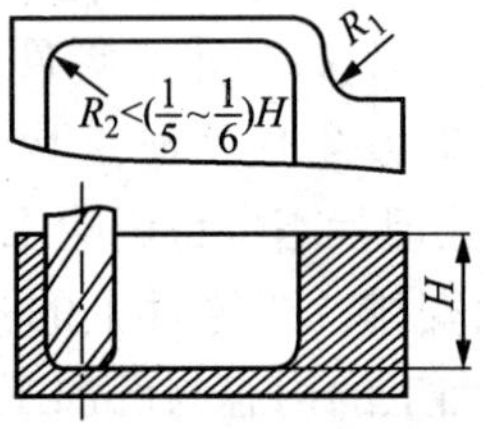	B结构可以选用大直径刀具，刀具的刚性提高，加工效率也得到提高
2	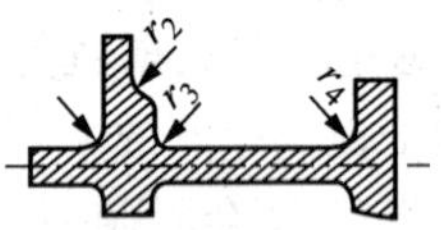	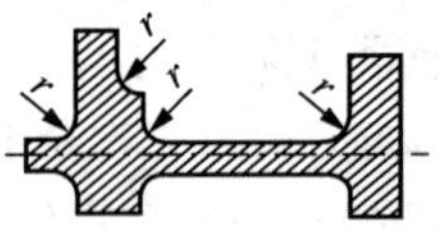	B结构减少了刀具数量，减少拆装刀具、换刀等的辅助时间，提高加工效率
3	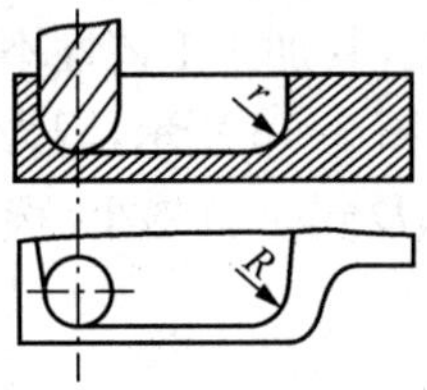	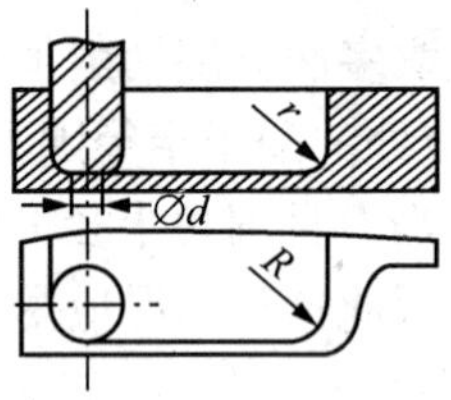	B结构 R 大 r 小，铣刀端刃铣削面积大，提高加工效率
4	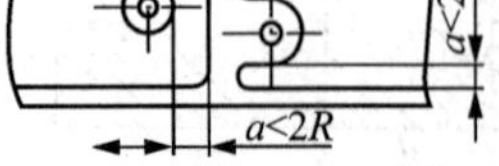	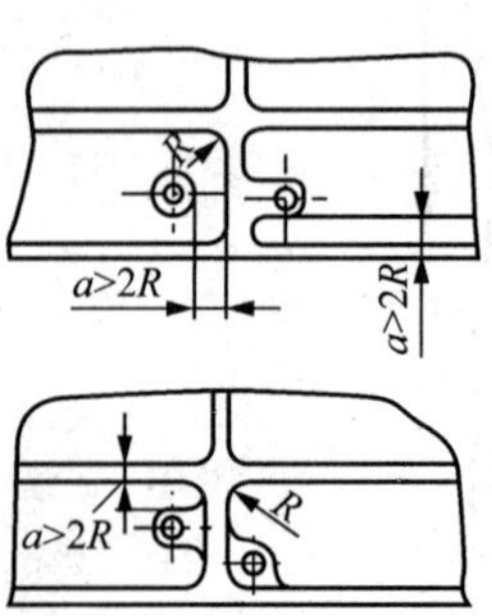	B结构 $a>2R$，便于半径为 R 的铣刀进入，所需刀具少，加工效率高

（续表）

序号	A 结构 工艺性差的结构设计	B 结构 工艺性好的结构设计	说　明
5	$\dfrac{H}{b}>10$	$\dfrac{H}{b}\leqslant 10$	B结构刚性好,可用大直径铣刀加工,加工效率高

此外,还应该检查零件的加工技术要求,如尺寸加工精度、形位公差及表面粗糙度在现有的加工条件下是否可以得到保证,特别是应关注过薄的棱边与橡板的厚度公差是否能够满足,是否有更经济的加工方法或方案;零件加工中的工艺基准也应当着重考虑。工艺基准不仅决定了各个加工工序的前后顺序,还会对各个工序加工后各个加工表面之间的位置精度产生直接的影响。应分析零件上是否有可以利用的工艺基准,对于一般加工精度要求,可以利用零件上现有的一些基准面或基准孔,或者专门在零件上加工出工艺基准。当零件的加工精度要求很高时,必须采用先进的统一基准定位装夹系统,以减少二次或多次装夹带来的误差。

5.2.2　零件毛坯的选择及加工余量的确定

机械零件的制造包括毛坯成形和切削加工两个阶段,毛坯成形不仅对后续的切削加工产生很大的影响,而且对零件乃至机械产品的质量、使用性能、生产周期和成本等都有影响。正确合理地选择毛坯既是保证零件性能及使用要求的基础,也是实现后续加工工艺过程、生产出符合图纸要求零件的必备条件。

1. 毛坯的种类

（1）铸件。如图 5-17 所示,铸件毛坯适用于形状复杂的零件,薄壁零件一般不能采用砂型铸造;尺寸大的铸件宜用砂型铸造;中、小型零件可用金属型、熔模等先进的铸造方法。

图 5-17　铸件毛坯

（2）锻件。如图 5-18 所示,锻件毛坯适用于强度较高、形状较简单的零件。尺寸大的零件一般用自由锻;中、小型零件选模锻;形状复杂的钢质零件不宜用自由锻。

（3）型材。如图 5-19 所示型材毛坯。热轧型材的尺寸较大,精度低,多用作一般零件的

图 5-18 锻件毛坯

毛坯;冷轧材尺寸较小,精度较高,多用于毛坯精度要求较高的中、小零件,适用于自动机床加工。

图 5-19 型材毛坯

图 5-20 焊接件毛坯

(4)焊接件毛坯。如图 5-20 所示。对于大件来说,焊接件简单、方便,特别是单件小批生产可大大缩短生产周期。但焊接后变形大,需经时效处理。

(5)冷冲压件。如图 5-21 所示,冷冲压毛坯适用于形状复杂的板料零件,多用于中、小尺寸件的大批大量生产。

图 5-21 冷冲压毛坯

2. 毛坯选择的原则

机械零件常用的毛坯类型有铸件、锻件、轧制型材、挤压件、冲压件、焊接件、粉末冶金件和注射成型件等,每种类型的毛坯都可以有多种成型方法。在选择时应遵循的原则是:在保证毛坯质量的前提下,力求选用高效、低成本、制造周期短的毛坯生产方法。一般毛坯选择步骤是:

首先由设计人员提出毛坯材料和加工后要达到的质量要求,然后再由工艺人员根据零件图、生产批量、生产成本,并综合考虑交货期限及现有可利用的设备、人员和技术水平等选定合适的毛坯生产方法。具体要考虑的因素有以下几方面:

(1) 满足材料的工艺性能要求。金属材料的工艺性能是影响毛坯成型的重要因素,表 5-2 给出了常用金属材料所适用的毛坯生产方法。

表 5-2　常用材料的毛坯生产方法

毛坯生产方法 ＼ 材料	低碳钢	中碳钢	高碳钢	灰铸铁	铝合金	钢合金	不锈钢	工具钢模具钢	塑料	像胶
砂型铸造	⊙	⊙	⊙	⊙	⊙	⊙	⊙	⊙		
金属型铸造			⊙		⊙	⊙				
压力铸造					⊙	⊙				
熔模铸造	⊙	⊙	⊙							
锻造	⊙	⊙	⊙		⊙	⊙	⊙			
冷冲压	⊙	⊙	⊙		⊙	⊙	⊙			
粉末冶金	⊙	⊙	⊙		⊙	⊙		⊙		
焊接	⊙	⊙			⊙	⊙	⊙	⊙	⊙	
挤压型材	⊙				⊙	⊙			⊙	⊙
冷拉型材	⊙	⊙	⊙		⊙	⊙			⊙	⊙

(2) 满足零件的使用要求。零件的使用要求主要包括零件的结构形状和尺寸要求、零件的工作条件(通常指零件的受力情况、工作环境和接触介质等)以及对零件性能的要求等。

① 结构形状和尺寸的要求。机械零件由于使用功能不同,其结构形状和尺寸往往差异较大,各种毛坯生产方法对零件结构形状和尺寸的适应能力也不相同,因此选择毛坯时,应认真分析零件的结构、尺寸特点,选择与之相适应的毛坯制造方法。对于结构形状复杂的中小型零件,为了使毛坯形状与零件较为接近,应先确定以铸件作为毛坯,然后再根据使用性能要求等选择砂型铸造、金属型铸造或熔模铸造。对于结构形状很复杂且轮廓尺寸不大的零件,宜选择熔模铸造;对于结构形状较为复杂,且抗冲击能力、抗疲劳强度要求较高的中小型零件,宜选择模锻件毛坯;对于那些结构形状相当复杂且轮廓尺寸又较大的零件,宜选择铸造毛坯。

② 力学性能的要求。对于力学性能要求较高,特别是工作时要承受冲击和交变载荷的零件,为了提高抗冲击和抗疲劳破坏的能力,一般应选择锻件,如机床、汽车的传动轴和齿轮等;对于由于其他方面原因需采用铸件的,但又要求零件的金相组织致密、承载能力较强的零件,应选择相应的能满足要求的铸造方法,如压力铸造、金属型铸造和离心铸造等。

③ 表面质量的要求。为降低生产成本,现代机械产品上的某些非配合表面越来越趋向于少切削甚至无切削。为保证这类表面的外观质量,对于尺寸较小的有色金属件,宜选择金属型铸造、压力铸造或精密模锻;对于尺寸较小的钢铁件,则宜选择熔模铸造(铸钢件)或精密模锻(结构钢件)。

④ 其他方面的要求。对于具有某些特殊要求的零件,必须结合毛坯材料和生产方法来满足这些要求。例如,某些有耐压要求的套筒零件,要求零件金相组织致密,不能有气孔、砂眼等缺陷,则宜选择型材(如液压油缸常采用无缝钢管);如果零件选材为铸铁,则宜选择离心铸造(如内燃机的汽缸套),对于在自动机床上进行加工的中小型零件,由于要求毛坯精度较高,故宜采用冷拉型材,如小型轴承的内、外圈是在自动车床上加工的,其毛坯采用冷拉圆钢。

（3）满足降低生产成本的要求。要降低毛坯的生产成本,必须认真分析零件的使用要求及所用材料的价格、结构工艺性、生产批量等各方面情况。首先,应根据零件的选材和使用要求确定毛坯的类型,再根据零件的结构形状、尺寸大小和毛坯的结构工艺性及生产批量大小确定具体的生产方法,必要时还可按有关程序对原设计提出修改意见,以利于降低毛坯生产成本。

① 生产批量较小时的毛坯选择。生产批量较小时,毛坯生产的生产率不是主要问题,材料利用率的矛盾也不太突出,这时应主要考虑的是减少设备、模具等方面的投资,即使用价格比较便宜的设备和模具,以降低生产成本,如使用型材、砂型铸造件、自由锻件、胎模锻件、焊接结构件等作为毛坯。

② 生产批量较大时的毛坯选择。生产批量较大时,提高生产率和材料的利用率、降低废品率,对降低毛坯的单件生产成本将具有明显的经济意义。因此,应采用比较先进的毛坯制造方法来生产毛坯。尽管此时的设备造价昂贵、投资费用高,但分摊到单个毛坯上的成本是较低的,并由于工时消耗、材料消耗及后续加工费用的减少和毛坯废品率的降低,从而有效地降低毛坯的生产成本。

（4）符合现有生产条件。为了兼顾零件的使用要求和生产成本两个方面,在选择毛坯时还必须与本企业的具体生产条件相结合:

① 按照毛坯生产的先进技术与发展趋势,在不脱离我国国情及生产单位实际的前提下,尽量采用比较先进的毛坯生产技术。

② 产品的使用性能和成本方面对毛坯生产的要求。

③ 生产单位现有毛坯生产能力状况,包括生产设备、技术力量(含工程技术人员和技术工人)、厂房等方面的情况。

总之,毛坯选择应在保证产品质量的前提下,获得最佳的经济效益。

3. 毛坯尺寸形状的选择

（1）毛坯形状要力求接近成品形状,以减少机械加工的劳动量,避免毛坯形状肥头大耳,尽量实现少、无屑加工。

（2）尺寸小或薄的零件,为便于装夹并减少夹头,可多个工件连在一起由一个毛坯制出。

（3）装配后形成同一表面的两个相关零件,常把两件合为整体毛坯,加工到一定阶段后再切开。

（4）对于不便装夹的毛坯,可考虑在毛坯上增加装夹余量或工艺凸台、工艺凸耳等辅助基准。

4. 毛坯材料的选择

（1）碳素钢。是以铁和碳为主要组成元素的铁碳合金钢。

① 碳素结构钢。如表 5-3 所示。

表 5-3　碳素结构钢分类及用途

名称	常用钢种	牌号意义	应用举例
碳素结构钢	Q195,Q235,Q235A,Q225,Q225B	数字表示最小屈服点。数字越大含碳量越高,A、B 表示质量等级	螺栓、连杆、法兰盘、键、轴等
优质碳素结构钢	08F,08,15,20,35,40,45,50,45Mn,60,60Mn	数字表示含碳量万分之几,F 表示沸腾钢。当含锰量在 0.8% ~ 1.2%时加 Mn 表示	冲压件、焊接件、轴类件、齿轮类、蜗杆、弹簧等

② 碳素工具钢。有 T8、T10、T10A、T12、T13 等,牌号后数字表示含碳量千分之几,A 表示高级优质钢,碳素工具钢主要用于制造硬度高、耐磨的工具、量具和模具,如锯条、手锤、锉刀、丝锥、量规等。

(2) 合金钢。是在碳素钢中加入一种或数种合金元素的钢,常用的合金元素有 Mn、Si、Cr、Ni、Mo、W、V、Ti 等,按用途分为以下几种:

① 合金结构钢。用于制造各种机械结构零件,如 40CrNiMoA 等可制造齿轮、曲轴、连杆、车床主轴等。

② 合金工具钢。用于制造各种刀具、模具、量具,如 Crl2、9Si 、W18Cr4V 等。

③ 特殊性能钢。具有特殊的化学和物理性能的钢,如不锈钢 Crl7Mo 等。

(3) 铸铁。铸铁中硅、锰、磷等元素较钢多,抗拉强度、塑性和韧性逊色于钢材,但因为流动性好容易铸造成型,易切削加工,且价格便宜,因此在生产中得到广泛应用。按碳的存在形式的不同,铸铁包括以下几种情况:

① 白口铸铁。碳以化合状态存在,性能硬而脆,难以切削加工,很少用来铸造机件。

② 灰口铸铁。碳以片状石墨形式存在,硬度和强度较低,但易切削,铸造中用得最多,如 HT200,数字表示抗拉强度不小于 200MPa,多用于铸造受力要求一般的零件,如床身、机座等。

③ 可锻铸铁。碳以团絮状石墨存在,有较高的强度和塑性,用于铸造要求强度较高的铸件,如 KTH350-10。

④ 球墨铸铁。碳以球状石墨存在,有较高的强度,塑性和韧性较好,用于制造受力复杂、载荷大的机件,如 QT-600-02。

5. 加工余量的确定

加工余量指毛坯尺寸与图纸上零件尺寸之差。零件加工一般要经多道工序,总加工余量就是每个中间工序加工余量的总和。加工余量的大小对零件的加工质量、加工经济性都有较大的影响。余量过大会浪费原材料及机械加工工时,增加机床、刀具及能源的消耗;余量过小则不能消除上道工序留下的各种误差、表面缺陷和本工序的装夹误差,易造成废品。因此,应根据多方面因素合理确定加工余量。

(1) 工件加工余量的选择原则:

① 各道工序都尽可能采用最小的加工余量,以求缩短加工时间,降低零件的加工费用。

② 应有足够的加工余量,特别是最后工序,加工余量应能保证得到图纸上所规定的表面

粗糙度和精度要求。

③ 数控加工余量不宜过大，特别是粗加工时，其加工余量不宜太大，否则数控机床高效、高精度的特点难以体现。对于加工余量过大的毛坯，可在普通机床上安排粗加工工序。

此外，零件越大，由切削力、内应力引起的变形会越大，因此加工余量也相应大些；为避免出现废品，确定加工余量时还应充分考虑零件在热处理后的变形问题。

(2) 确定加工余量的方法：

① 查表法。该种方法是根据各厂的生产实践和实验研究积累的数据，先制成各种表格，再汇集成手册。国内企业广泛采用该方法。确定加工余量时查阅这些手册，再结合实际情况进行适当的修改。

② 经验估算法。这种方法是工艺编制人员根据自己的实际经验确定加工余量。通常由此方法确定的加工余量总是偏大，单件小批量生产多用此方法。

③ 分析计算法。这种方法是根据一定的试验资料数据和加工余量计算公式，分析影响加工余量的各项因素，并确定加工余量。该方法结合了上述两个方法的优点让余量的确定更加可靠，但因必须有较全面和可靠的试验数据作支撑，实际应用中比较繁琐，一般在材料贵重或生产批量较大时采用。

5.2.3 数控铣削零件装夹方案和定位基准的确定

零件装夹方案的合理与否直接影响着工件加工质量的好坏、生产效率的高低及劳动强度的大小，所以合理制定零件加工的装夹方案是制定零件加工工艺的重要内容，主要包括根据零件结构及生产类型选择合适的夹具，并确定定位基准等内容。数控铣削和加工中心上常用的夹具类型包括通用夹具、组合夹具、专用夹具及其他类型夹具等。

1. 通用夹具

通用夹具是指可加工定位范围内不同工件的夹具。数控铣削和加工中心上的通用夹具主要包括三爪自定心和四爪单动卡盘、机用平口钳、螺钉压板、分度头等，见图 5-22 所示。它们有很大的通用性，稍加调整就能装夹不同的工件。这类夹具一般都作为机床标准附件供应给用户。通用夹具夹紧工件操作效率低而且难以装夹形状复杂的零件，一般用于单件小批量生产。

(a)

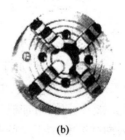
(b)

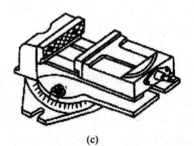
(c)

图 5-22　数控铣削的通用夹具

(a) 三爪自定心卡盘；(b) 四爪单动卡盘；(c) 机用平口钳

2. 专用夹具

图 5-23 所示为铣削平面的专用夹具。专用夹具是针对某一种工件的某道工序专门设计的夹具，结构紧凑，操作迅速方便。专用夹具通常由生产单位根据要求自行设计与制造。专用夹具定位精度高，一批工件加工后所得尺寸稳定、互换性高，并且可以减轻劳动强度，节省工时，可显著提高效率。但是，专用夹具是为满足某个工件、某道工序的加工需要而专门设计的，所以它的适用范围较窄。此外，专用夹具的设计制造周期较长，当产品更换时，往往因无法再使用而报废。因此，专用夹具主要适用于零件品种相对稳定的大批、大量生产。

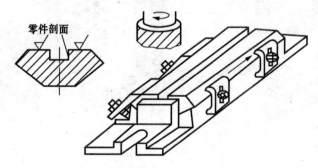

图 5-23　铣削平面的专用夹具

3. 组合夹具

组合夹具是由一套结构已经标准化、尺寸已经规范化的通用元件、组合元件构成的，可以按工件加工需要组成各种功用的夹具。一般是为某一工件（或某一工序）组装的专用夹具，也可以组装成通用可调夹具或成组夹具。组合夹具适用于各类机床。组合夹具的基本特点是标准化、系列化和通用化。它具有组合性、可调性、柔性、应急性和经济性，使用寿命长，在加工中心上应用广泛，适用于新产品试制和多品种小批量生产，如图 5-24 所示。组合夹具主要分为槽系和孔系两大类。

4. 其他装夹高效的夹具类型

（1）多工位夹具。多工位夹具可以同时装夹多个工件，可减少换刀次数，以便一面加工，一面装卸工件，有利于缩短辅助加工时间，提高生产效率，较适合中小批量生产。

（2）气动或液压夹具。气动或液压夹具适合生产批量较大，采用其他夹具又特别费工、费力的场合，能减轻工人劳动度和提高生产效率。但此类夹具结构较复杂，造价往往很高，而且制造周期较长。

（3）回转工作台。为了扩大数控机床的工艺范围，数控机床除了沿 X、Y、Z 三个轴做直线进给外，往往还需要有绕 Y 或 Z 轴的圆周进给运动。数控机床的进给运动一般由回转工作台来实现，对于加工中心回转工作台已成为一个不可缺少的部件。数控机床中常用的回转工作台包括分度工作台和数控回转工作台两大类。

① 分度工作台。如图 5-25 所示，分度工作台只能完成分度运动，不能实现圆周进给。它是按照数控系统的指令，在需要分度时将工作台连同工件回转一定的角度。需要分度时也可以采用手动分度，分度工作台一般只能回转规定的角度（如 90°、60°、45°等）。图 5-25 所示为数控气动立卧式分度工作台。该分度工作台的分度元件为端齿盘，靠气动转位分度，可完成 5°为基数的整倍垂直（或水平）回转坐标的分度。

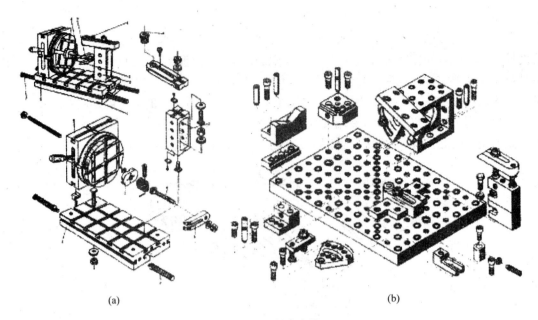

(a)   (b)

图 5-24 组合夹具

(a) 槽系组合夹具；(b) 孔系组合夹具

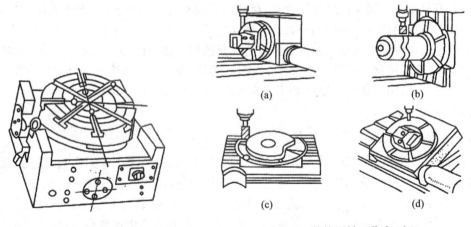

图 5-25 数控气动立卧分度工作台   图 5-26 数控回转工作台（座）

② 数控回转工作台。其外观上与分度工作台相似，但内部结构和功用却大不相同。数控回转工作台的主要作用是，根据数控装置发出的指令脉冲信号，完成圆周进给运动，进行各种圆弧加工或曲面加工，它也可以进行分度工作。

图 5-26 所示为数控回转工作台（座），一次装夹工件后，可从四面甚至五面加工坯料。图 5-26(a)用于四面加工；图 5-26(b)、(c)可作圆柱凸轮的空间成形面和平面凸轮加工；图 5-26(d)为双回转工作台，可用于加工在表面上成不同角度布置的孔，可作五个方向的加工。

数控回转工作台可以使数控铣床增加一个或两个回转坐标，通过数控系统实现四坐标或五坐标联动，可有效地扩大工艺范围，加工复杂的零件。

在选择夹具时，通常需要考虑产品的生产批量、生产效率、质量保证及经济性。在小批量或研制生产时,应广泛采用万能组合夹具,只有在组合夹具无法解决时才考虑采用其他夹具;小批量或成批生产时可考虑采用专用夹具;在生产批量较大时可考虑采用多工位夹具和气动、液压夹具。

5. 装夹定位基准的选择

定位基准是加工时使工件在机床或夹具中占据正确位置所用的基准。在数控铣床、加工中心上加工时,零件的装夹仍遵守 6 点定位原则。选择定位基准时,应遵循下列原则:

(1) 为保证各尺寸间的位置精度应尽量减少装夹次数,一次装夹要尽可能完成较多表面的加工。

(2) 定位基准应尽量与设计基准重合,以减少定位误差对尺寸精度的影响,保证零件的加工精度,简化程序编制。

(3) 要能保证多次装夹后零件各加工表面之间相互位置精度,避免因定位基准的转换引起的定位误差。

(4) 加工薄板等容易切削变形的零件时,定位基准的选择应有利于提高工件的装夹刚性,以减小变形。

(5) 定位基准应能保证工件定位准确、迅速,装卸方便,夹压可靠;要全面考虑零件各工位的加工情况,保证其加工精度。

5.2.4 数控铣削和加工中心加工方案的确定

在不同设备和技术条件下,同一个零件的加工工艺会有较大的差别。但都应从企业具体的生产条件出发,结合工件材料的性质、形状结构特点、生产批量的大小,合理选择加工工艺方案,划分加工工序,确定加工路线和工件各个加工表面的加工顺序,协调数控工序与其他工序之间的关系,以及考虑整个工艺方案的经济性等。

数控铣床或加工中心加工的表面主要有平面、平面轮廓、曲面、孔和螺纹等。所选加工方案要与零件的表面特征、所要求达到的精度及表面粗糙度相适应。

1. 平面加工方法的选择

在数控铣床及加工中心上加工平面主要采用端铣刀和立铣刀。经粗铣的平面,尺寸精度可达 IT12～IT14(指两平面之间的尺寸),表面粗糙度 Ra 值可达 12.5～25μm;经粗、精铣的平面,尺寸精度可达 IT7～IT9,表面粗糙度 Ra 值可达 1.6～3.2μm。

2. 平面轮廓加工方法的选择

平面轮廓多由直线、圆弧或其他曲线构成,通常采用三坐标数控铣床进行两轴半坐标加工。图 5-27 所示为由直线和圆弧构成的零件平面轮廓 ABC-DEA,采用半径为 R 的立铣刀沿周向加工,细双点画线 A′B′C′D′E′A′ 为刀具中心的运动轨迹。为保证加工面光滑,刀具应沿 PA′ 切入,沿 A′K 切出,然后刀具沿 KL 及 LP 返回程序起点。

3. 固定斜角平面加工方法的选择

固定斜角平面是与水平面成一固定夹角的斜

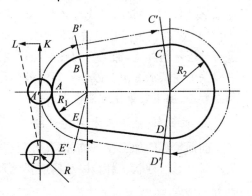

图 5-27 平面轮廓铣削

面。当工件尺寸不大时,可用斜垫板垫平后加工;如果机床主轴可以摆角,则可以摆成适当的定角,用不同的刀具来加工(如图 5-28 所示)。当工件尺寸很大,斜面斜度又较小时,常用行切法加工,即指刀具与零件轮廓的切点轨迹是一行一行的,行间距离是按零件加工精度的要求确定的,不过行切法加工后,会在加工面上留下残留面积,需要用钳修方法加以清除,用三坐标数控立铣加工飞机整体壁板零件时常用此法。当然,加工斜面的最佳方法是采用五坐标数控铣床,主轴摆角后加工,可以不留残留面积。

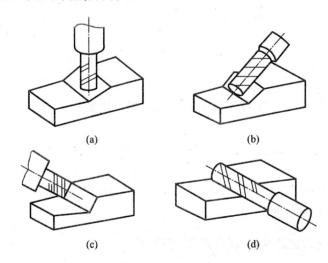

图 5-28　主轴摆角加工固定斜角平面
(a) 主轴垂直端刃加工;(b) 主轴摆角后侧刃加工;
(c) 主轴摆角后端刃加工;(d) 主轴水平侧刃加工;

4. 变斜角面加工方法的选择

(1) 对曲率变化较小的变斜角面,选用 X、Y、Z 和 A 四坐标联动的数控铣床,采用立铣刀以插补方式摆角加工,如图 5-29(a)所示。加工时,为保证刀具与零件型面在全长上始终贴合,刀具绕 A 轴摆动角度。当零件斜角过大,超过机床主轴摆角范围时,可用角度成形铣刀加以弥补。

(2) 对曲率变化较大的变斜角面,四坐标联动加工难以满足加工要求,最好用 X、Y、Z、A 和 B(或 C 轴)的五坐标联动数控铣床,以圆弧插补方式摆角加工,如图 5-29(b)所示,夹角 α_A 和 α_B 分别是零件斜面母线与 Z 坐标轴夹角 α 在 XOZ 平面和 ZOY 平面上的分夹角。

(3) 采用三坐标数控铣床两坐标联动,利用球头铣刀和鼓形铣刀,以直线或圆弧插补方式进行分层铣削加工,加工后的残留面积用钳修方法清除。图 5-30 所示为用鼓形铣刀分层铣削变斜角面的情形。由于鼓形铣刀的鼓径可以做得比球头铣刀的球径大,所以加工后的残留面积高度小,加工效果比球头铣刀好。

5. 曲面轮廓加工方法的选择

曲面轮廓的加工在飞机、模具等制造行业应用非常普遍。曲面的加工应根据曲面形状、刀具形状(球状、柱状、端齿)以及精度要求采用不同的铣削加工方法,如两轴半、三轴、四轴及五轴等联动加工。

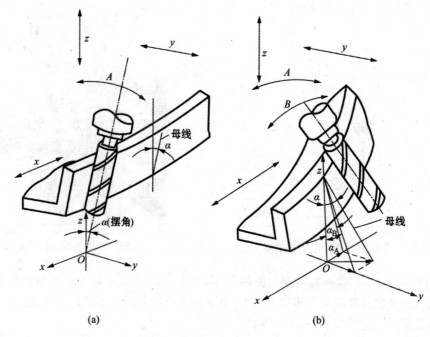

图 5-29　数控铣削加工变斜角面

（a）四坐标联动；（b）五坐标联动

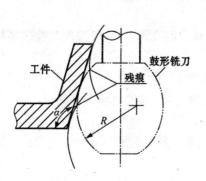

图 5-30　鼓形铣刀分层铣削变斜角面

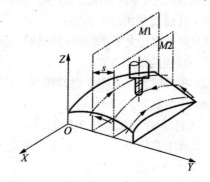

图 5-31　两轴半坐标行切法加工曲面

（1）对曲率变化不大且精度要求不高的曲面的精加工，常用立铣刀进行两轴半坐标行切法加工，即 X、Y、Z 三轴中任意两轴作联动插补，第三轴作独立的周期进给。如图 5-31 所示，将 Y 向分成若干段，球头铣刀沿 XOZ 平面与零件曲面的截交曲线进行铣削，每一段加工完后进给 Δy，再加工另一相邻曲线，如此依次切削即可加工出整个曲面。在行切法中，要根据轮廓表面粗糙度的要求及刀头不干涉相邻表面的原则选取 Δy。球头铣刀的刀头半径应选得大一些，以利于散热，但刀头半径应小于内凹曲面的最小曲率半径。

（2）对曲率变化较大和精度要求较高的曲面的精加工，常用球头刀进行 X、Y、Z 三坐标联动插补的行切法加工。如图 5-32 所示。

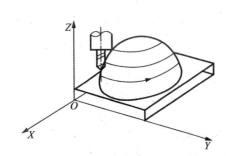

图 5-32　三轴联动行切法曲面铣削加工图

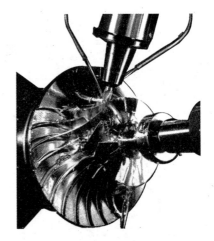

图 5-33　叶轮的五坐标联动加工

（3）对叶轮、螺旋桨这些具有倒勾面的零件，如图 5-33 所示叶轮的五轴联动加工，因为零件形状复杂，刀具容易和相邻表面发生干涉，常采用五坐标联动加工。这种加工的编程计算相当复杂，通常都是采用 CAD/CAM 软件自动编程。

6. 孔的加工方法

孔表面的加工方法有钻孔、扩孔、铰孔、拉孔、磨孔以及光整加工等。孔的加工方案应根据被加工孔径尺寸、精度要求、具体生产条件、批量的大小不同选择不同的加工方法。在数控铣床上加工孔通常采用以下方案：

（1）对于直径大于 φ30mm 的已铸出或锻出毛坯孔的孔加工，一般采用粗镗→半精镗→孔口倒角→精镗的加工方案。

（2）孔径较大时采用立铣刀粗铣→精铣加工方案。

（3）孔中有空刀槽时，可用锯片铣刀在孔半精镗之后、精镗之前铣削完成，也可用镗刀进行单刀镗削，但单刀镗削效率较低。

（4）对于直径小于 φ30mm 无毛坯孔的孔加工，通常采用锪平端面→打中心孔→钻孔→扩孔→孔口倒角→铰孔的加工方案。

（5）对有同轴度要求的小孔，需采用锪平端面→打中心孔→钻孔→半精镗→孔口倒角→精镗（或铰）的加工方案。

7. 螺纹加工

螺纹的加工依据孔径大小而定。一般情况下，M6～M20 的螺纹孔，通常采用攻螺纹方法加工；M6 以下的螺纹孔，因为在加工中心上攻螺纹不能随机控制加工状态，小直径丝锥容易折断，所以，一般先在加工中心上完成底孔加工，再通过其他手段攻螺纹；M20 以上的螺纹孔，可采用镗刀镗削加工。

5.2.5　数控铣削和加工中心加工顺序的安排

1. 工序的划分

一般情况下，为了减少工件加工中的周转时间，提高数控铣床及加工中心的加工效率，保

证加工精度要求,在划分数控铣削工序的时候,应尽量使工序集中。即在一次安装中加工尽可能多的内容。一般划分工序的原则如下:

(1) 按安装次数划分工序。以一次安装所完成的工艺过程作为为一道工序。该方法适合于结构较为简单、加工内容不多的工件,或简单结构已在普通机床上加工完成,剩余部分在数控铣床上加工的零件。

(2) 按所用刀具划分工序。以同一把刀具所连续完成的工艺过程作为一道工序。这种划分工序的方法适用于工件加工表面多、结构复杂、需要机床连续长时间加工的零件。按照这种划分方法所编制的程序都是按每把刀具编制,相对简单且检查方便,非常符合数控铣床需要手动换刀的特点,因此在数控铣削加工中应用广泛。

(3) 按粗、精加工划分工序。这种划分工序的方法主要是为了防止因切削热、切削力、夹紧力以及内应力的重新分布等原因而导致工件粗、精加工连续完成后产生变形,是保证工件的加工精度非常有效的工艺措施。在划分工序时,将粗、精加工分开,以粗加工中完成的工艺过程为一道工序,精加工中完成的工艺过程为另一道工序。对于易产生加工变形的零件,一般来说,在一次安装中不允许将工件的某一表面粗、精加工连续完成后再加工工件的其他表面,尤其是去除余量较大的部位。

(4) 按加工部位划分工序。以零件同一表面、同一结构或同一部位连续完成的那一部分工艺过程为一道工序。适用于加工表面多而复杂、构成零件轮廓的表面结构差异较大的零件,这样的零件可按其结构特点(如内形、外形、曲面或平面等)划分成多道工序。

2. 加工阶段划分

对于加工质量要求高、结构形状复杂、尺寸较大或批量生产的零件,一般将工艺路线划分为以下几个阶段:

(1) 粗加工阶段。主要任务是切除各表面上大部分余量。此阶段追求的主要目标是提高生产效率。

(2) 半精加工阶段。完成次要表面的加工,并为主要表面的精加工做好准备。

(3) 精加工阶段。保证各主要表面达到图样要求的精度和表面质量,该阶段追求的主要目标是保证加工质量。

(4) 光整加工阶段。对于表面粗糙度和尺寸精度要求很高的表面,需安排光整加工阶段。这个阶段的主要目的是提高表面质量,一般不能用于提高形状精度和位置精度。常用的加工方法有金刚车(镗)、研磨、珩磨、超精加工、镜面磨、抛光及无屑加工等。

加工阶段的划分不是绝对的,需结合生产实际,根据工件的加工精度要求和工件的刚性来决定。工件精度要求越高、刚性越差,划分阶段应越细;工件批量小、精度要求不太高、工件刚性较好时也可以不分或少分阶段;重型零件由于场地转移及装夹困难,一般在一次装夹下完成粗精加工,而且为了避免加工阶段相距太近导致加工变形无法充分释放,影响加工精度,常在粗加工后松开工件,然后以较小的夹紧力重新夹紧,再继续进行精加工工步。

3. 加工顺序的安排

数控铣削和加工中心加工顺序的安排要遵循"基准先行,先粗后精,先主后次,先面后孔"的一般工艺原则。

(1) 先粗后精。先安排粗加工,中间安排半精加工,最后安排精加工和光整加工。

（2）先主后次。先安排零件的装配基准面和工作表面等主要表面的加工，后安排如键槽、连接紧固用的光孔和螺纹孔等次要表面的加工。次要表面加工工作量小，又常与主要表面有位置精度要求，一般放在主要表面的半精加工之后、精加工之前进行。

（3）先面后孔。先加工用作定位的平面和孔的端面，然后再加工孔。这样可使工件定位夹紧稳定可靠，有利于保证孔与平面的位置精度，改善孔的加工条件，减小刀具的磨损，便于孔的加工。

（4）基准先行。用作基准的表面要先加工出来，为后续工序提供定位精基准。

此外，在加工中心上加工工件时，一般都有多个工步，使用多把刀具，因此还应考虑：

① 减少换刀次数，节省辅助时间。一般情况下，每换一把新刀后，应通过移动坐标、回转工作台等将由该刀具切削的所有表面全部加工完成。

② 每道工序尽量减少刀具的空行程移动量，按最短路线安排加工表面的加工顺序。

③ 安排加工顺序时可参照采用粗铣大平面→粗镗孔、半精镗孔 → 立铣刀加工 → 加工中心孔 → 钻孔 → 攻螺纹 → 平面和孔精加工（精铣、铰、镗等）的加工顺序。

4．工序的集中与分散

（1）工序集中。零件的加工集中在少数几道工序中完成，每道工序加工内容多，工艺路线短。其主要特点包括：

① 可以采用高效机床和工艺装备，生产率高。

② 减少了设备数量以及操作工人人数和占地面积，减少生产投入。

③ 减少了工件安装次数，减小了多次定位带来的误差，有利于保证各表面间的位置精度。

④ 工装设备结构复杂，调整维修较困难，生产准备工作量大。

（2）工序分散。零件的加工分散到很多道工序内完成，每道工序加工的内容少，工艺路线长。其主要特点是：

① 设备和工艺装备比较简单，便于调整，容易适应产品的变换。

② 对工人的技术要求较低。

③ 可以采用最合理的切削用量，减少机动时间。

④ 所需设备和工艺装备的数目多，操作工人多，占地面积大。

工序集中或分散的程度，主要取决于生产规模、零件的结构特点和技术要求，有时还要考虑各工序生产节拍的一致性。一般情况下，单件小批生产时，只能工序集中，在一台机床上加工出尽量多的表面；大批大量生产时，既可以采用多刀、多轴等高效、自动机床，将工序集中，也可以将工序分散后采用高效专用机床组织流水生产；对于重型零件，为了减少工件装卸和运输的劳动量，工序应适当集中；对于刚性差且精度高的精密工件，则工序应适当分散。随着数控机床在机械制造业的普及，多品种中小批量生产在机械制造中成为主要生产类型，从发展趋势来看，倾向于采用工序集中的方法来组织生产。

5.2.6　数控铣削和加工中心加工路线的确定

在数控加工中，刀具的加工路线也称为进给路线，是指刀具刀位点相对于工件运动的轨迹和方向。即刀具从对刀点开始运动起，直至加工结束所经过的路径，包括切削加工路径和刀具引入、引出、返回等非切削空行程。

加工路线是工艺分析中一项重要的工作。确定进给路线时，应考虑表面加工的质量、精

度、效率以及机床等情况。针对不同加工的特点,应着重考虑以下几方面:

1. 铣削外轮廓的加工路线

(1) 铣削平面工件外轮廓时,一般用立铣刀侧刃进行切削。如图 5-34(a) 所示,刀具切入工件时,应避免沿工件外轮廓的法向切入,而应沿切削起始点延伸线逐渐切入工件,以避免在工件轮廓切入处产生刻痕,保证工件表面平滑过渡;同理,在刀具离开工件时,也应避免在工件的切削终点处直接抬刀,要沿着切削终点延伸线或切线方向逐渐切离零件。

(2) 圆弧插补方式铣削外圆时,要安排刀具沿圆周轮廓的切向切入工件,如图 5-34(b) 所示,当整圆加工结束后,不要在切点处直接退刀,而应该让刀具继续沿切向方向多运动一段距离,以避免取消刀补时,刀具和工件干涉,造成报废。

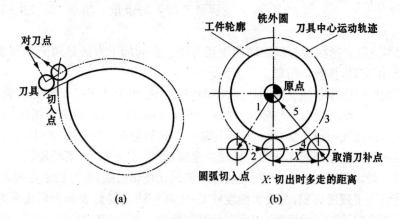

图 5-34 外轮廓加工时刀具的切入切出

2. 铣削内轮廓的加工路线

(1) 铣削封闭的内轮廓表面时,若内轮廓曲线不允许外延,如图 5-35(a) 所示,刀具只能沿内轮廓曲线的法向切入、切出,此时刀具的切入、切出点应尽量选在内轮廓曲线两几何元素的交点处;当内部几何元素相切无交点时,如图 5-35(b) 所示,为防止刀补取消时在轮廓拐角处留下凹痕,刀具切入、切出应远离拐角。

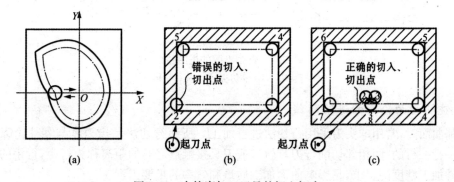

图 5-35 内轮廓加工刀具的切入切出
(a) 内轮廓曲线不允许外延;(b) 内部几何元素相切无交点

(2) 当用圆弧插补铣削内圆弧时,也要遵循从切向切入、切出的原则,一般选择以过渡圆弧切入、切出内圆弧轮廓的加工路线,如图 5-36 所示,提高内孔表面的加工精度和质量。

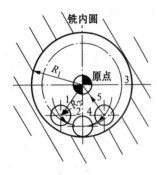

图 5-36 内圆铣削的
进、退刀方式

3. 铣削型腔的加工路线

型腔是指以封闭曲线为边界的平底内凹槽。型腔加工的特点是粗加工时有大量余量要被切除,一般采用分层切削的方法。型腔分为以下几种。

(1) 简单型腔。采用分层切削,把每一层入刀点统一到沿 Z 轴的一根轴线 E,沿此轴预钻下刀孔,底面与侧面都要留有余量。精加工时,先加工底面,后加工侧面。

(2) 有岛屿类型腔。指在简单型腔底面上凸起一个小岛屿。粗加工时让刀具在内外轮廓中间区域中运动,并使底面、内轮廓、外轮廓留有均匀的余量。精加工时先加工底面,再加工两面。

(3) 有槽类型腔。指在简单型腔底面下还有槽。它的加工方法是两简单型腔的组合,先粗加工各型腔,留余量,再统一精加工各表面。

一般加工型腔时选用平底立铣刀,且刀具圆角半径应小于或者等于型腔内轮廓凹角的最小直径值。图 5-37 所示为加工型腔的三种加工路线方案,图 5-37(a)为行切法,图 5-37(b)为环切法,图 5-37(c)为先用行切法,最后用环切法一刀光整轮面。三种方案中,行切法和环切法两种加工路线的共同点是都能切净内腔区域的全部面积,不留死角,不伤轮廓,同时尽量减少重复走刀的搭接量。不同之处在于,行切法加工路线比环切法短,但行切法在相邻两次进给的起点与终点间留下了残留面积,表面粗糙度较差;用环切法获得的表面粗糙度要好于行切法,但环切法需要逐次向外扩展轮廓线,刀位点计算稍复杂。图 5-37(c)所示的加工路线综合了行切法和环切法的优点,即先用行切法去除中间部分余量,最后用环切法切一刀,既能使总的加工路线较短,又能获得较好的表面粗糙度,是上佳的型腔加工方案。

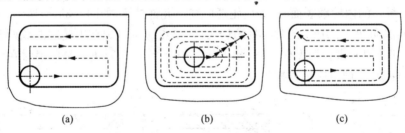

(a) (b) (c)

图 5-37 铣削型腔的进给路线

(a) 行切法;(b) 环切法;(c) 先行切再环切

4. 铣削曲面轮廓的进给路线

铣削曲面时,常用球头刀采用行切法进行加工。所谓行切法是指刀具与零件轮廓的切点轨迹是一行一行的,两相邻切削行刀具轨迹或刀具接触点之间的距离称为行距,行距的大小取决于零件加工精度的要求,是影响曲面加工质量和效率的重要因素。

对于边界敞开的曲面加工,可采用两种加工路线。如图 5-38 所示发动机叶片,当采用图 5-38(a)所示的加工方案时,每次沿直线加工,刀位点计算简单、程序少,加工过程符合直纹面的形成规律,可以准确保证母线的直线度;图 5-38(b)加工方案的优点在于,该进给路线符合这类零件数据给出的情况,便于加工后检验叶形的准确度。由于曲面零件的边界是敞开的,没有其他表面限制,所以曲面边界可以延伸,球头刀应由边界外开始加工,以保证加工的表面质量。

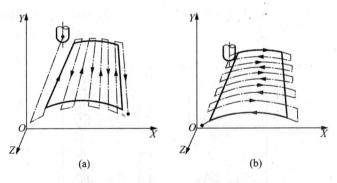

图 5-38 铣削曲面的进给路线

5. 孔加工的进给路线

数控铣床、加工中心加工的一个重要内容就是各种类型的孔,孔加工的进给路线直接影响着孔的加工质量和加工效率。

(1)定位迅速、空行程最短的加工路线。为提高生产效率,应尽量缩短孔加工的进给路线,在刀具不和工件、夹具及机床碰撞的前提下,尽量减少刀具空行程的时间。如图 5-39 所示零件,按照一般习惯应先加工均布于同一圆周上的 4 个孔,然后再加工均布于另一圆周上的 4 个孔,见图 5-39(a)。但数控机床上,刀具从一点运动到另一点时,通常是沿着 X、Y 坐标同时快速运动。当两个方向移动的距离不等长时,短距离方向先停止,待长距离方向的运动停止后刀具才到达目标位置。因此,应按图 5-39(b)所示路线进行加工,可使总加工路线最短,节省近一半加工时间,提高生产效率。

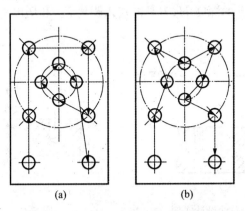

图 5-39 空行程最短的孔加工进给路线

(2)定位准确、单向趋近的加工路线。对于点位控制机床,只要求定位精度高,定位过程尽可能快,而刀具相对于工件的运动路线则无关紧要,因此,这类机床应按空行程最短来安排加工路线。但对位置精度要求较高的孔系加工,在安排孔加工顺序时,还应注意各孔定位方向的一致,即采用单向趋近定位的方法,以避免因带入机床进给机构的反向间隙而影响孔的位置精度。例如,镗削图 5-40 所示零件上的 4 个孔,按图 5-40(a)所示进给路线加工,由于第 4 孔与1、2、3孔定位方向相反,Y 向反向间隙会使定位误差增加,从而影响第4孔与其他孔的位置精度;按图5-40(b)所示进给路线,加工完第3孔后直接抬刀,然后沿 Y 轴正方向快速移动至 P 点,再折回来定位加工第4孔,这样4个孔定位方向一致,消除了机床反向间隙,提高了4个孔的位置精度。

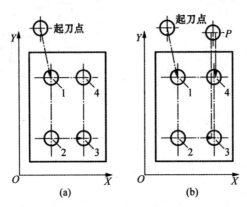

图 5-40　准确定位的孔加工进给路线

(a) 反向间隙影响定位精度；(b) 折返加工消除反向间隙

(3) 孔加工刀具在 Z 向的进给路线。刀具在 Z 向的进给路线分为快速移动进给路线和工作进给路线两种。刀具先从起始平面快速运动到距工件加工表面一定距离的 R 平面(快速进给转换为工作进给的平面)上,然后按工作进给速度运动进行加工。图5-41(a)所示为加工单个孔时刀具的进给路线。

对同一表面上的多孔加工,为减少刀具空行程进给时间,加工中间孔时,刀具不必退回到初始平面,只要退到 R 平面上即可,其进给路线如图5-41(b)所示。在工作进给路线中,工作进给距离 Z_f,包括被加工孔的深度 H、刀具的切入距离 Z_a 和切出距离 Z_0(加工通孔),以及钻头锥尖深度 T_t 等。

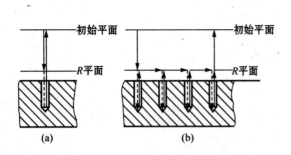

图 5-41　刀具 Z 向进给路线设计实例

(a) 单孔加工；(b) 多孔加工

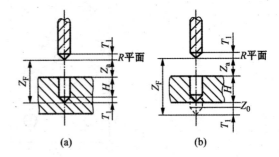

图 5-42　工作进给距离计算图

(a) 不通孔加工；(b) 通孔加工

如图5-42(a)所示,加工不通孔(封闭不通槽)时,刀具需要有一个切入距离 Z_a,则工作进给距离为

$$Z_F = Z_a + H + T_t \tag{5-1}$$

加工通孔(通槽或轮廓面)时,刀具需要有一个切出距离 Z_0,则工作进给距离为

$$Z_F = Z_a + H + Z_0 + T_t \tag{5-2}$$

式中,钻孔时一般取 $T_t=0.3d$(d 为钻头的直径),铣削通槽或轮廓面时 T_t 的值等于立铣刀端刃底圆角半径;H 是孔的深度;Z_a 是切入距离;Z_0 是切出距离。

式中刀具切入切出距离的经验数据见表 5-4。

表 5-4　刀具切入切出点距离参考值

表面状态 加工方式	已加工表面	毛坯表面	表面状态 加工方式	已加工表面	毛坯表面
钻孔	2～3	5～8	铰孔	3～5	5～8
扩孔	3～5	5～8	铣削	3～5	5～10
镗孔	3～5	5～8	攻螺纹	5～10	5～10

6. 顺铣、逆铣方式的确定

所谓顺铣是指主轴正转,刀具为右旋铣刀时,铣刀的旋转方向和工件的进给运动方向相同的铣削方式,如图 5-43(a)所示;反之称为逆铣,如图 5-43(b)所示。

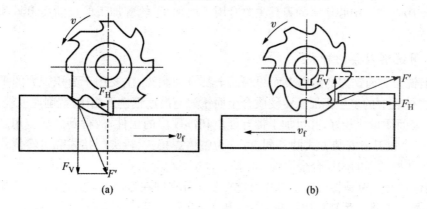

图 5-43　顺铣、逆铣加工示意图
(a) 顺铣;(b) 逆铣

逆铣时,刀具从工件已加工表面切入,刀齿的切削厚度从零逐渐增大,使刀具与工件之间产生强烈的摩擦,刀具容易磨损,不利于提高刀具的耐用度,并使工件已加工表面粗糙度值增大,同时逆铣有一个上抬工件的分力,容易使工件振动和松动,需较大的夹紧力。但逆铣是从工件已加工表面切入的,当铣削表面有硬皮的毛坯件,或强度、硬度较高的工件时,不会造成崩刀问题,即使机床进给丝杠与螺母之间有间隙,逆铣也不会引起工作台窜动和爬行;顺铣时,刀具从工件待加工表面切入,刀齿的切削厚度从最大开始逐渐减小,有利于提高刀具的耐用度,并使工件已加工表面粗糙度值减小,同时顺铣有一个垂直方向的分力始终压向工件,有利于增加工件夹持稳定性。但若机床进给丝杠与螺母之间有间隙,顺铣时工作台会窜动而引起打刀。由于数控机床采用了间隙补偿结构,串刀现象可以克服,因此,精铣或零件材料为铝镁合金、钛合金和耐热合金时,应尽量采用顺铣。图 5-44 所示为顺铣轮廓面时刀具半径补偿的应用。从图中可看出。当主轴正转,刀具为右旋铣刀时,顺铣正好符合左刀补(G41)。

7. 最终轮廓的连续切削进给路线

在安排精加工工序时,为保证工件轮廓表面加工后的粗糙度要求,工件的最终轮廓应安排一次走刀连续加工而成。最后一次走刀加工时,尽量不要在连续的轮廓中安排切入、切出、换

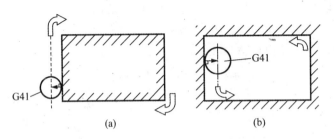

图 5-44 顺铣时刀具半径补偿应用实例

(a) 顺铣加工外轮廓；(b) 顺铣加工内轮廓

刀及停顿,以避免因切削力变化而造成弹性变形,致使光滑轮廓上产生表面划伤、形状突变或滞留刀痕等缺陷,影响零件最终表面质量。

5.2.7 数控铣削加工刀具选择

数控铣床与加工中心使用的刀具主要有用于面加工、轮廓加工的铣削类刀具和孔加工刀具两大类。

1. 常用铣削刀具的种类

(1) 面铣刀。面铣刀的圆周表面和端面上都有切削刃,主要用于面积较大的平面铣削和较平坦的立体轮廓的多坐标加工。硬质合金面铣刀与高速钢铣刀相比,铣削速度较高、加工效率高、加工表面质量比较好,并可加工带有硬皮和淬硬层的工件,故得到广泛应用。硬质合金面铣刀按刀片和刀齿安装方式的不同,可分为整体焊接式、机夹焊接式和可转位式 3 种。图 5-45所示为几种常用的硬质合金面铣刀。

可转位式面铣刀是将可转位刀片通过夹紧元件夹固在刀体上,当刀片的一个切削刃用钝后,直接在机床上将刀片转位或更换刀片。因此,这种铣刀在提高产品质量及加工效率、降低成本、操作使用方便性等方面都具有明显的优越性,并逐步取代了整体焊接式和机夹焊接式铣刀,因而得到了广泛的应用。

可转位式铣刀要求刀片定位精度高、夹紧可靠、排屑容易、更换刀片迅速等,同时各定位、夹紧元件通用性要好,制造要方便,并且应经久耐用。

(2) 立铣刀。立铣刀是数控铣床与加工中心上应用最多的一种铣刀,其结构如图 5-46 所示。立铣刀的圆柱表面和端面上都有切削刃,它们可同时进行切削,也可单独进行切削。立铣刀圆柱表面的切削刃为主切削刃,端面上的切削刃为副切削刃。主切削刃一般为螺旋齿,这样可增加切削平稳性,提高加工精度;按端部切削刃的不同分为过中心刃和不过中心刃两种,过中心刃立铣刀可直接轴向进刀,端面刃主要用来加工与侧面相垂直的底平面。如图 5-46 所示,图 5-46(a)为高速钢立铣刀,图 5-46(b)为硬质合金立铣刀。

(3) 模具铣刀。模具铣刀由立铣刀发展而成,它是加工金属模具型面的铣刀的通称,适用于加工空间曲面以及平面类零件上有较大转接凹圆弧的过渡加工。模具铣刀分为圆锥型立铣刀、圆柱形球头立铣刀和圆锥形球头立铣刀 3 种,其柄部有直柄、削平型直柄、莫氏锥柄 3 种。它的结构特点是球头或端面上布满切削刃,圆周刃与球头刃圆弧连接,可以作径向和轴向进给。铣刀工作部分用高速钢或硬质合金制造。国家标准规定直径 $d = 4 \sim 63\text{mm}$。图 5-47 所示为高速钢模具铣刀,图 5-48 所示为硬质合金模具铣刀。小规格的硬质合金模具铣刀多做

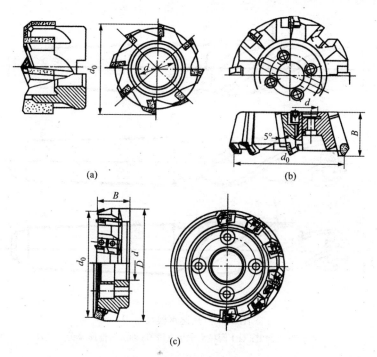

图 5-45 硬质合金面铣刀

（a）整体焊接式；（b）机夹焊接式；（c）可转位式

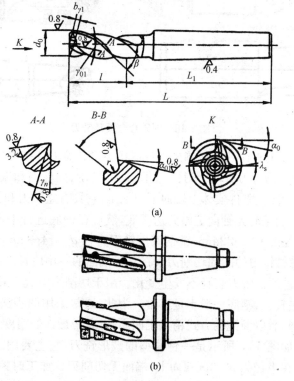

图 5-46 立铣刀

（a）高速钢立铣刀；（b）硬质合金立铣刀

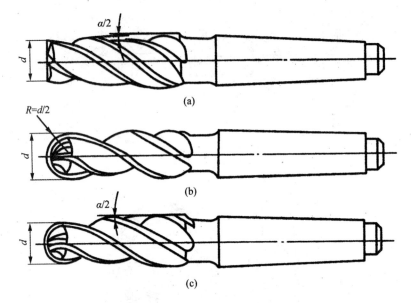

图 5-47　高速钢模具铣刀

(a) 圆锥形立铣刀；(b) 圆柱形球头立铣刀；(c) 圆锥形球头立铣刀

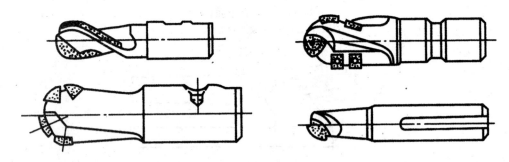

图 5-48　硬质合金模具铣刀

成整体结构，$\phi16$mm 以上直径的一般制成焊接或机夹可转位刀片结构。

(4) 键槽铣刀。键槽铣刀有两个刀齿，如图 5-49 所示，圆柱面和端面都有切削刃，端面刃延至中心，因此可以直接在零件实体上轴向下刀加工，它具有立铣刀和钻头的两个特点。可以加工键槽以及凹腔。加工时先轴向进给到达槽底，然后在槽底进行平面铣削。按国家标准规定，直柄键槽铣刀直径 $d = 2\sim22$mm，锥柄键槽铣刀直径 $d = 14\sim50$mm。键槽铣刀直径偏差有 e8 和 d8 两种。键槽铣刀的圆周切削刃仅在靠近端面的一小段长度内发生磨损，重磨时，只需刃磨端面切削刃，重磨后铣刀直径不发生变化。由于切削力引起刀具和工件变形，一次走刀铣出的键槽形状误差较大，槽底一般不是直角。为此，通常采用两步法铣削键槽，即先用小号铣刀粗加工出键槽，然后以顺铣的方式精加工四周，可获得最佳的精度，得到标准的直角。

(5) 鼓形铣刀。如图 5-50 所示是一种典型的鼓形铣刀，它主要用于对变斜角面的近似加工，它的切削刃分布在半径为 R 的圆弧面上，端面无切削刃。加工时控制刀具上下位置，相应改变刀刃的切削部位，可以在工件上切出从负到正的不同斜角。R 越小，鼓形铣刀所能加工的斜角范围越广，但所获得的表面质量越差。这种刀具的缺点是刃磨困难，切削条件差，而且不

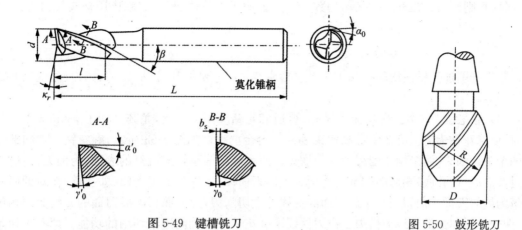

图 5-49　键槽铣刀　　　　　　　　图 5-50　鼓形铣刀

适宜加工有底的轮廓。

（6）成型铣刀。图 5-51 所示为常见的几种成型铣刀，一般都是为特定的工件或加工内容专门设计制造的，适用于加工平面类零件的特定形状，如角度面、凹槽、特形孔或台等。

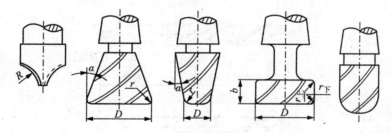

图 5-51　成型铣刀

2. 铣刀类型的选择

实际加工中主要根据零件结构选择铣刀类型。一般平面铣削选用不重磨硬质合金端铣刀、立铣刀或可转位面铣刀。粗铣平面时，因切削力大，应选择小直径铣刀以减少扭矩；精铣时选用大直径铣刀，并尽量包容工件加工表面的宽度，以提高加工效率和表面质量。数控铣削形状复杂的曲面时，为避免干涉采用球头铣刀（见图 5-52(a)），但加工曲面较平坦部位时，刀具以球头顶端刃切削，切削条件较差，因而应采用刀头强度大的牛鼻刀（见图 5-52(b)）。加工空间曲面、模具型腔或凸凹模成形表面等多选用模具铣刀。在单件或小批量生产中，为取代多坐标联动机床，常采用鼓形刀或锥形刀（见图 5-52(c)）来加工飞机上一些直纹曲面类零件；而加镶

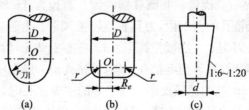

(a)　　　　　　(b)　　　　　　(c)

图 5-52　常用立铣刀

(a) 球头铣刀；(b) 牛鼻刀；(c) 锥形刀

齿立铣刀,则适用于在五坐标联动的数控机床上加工一些球面,其效率比用球头铣刀高近10倍,并可获得好的加工精度。

3. 常用孔加工刀具的种类

数控铣削加工所使用的孔加工刀具包括麻花钻、扩孔钻、锪孔钻、铰刀、镗刀、丝锥以及螺纹铣刀等。

(1) 麻花钻。在数控镗铣床上钻孔,普通麻花钻应用最广泛,尤其是加工$\phi30$mm以下的孔时,以麻花钻为主。麻花钻有高速钢和硬质合金两种。如图5-53所示,麻花钻的切削部分有两个主切削刃、两个副切削刃和一个横刃。两个螺旋槽是切屑流经的表面,为前刀面;与工件过渡表面(即孔底)相对的端部两曲面为主后刀面;与工件已加工表面(即孔壁)相对的两条刃带为副后刀面。前刀面与主后刀面的交线为主切削刃,前刀面与副后刀面的交线为副切削刃,两个主后刀面的交线为横刃。横刃保证了麻花钻可以轴向进给切削的功能。两条主切削刃在与其平行的平面内的投影之间的夹角为顶角,标准麻花钻的顶角2ϕ为118°。

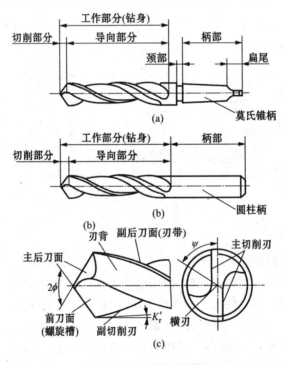

图5-53　麻花钻的结构

根据柄部不同,麻花钻有莫氏锥柄和圆柱柄两种。直径为8~80mm的麻花钻多为莫氏锥柄,可直接装在带有莫氏锥孔的刀柄内,刀具长度不能调节。直径为0.1~20mm的麻花钻多为圆柱柄,可装在钻夹头刀柄上。在数控铣床、加工中心上钻孔时,因无夹具钻模导向,受两切削刃上切削力不对称的影响,容易引起钻孔偏斜,故钻孔前一般先用中心钻打定位孔。

钻削直径在$\phi20$~60mm、孔的深径比小于等于3的中等浅孔时,可选用图5-54所示的可转位浅孔钻,这种钻头具有刀片可集中刃磨、刀杆刚度高、允许切削速度高、切削效率高及加工精度高等特点,最适合于箱体零件的钻孔加工。为提高刀具的使用寿命,可以在刀片上涂镀TiC涂层。使用这种钻头钻箱体孔,比普通麻花钻提高效率4~6倍。

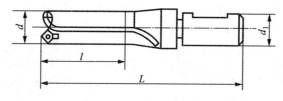

图 5-54　可转位浅孔钻

对深径比大于 5 而小于 100mm 的深孔,由于加工中散热差、排屑困难,钻杆刚性差,易使刀具损坏和引起孔的轴线偏斜,影响加工精度和生产率,故应选用深孔刀具加工。

(2) 扩孔钻。扩孔钻可用来扩大孔径,提高孔加工精度。一般用于孔的半精加工或最终加工。用扩孔钻扩孔精度可达 IT11~IT10,表面粗糙度值可达 $Ra6.3~3.2\mu m$。扩孔钻与麻花钻结构相似,但齿数较多,一般为 3~4 个齿。扩孔钻加工余量小,主切削刃较短,无需延伸到中心,无横刃,加之齿数较多,所以导向性好,切削过程平稳。另外,扩孔钻容屑槽浅,刀体的强度和刚性好,可选择较大的切削用量。加工质量和生产率均比麻花钻高。

扩孔钻切削部分的材料为高速钢或硬质合金,结构形式有直柄式、锥柄式和套式等,如图 5-55 所示。扩孔直径较小时,可选用直柄式扩孔钻,扩孔直径中等时,可选用锥柄式扩孔钻,扩孔直径较大时,可选用套式扩孔钻。

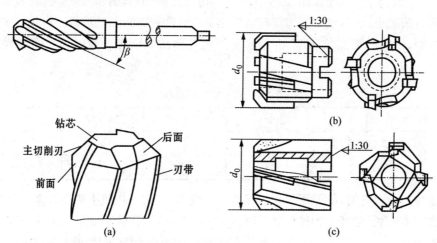

图 5-55　扩孔钻
(a) 椎柄式高速钢扩孔钻;(b) 套式高速钢扩孔钻;(c) 套式硬质合金扩孔钻

(3) 铰刀。铰孔是用铰刀对已经粗加工的孔进行精加工,也可用于磨孔或研孔前的预加工。铰孔只能提高孔的尺寸精度、形状精度和减小表面粗糙度值,而不能提高孔的位置精度。因此,对于精度要求高的孔,在铰削前应先进行减少和消除位置误差的预加工,才能保证铰孔质量。

通用标准铰刀有直柄、锥柄和套式三种,如图 5-56 所示。锥柄铰刀直径为 10~32mm,直柄铰刀直径为 6~20mm. 小孔直柄铰刀直径为 1~6 mm,套式铰刀直径为 25~80mm。铰刀工作部分包括切削部分与校准部分。切削部分为锥形,担负主要切削工作,切削部分的主偏角为 5°~15°,前角一般为 0°,后角一般为 5°~8°。校准部分的作用是校正孔径、修光孔壁和导向。校准部分包括圆柱部分和倒锥部分。圆柱部分保证铰刀直径、便于测量,倒锥部分可减少铰刀与孔壁的摩擦和减小孔径扩大量。

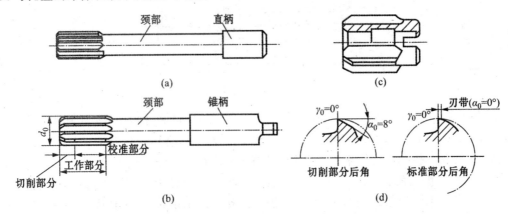

图 5-56 机用铰刀

(a) 直柄机用铰刀；(b) 椎柄机用铰刀；(c) 套式机用铰刀；(d) 切削校准部分角度

通用标准铰刀的铰孔加工精度一般可达 IT9～IT8 级,孔的表面粗糙度值可达 $Ra1.6$～$0.8\mu m$。标准铰刀有 4～12 齿,铰刀的齿数除了与铰刀直径有关外,主要根据加工精度的要求选择。齿数对加工表面粗糙度值的影响并不大。齿数过多,刀具的制造重磨都比较麻烦,而且会因齿间容屑槽减小,而造成切屑堵塞和划伤孔壁以致使铰刀折断的后果。齿数过少,则铰削时的稳定性差,刀齿的切削负荷增大,且容易产生几何形状误差。铰刀齿数可参照表 5-5 选择。

表 5-5　铰刀齿数的选择

铰刀直径/mm		1.5～3	3～4	14～40	>40
齿轮	一般加工精度	4	4	6	8
	高加工精度	4	6	8	10～12

在加工中心上铰孔时,除使用普通的标准铰刀以外,还常采用机夹硬质合金刀片的单刃铰刀。这种铰刀寿命长,半径上的铰削余量可达 $10\mu m$ 以下,铰孔的精度可达 IT7～IT5,表面粗糙度值可达 $Ra0.7\mu m$。对于有内冷却通道的单刃铰刀,允许切削速度可达 80m/min。对于铰削精度为 IT7～IT6 级,表面粗糙度值为 $Ra1.6$～$0.8\mu m$ 的大直径通孔时,可选用专为加工中心设计的浮动铰刀。浮动铰刀加工精度稳定,寿命比高速钢铰刀高 8～10 倍,且具有直径调整的连续性,因而一把铰刀可当几把使用,修复后可调复原尺寸。这样既节省刀具材料,又可保证铰刀精度。

(4) 镗刀。镗孔是数控镗铣床上的主要加工内容之一,它能精确地保证孔系的尺寸精度和形位精度,并纠正上道工序的误差。在数控镗铣床上进行镗孔加工通常是采用悬臂方式,要求镗刀有足够的刚性和较好的精度。

镗孔加工精度一般可达 IT7～IT6,表面粗糙度值可达 $Ra6.3$～$0.8\mu m$。为适应不同的切削条件,镗刀有多种类型。按镗刀的切削刃数量可分为单刃镗刀和双刃镗刀。

单刃镗刀大多制成可调结构。图 5-57(a)、(b)和(c)所示分别是用于镗削通孔、阶梯孔和不通孔的单刃镗刀。单刃镗刀刚性差,切削时易引起振动,所以镗刀的主偏角选得较大,以减少径向力。镗铸铁孔或精镗时,一般取主偏角 $K_r = 90°$;粗镗钢件孔时,取主偏角 $K_r = 60°$~$75°$,以提高刀具的耐用度。单刃镗刀通过调整刀具的悬伸长度来保证加工尺寸,调整繁琐,效率低,只能用于单件小批生产。但单刃镗刀结构简单,适应性较广,粗、精加工都适用,因而应用广泛。

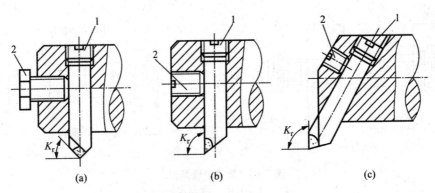

图 5-57 单刃镗刀

(a) 通孔镗刀;(b) 阶梯孔镗刀;(c) 不通孔镗刀

双刃镗刀就是镗刀的两端有一对对称的切削刃同时参与切削,可以消除径向力对镗杆的影响,工件孔径尺寸与精度由镗刀径向尺寸保证,且调整方便,与单刃镗刀相比,每转进给量可提高一倍左右,且加工中不易产生振动,切削效率高。图 5-58 所示为近年来广泛使用的双刃机夹镗刀,其刀片更换方便,不需重磨,易于调整,镗孔的精度较高。

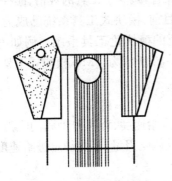

图 5-58 双刃机夹镗刀

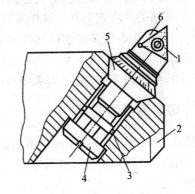

图 5-59 精镗微调镗刀

在精镗孔中,目前较多地选用精镗微调镗刀。这种镗刀的径向尺寸可以在一定范围内进行微调,且调节方便,精度高,其结构如图 5-59 所示。

4. 加工中心的工具系统

由于数控铣床、加工中心加工内容复杂多样,所以配备的刀具和装夹工具种类很多,并且要求刀具更换迅速。把通用性较强的刀具和配套装夹工具系列化、标准化就形成了工具系统。装备工具系统进行刀具的快速装夹成本高,但能有效地保证加工质量,最大限度提高生产率,使加工中心效能得到充分发挥,从而可以使工艺成本下降。

我国目前建立的工具系统是镗铣类工具系统,如图 5-60 所示,这种工具系统一般由与机床主轴连接的椎柄、延伸部分的接杆和工作部分的刀具组成。它们经组合后可完成钻孔、扩孔、铰孔、镗孔、攻螺纹等加工工艺。镗铣类工具系统分为整体式结构和模块式结构两大类。

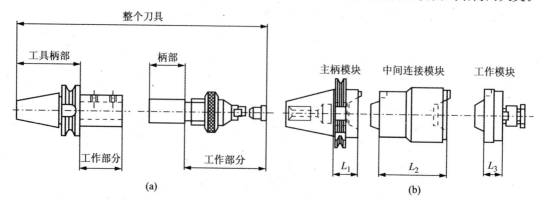

图 5-60　数控镗铣类刀具

(a) 整体式刀具；(b) 模块式刀具

(1) 整体式结构。我国 TSG82 工具系统就属于整体式结构的工具系统。它的特点是将锥柄和接杆连成一体,不同品种和规格的工作部分都必须带有与机床主轴相连的柄部。其优点是结构简单、使用方便可靠、更换迅速等,缺点是锥柄的品种规格和数量较多。如图 5-61 所示 TSG82 整体式工具系统,选用时需要按图进行配置,其代号含义及尺寸可查阅相应标准。

(2) 模块式结构。模块式结构把工具的柄部和工作部分分开,制成系统化的主柄模块、中间模块和工作模块。每类模块中又分为若干小类和规格,然后用不同规格的模块组装成不同用途、不同规格的模块式刀具。这样方便了制造、使用和保管,减少了工具的规格、品种和数量的储备。对加工中心较多的企业具有很高的实用价值。目前,模块式工具系统已成为数控加工刀具发展的方向。国际上有许多应用比较成熟和广泛的模块化工具系统。例如,国内的TMGl0 工具系统和 TMG21 工具系统就属于这一类,图 5-62 所示为 TMG 模块式工具系统。

5.2.8　切削用量的选择

如图 5-63 所示,数控铣床的切削用量包括切削速度、进给速度、背吃刀量和侧吃刀量。从刀具寿命出发,切削用量的选择方法是:先选取背吃刀量或侧吃刀量,其次确定进给速度,最后确定切削速度。

1. 端铣背吃刀量(或周铣侧吃刀量)的选择

背吃刀量(a_p)为平行于铣刀轴线方向测量的切削层尺寸。端铣时,背吃刀量为切削层的深度,而圆周铣削时,背吃刀量为被加工表面的宽度。

侧吃刀量(a_e)为垂直于铣刀轴线方向测量的切削层尺寸。端铣时,侧吃刀量为被加工表面的宽度,而圆周铣削时,侧吃刀量为切削层的深度。

背吃刀量或侧吃刀量的选取,主要由加工余量以及表面质量要求决定。

(1) 工件表面粗糙度 Ra 值为 12.5～25μm 时,如果圆周铣削的加工余量小于 5mm,端铣的加工余量小于 6mm,粗铣时一次进给就可以达到要求。但在余量较大、工艺系统刚性较差或机床动力不足时,应分两次进给完成。

(2) 在工件表面粗糙度 Ra 值为 3.2～12.5μm 时,可分粗铣和半精铣两步进行。粗铣时

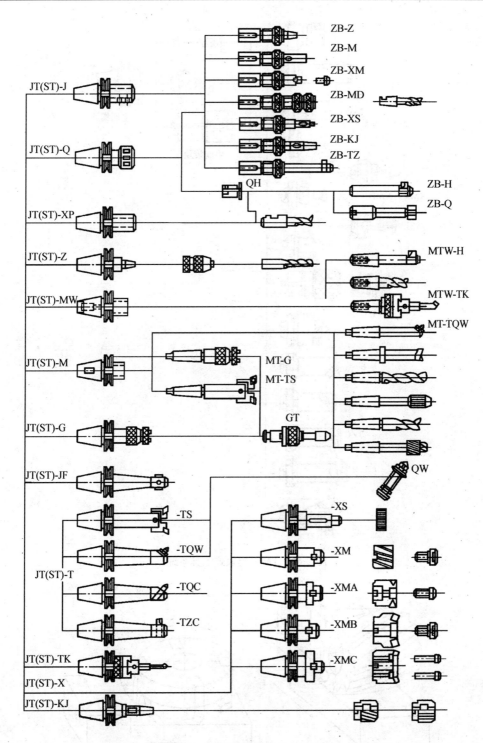

图 5-61　TSG 82 整体式刀具系统

背吃刀量或侧吃刀量选取同(1)。粗铣后 Z 向留 0.5~1mm 余量,在半精铣时切除。

(3) 在工件表面粗糙度 Ra 值为 0.8~3.2μm 时,可分粗铣、半精铣、精铣三步进行。半精铣时背吃刀量或侧吃刀量取 1.5~2mm;精铣时,圆周铣侧吃刀量取 0.3~0.5mm,端铣背吃

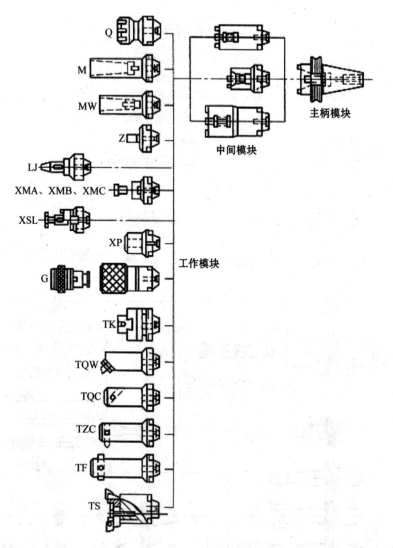

图 5-62   TMG 模块式工具系统

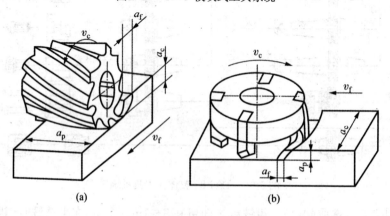

图 5-63   铣削切削用量示意图
(a) 周铣；(b) 端铣

刀量取 0.5～1mm。Z 向切深的推荐值见表 5-6。

表 5-6 铣削平面后精加工余量(单位:mm)

粗铣平面后精加工余量	加工面长度	加工面宽度					
		≤100		100～300		300～1 000	
		余量	公差	余量	公差	余量	公差
	≤300	1.0	0.3	1.5	0.5	2.0	0.7
	300～1 000	1.5	0.5	2.0	0.7	2.5	1.0

2. 进给速度

进给速度 v_f 是单位时间内工件与铣刀沿进给方向的相对位移。它与铣刀转速 n、铣刀齿数 Z 及每齿进给量 f_z 的关系为

$$V_f = f_z \cdot Z \cdot n \tag{5-3}$$

每齿进给量 f_z 的选取主要取决于工件材料的力学性能、刀具材料、工件表面粗糙度等因素。工件材料的强度和硬度越高,每齿进给量越小,反之则越大。硬质合金铣刀的每齿进给量高于同类高速钢铣刀。工件表面粗糙度 Ra 值越小,每齿进给量就越小。每齿进给量的确定可参考表 5-7 选取。工件刚性差或刀具强度低时,应取小值。

表 5-7 铣刀每齿进给量

工件材料	每齿进给量 $f_z/(mm \cdot z^{-1})$			
	粗 铣		精 铣	
	高速钢铣刀	硬质合金铣刀	高速钢铣刀	硬质合金铣刀
钢	0.10～0.15	0.10～0.25	0.02～0.05	0.10～0.15
铸铁	0.12～0.20	0.15～0.30		

3. 切削速度 V_c

铣削的切削速度 V_c 与刀具寿命 T、每齿进给量 f_z、背吃刀量 a_p、侧吃刀量 a_e、铣刀齿数 z 等成反比,而与铣刀直径成正比。其原因是当 f_z、a_p、a_e 和 Z 增大时,切削刃负荷增加,工作齿数也增多,使切削热增加,刀具磨损加快。从而限制了切削速度的提高。另外,刀具寿命的提高导致切削速度降低。但加大铣刀直径 d 则可改善散热条件,因而可以提高切削速度。铣削的切削速度可参考表 5-8 选取,也可参考相关的切削手册。

表 5-8 铣削时的切削速度

工件材料	硬度 HBW	$v_c/(m \cdot min^{-1})$	
		高速钢铣刀	硬质合金铣刀
钢	<225	18～42	66～150
	225～325	12～36	54～120
	325～425	6～21	36～75

（续表）

工件材料	硬度 HBW	$v_c/(\mathrm{m \cdot min^{-1}})$	
		高速钢铣刀	硬质合金铣刀
铸铁	＜190	21～36	66～150
	190～260	9～18	45～90
	260～320	4.5～10	21～30

4. 孔加工切削用量的选择

孔加工为定尺寸加工，应在机床允许的范围之内选择切削用量。通常查阅手册并结合经验以及公式计算的结果来综合确定。一般计算的相关公式如下：

（1）主轴转速 n(r/min)。孔加工时的主轴转速 n 应根据选定的切削速度 v_c(m/min) 和加工直径或者刀具直径来计算，计算公式为：

$$n = \frac{1\,000 v_c}{\pi d}(\mathrm{r/min}) \tag{5-4}$$

式中：d 为刀具或工件直径，单位 mm。

数控机床的控制面板上一般备有主轴转速修调（倍率）开关，可在加工过程中对主轴转速进行调整。

（2）进给速度。孔加工时的进给速度 V_f 可根据选择的进给量和主轴转速以及齿数按下列公式计算：

$$V_f = f_z \cdot Z \cdot n$$

（3）攻螺纹时进给量的选择决定于螺纹的导程，如果使用了带有浮动功能的攻螺纹夹头，攻螺纹时工作进给速度 V_f(mm/min) 可略小于理论计算值，即

$$V_f \leqslant P_n$$

式中，P 为导程

此外，在确定进给速度时，要注意一些特殊情况。例如，在高速进给的轮廓加工中，由于工艺系统的惯性在拐角处易产生"超程"和"过切"现象，如图 5-64 所示。因此，在拐角处应选择变化的进给速度，接近拐角时减速，过了拐角后加速。

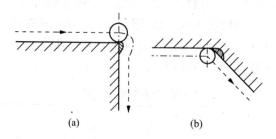

（a）　　　　　　　　　（b）

图 5-64　拐角处的超程和过切示意图
(a) 超程；(b) 过切

切削用量（α_p、v_f、v_c）选择是否合理，对于充分发挥机床潜力与刀具切削性能，实现优质、高产、低成本和安全操作具有重要的作用。一般粗铣的时候，为了迅速去除余量，应首先考虑选择一个尽可能大的背吃刀量 α_p，其次选择一个较大的进给量 V_f，最后确定一个合适的切削

速度 V_c。增大背吃刀量,可使走刀次数减少,增大进给量,有利于断屑;而精铣的时候,为了保证零件尺寸精度和表面质量,应选择较小的背吃刀量及进给量,确定一个较大的切削速度。

5.2.9　数控铣削加工工艺文件

数控加工工艺文件是编程员编制的与程序单配套的有关技术文件,是操作者必须遵守、执行的规程。常见的数控加工工艺文件包括数控加工工序卡、数控加工刀具卡、机床调整单和数控程序单等。表 5-9 及表 5-10 为部分工艺文件的参考格式。

表 5-9　数控加工工序卡片

单位名称	数控加工 工序卡片	产品名称		零件名称		材料		零件图号	
工序号	程序编号	夹具名称		夹具编号		使用设备		加工车间	
工步号	工步内容	刀具号		主轴转速/ (r/min)		进给量/ (mm/min)		背吃刀量/ mm	备注
1 2 3 4									
编制	审核			批准				共　页	第　页

表 5-10　数控加工刀具卡片

产品名称			零件名称		程序编号		
工步号	刀具号	刀具名称	刀具规格	刀片型号	刀尖半径	备注
1 2 3 ...						
编制		审核	批准			

5.3　典型零件的数控铣削加工工艺案例分析

5.3.1　凸轮零件数控铣削工艺制定

下面以在 FANUC 0i mate MC 数控铣床上加工如图 5-65 所示凸轮零件为例,说明其数控铣削加工工艺的设计过程。工件材料为 HT200。$\phi35$ 及 $\phi12$ 孔的公差等级为 H7,毛坯尺寸 $\phi300\times45$。

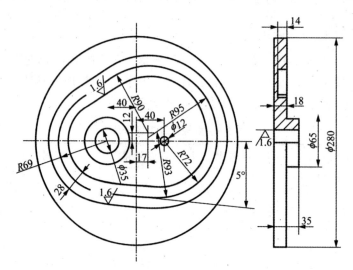

图 5-65 数控铣削加工工艺应用实例

1. 零件工艺性分析

该零件为一平面槽形凸轮,对于数控加工而言,零件结构简单,加工工艺性较好,零件外轮廓、上下表面及孔 $\phi35H7$ 和 $\phi12H7$ 安排在普通机床上加工,数控加工作为最后一道工序加工凸轮槽,凸轮槽表面质量要求较高。以下仅分析数控加工部分的工艺。

2. 确定装夹方案

该凸轮属于小型凸轮,可采用"一面两孔"定位,夹具采用"一面两销"专用夹具。具体装夹方案如图 5-66 所示。

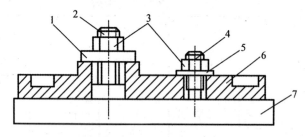

图 5-66 凸轮装夹示意图
1—开口垫圈 2—带螺纹圆柱销 3—压紧螺母 4—带螺纹削边销
5—垫圈 6—工件 7—垫块

3. 刀具选用

根据零件材料切削加工性、工件几何结构及尺寸,选择 $\phi20$ 麻花钻及 $\phi20$ 硬质合金立铣刀加工,麻花钻用来钻工艺孔,铣刀加工凸轮槽。

4. 加工余量的确定

粗加工后凸轮槽两侧面轮廓留 0.5mm 的精加工余量。

5. 确定切削用量

凸轮槽宽度 28mn,深度 14mm。粗加工时,Z 向每次切削深度取 4mm,精加工两侧轮廓面时,Z 向一次下刀。具体切削用量如表 5-11 所示。

表 5-11 凸轮零件加工的切削用量

工 步	切削用量		主轴转速/(r/min)
	切削深度/mm	进给速度/(mm/min)	
钻工艺孔	13.5	20	600
凸轮槽粗加工	4	100	400
凸轮槽精加工	14	50	550

6. 加工顺序

按钻工艺孔→凸轮槽粗加工→凸轮槽精加工顺序依次加工。

7. 走刀路线

为保证凸轮工作表面有较好的表面质量,采用顺铣方式走刀。铣削凸轮槽时 X、Y 平面内的走刀先沿凸轮槽中心铣一圈,然后向凸轮槽两侧壁方向分别进给 3mm 后各走刀一圈,最后沿凸轮槽内外工作表面精加工。

8. 切削液选用

因材料为铸铁,且采用硬质合金铣刀,所以不需加切削液。

9. 工艺文件

数控加工工序卡如表 5-12 所示。

表 5-12 数控加工工序卡片

单位名称	数控加工工序卡片	产品名称	零件名称	材料	零件图号
			凸轮	HT300	
工序号 01	程序编号	夹具名称 专用夹具	夹具编号 1	使用设备 XK714B	加工车间
工步号	工步内容	刀具号	主轴转速/ (r/min)	进给量/ (mm/min)	切削深度/ mm	备注
1	钻工艺孔	T01	600	20	13.5	第 页
2	粗铣凸轮槽	T02	400	100	4	
3	精铣凸轮槽	T02	550	50	14	
编制	审核		批准		共 页	

5.3.2 盖板零件数控加工中心工艺制定

盖板零件主要的加工内容是平面和孔,需经铣平面、钻孔、扩孔、镗孔、铰孔及攻螺纹等工步才能完成,是机械加工中最常用的零件。下面以如图 5-67 所示盖板零件为例进行工艺分析。

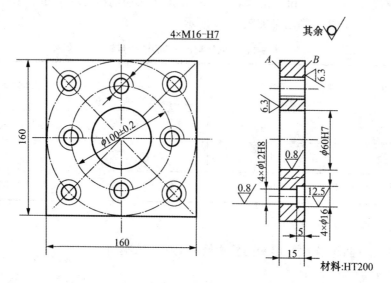

图 5-67 盖板零件简图

1. 零件工艺分析

该盖板的材料为铸铁,毛坯为铸件。毛坯尺寸为 160mm×160mm×15mm。由图 5-67 可知,盖板零件加工内容为平面、孔和螺纹,且都集中在 A、B 面上,其余四个侧面不需要加工。其中最高精度为 IT7 级。从定位和加工两方面考虑,以 A 面为主要定位基准,并在前道工序中先加工好,选择 B 面及位于 B 面上的全部孔在加工中心上加工。

2. 选择机床

由于 B 面及位于 B 面上的全部孔只有粗铣、精铣、粗镗、半精镗、精镗、钻、扩、锪、铰及攻螺纹等工步,所需刀具不超过 20 把,加工表面不多,只需单工位加工即可完成,所以选择 FANUC 0i mate MC 立式加工中心。工件一次装夹后可自动完成上述内容的加工。

3. 工艺设计

(1) 选择加工方案。B 面尺寸精度无特殊要求,表面粗糙度 $Ra6.3\mu m$,采用粗铣、精铣方案即可;$\phi60H7$ 孔尺寸精度要求 IT7 级,表面粗糙度 $Ra0.80\mu m$,已铸出毛坯孔,故采用粗镗—半精镗—精镗方案;$\phi12H8$ 孔尺寸精度要求 IT8 级,表面粗糙度 $Ra0.80\mu m$,为防止钻偏,按钻中心孔→钻孔→扩孔→铰孔方案进行;$\phi16$ 沉头孔在 $\phi12mm$ 孔的基础上锪至尺寸即可;M16 螺纹孔在 M6 和 M20 之间,故采用先钻底孔后攻螺纹的加工方法,即按钻中心孔→钻底孔→倒角→攻螺纹方案加工。

(2) 确定加工顺序。按照先粗后精、先面后孔的原则,该零件的加工内容不需要划分加工阶段。具体加工路线为:粗、精铣 B 面→粗、半精、精镗 $\phi60H7$ 孔→钻各光孔和螺纹孔的中心孔→钻、扩 4×$\phi12H8$ 孔→锪 4×$\phi16$ 孔→铰 4×$\phi12H8$ 孔→钻 M16 螺纹底孔→倒角→攻螺纹,具体顺序如表 5-13 所示。

(3) 确定装夹方案和选择夹具。该盖板零件形状较简单、尺寸较小,四个侧面较光整,加工面与非加工面之间的位置精度要求不高,故可选通用平口钳,以盖板底面 A 和两个侧面定位,用台虎钳钳口从侧面夹紧。如图 5-68 所示。

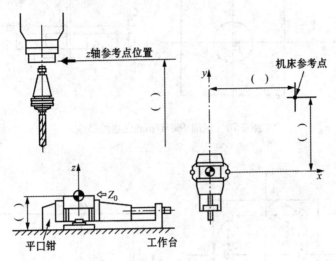

图 5-68　盖板零件装夹示意图

　　(4) 选择刀具。根据加工内容,所需刀具有面铣刀、镗刀、中心钻、麻花钻、铰刀、立铣刀(锪 $\phi16$ 孔)及丝锥等,其规格根据加工尺寸选择。一般来说,粗铣时铣刀直径应选小一些,以减小切削力矩,但也不能太小,以免影响加工效率;精铣时铣刀直径应选大一些,以减少接刀痕迹、提高表面质量。考虑到两次进给间的重叠量及减少刀具种类等因素,经综合分析确定粗、精铣面铣刀直径都选为 $\phi100$mm。其他刀具根据孔径尺寸确定。具体所选刀具如表 5-13 所示。

　　(5) 确定进给路线。B 面的粗、精铣削加工进给路线根据铣刀直径以及 B 面的表面质量要求确定,因所选铣刀直径为 $\phi100$mm,故安排沿 X 方向两次进给(见图 5-69)。又因 B 面的表面粗糙度 $Ra6.3\mu m$,因此,为了提高效率,可选择双向行切进刀方式。因为孔的位置精度要求不高,机床的定位精度完全能保证,故所有孔加工的进给路线均按最短路线确定,图 5-70～图 5-74 所示的即为各孔加工的进给路线。

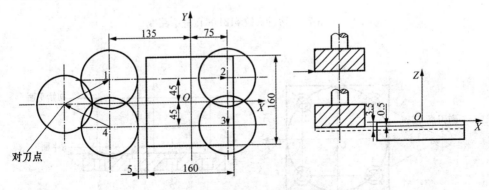

图 5-69　铣削 B 面进给路线

　　(6) 选择切削用量。查表确定切削速度和进给量,然后计算出机床主轴转速和机床进给速度。如表 5-14。

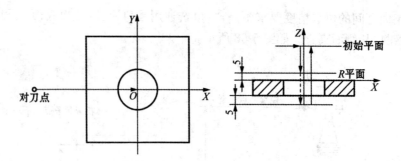

图 5-70　镗削 $\phi60H7mm$ 孔进给路线

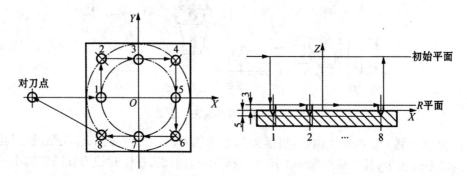

图 5-71　钻中心孔的进给路线

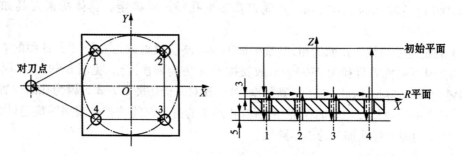

图 5-72　钻、扩、铰 $\phi12H8$ 孔进给路线

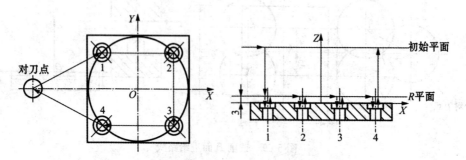

图 5-73　锪 $\phi16$ 孔进给路线

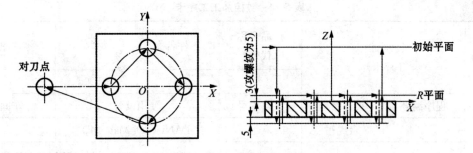

图 5-74　钻螺纹底孔进给路线

表 5-13　数控加工刀具卡

产品名称(代号)			零件名称	盖　板	零件图号		程序号	
工步号	刀具号	刀具名称	刀柄型号	刀　具		补偿量 /mm	备注	
				直径/mm	刀长/mm			
1	T01	面铣刀 ϕ100	BT40-XM32-75	ϕ100				
2	T01	面铣刀 ϕ100	BT40-XM32-75	ϕ100				
3	T02	镗刀 ϕ58	BT40-TQC50-180	ϕ58				
4	T03	镗刀 ϕ59.95	BT40-TQC50-180	ϕ59.95				
5	T04	镗刀 ϕ60H7	BT40-TW50-140	ϕ60H7				
6	T05	中心钻 ϕ3	BT40-Z10-45	ϕ3				
7	T06	麻花钻 ϕ10	BT40-M1-45	ϕ10				
8	T07	扩孔钻 ϕ11.85	BT40-M1-45	ϕ11.85				
9	T08	阶梯铣刀 ϕ16	BT40-MW2-55	ϕ16				
10	T09	铰刀 ϕ12H8	BT40-M1-45	ϕ12H8				
11	T10	麻花钻 ϕ14	BT40-M1-45	ϕ14				
12	T11	麻花钻 ϕ18	BT40-M2-50	ϕ18				
13	T12	机用丝锥 M16	BT40-G12-130	M16				
编制			审核		批准		共 1 页	第 1 页

表 5-14　数控加工工序卡

（工厂）	数控加工工序卡片		产品名称（代号）	零件名称	材料	零件图号
				盖板	HT200	
工序号	程序编号	夹具名称	夹具编号	使用设备		车间
		台虎钳		FANUC Oi Mate MD		
工步号	工步内容		加工面	刀具号	刀具规格/mm	主轴转速/r·min⁻¹	进给速度/mm·min⁻¹	背吃刀量/mm	备注

工步号	工步内容	加工面	刀具号	刀具规格/mm	主轴转速/r/min⁻¹	进给速度/mm·min⁻¹	背吃刀量/mm	备注
1	粗铣 B 平面留余量 0.5mm		T01	$\phi100$	300	70	3.5	
2	精铣 B 平面至尺寸		T01	$\phi100$	350	50	3.5	
3	粗镗 $\phi60H7$mm 孔至 $\phi58$mm		T02	$\phi58$	400	60		
4	半精镗 $\phi60H7$mm 至 $\phi59.95$mm		T03	$\phi59.95$	450	50		
5	精镗 $\phi60H7$mm 至尺寸		T04	$\phi60H7$	500	40		
6	钻 $4\times\phi12H8$mm 及 $4\times M16$ 中心孔		T05	$\phi3$	1000	50		
7	钻 $4\times\phi12H8$mm 至 $\phi10$mm		T06	$\phi10$	600	60		
8	扩 $4\times\phi12H8$mm 至 $\phi11.85$mm		T07	$\phi11.85$	300	40		
9	锪 $4\times\phi16$mm 至尺寸		T08	$\phi16$	150	30		
10	铰 $4\times\phi12H8$mm 至尺寸		T09	$\phi12H8$	100	40		
11	钻 $4\times M16$ 螺纹底孔至 $\phi14$mm		T10	$\phi14$	450	60		
12	倒 $4\times M16$ 底孔端角		T11	$\phi18$	300	40		
13	攻 $4\times M16$ 螺纹		T12	M16	100	200		
编制		审核		批准		共1页 第1页		

【本章小结】

本章主要讲述了以下内容：

（1）数控铣削、加工中心加工工艺的主要内容及工艺特点。

（2）数控铣削、加工中心加工工艺方案制定的流程，主要包括：零件的工艺分析、零件毛坯的选择及加工余量的确定，数控铣削零件装夹方案和定位基准的确定，数控铣削和加工中心加工方案的确定，数控铣削和加工中心加工顺序的安排、加工路线的确定；数控铣削加工刀具及切削用量的选择等内容。

（3）典型零件的数控铣削、加工中心加工工艺方案设计。

习题与思考题

1. 数控铣床、加工中心的主要加工对象有哪些？各自有哪些工艺特点？

2. 零件数控铣削加工工艺的制定主要包括哪些内容？

3. 零件图纸的工艺分析包括哪些内容？

4. 零件毛坯的选择应考虑哪些因素？

5. 被加工零件轮廓上的内转角尺寸有哪些尺寸？为何要尽量统一？

6. 划分数控铣削加工工序时有哪些方法？

7. 数控铣床和加工中心常用的夹具类型有哪些？

8. 数控铣床和加工中心常用的孔加工刀具有哪些？选用时应注意哪些问题？

9. 如图 5-75 所示板件上加工孔系，试分别按照定位迅速、定位准确原则确定 X、Y 平面内的孔加工进给路线。

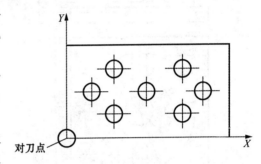

图 5-75　孔系加工

10. 图 5-76 所示法兰零件的上下表面已经加工，$\phi 40H7$ 孔的毛坯预制孔直径 $\phi 30mm$，试制定台阶面以及所有内孔表面的数控铣削加工工艺。

11. 图 5-77 所示为具有三个台阶的槽腔零件，试制定该槽腔零件的数控铣削加工工艺。（其余表面均已加工）

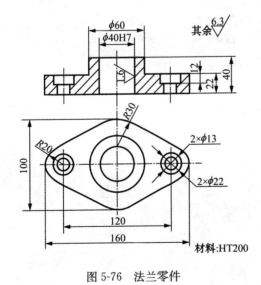

图 5-76　法兰零件

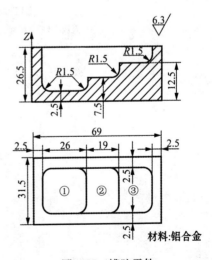

图 5-77　槽腔零件

12. 试制订图 5-78 所示(a)、(b)、(c)、(d)零件的数控铣削加工工艺。

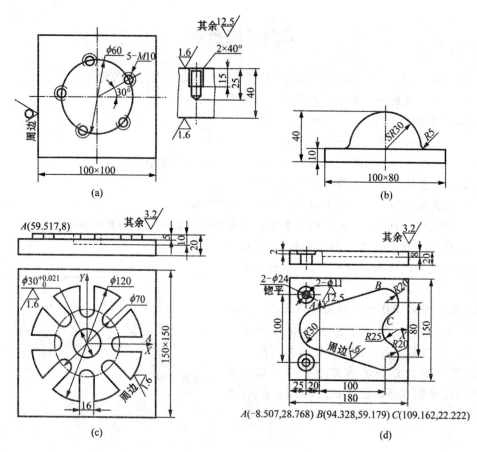

图 5-78　零件的铣削加工

（a）盖板零件；（b）凸台零件；（c）槽板零件；（d）腔体零件

第6章 数控铣削及加工中心程序的编制

【学习目标】

通过本章的学习，了解数控铣削、加工中心编程的基础知识；理解数控铣床、加工中心的坐标系的相关概念；掌握数控铣削、加工中心 G 指令、M 指令等基本编程指令；掌握常用的 G81、G83、G76 等固定循环功能，掌握用户宏程序中变量编程的实质，能利用子程序、比例缩放和镜像及坐标系旋转加工功能编写中等复杂零件的数控铣削程序；具备数控铣削、加工中心常见零件的编程能力。

6.1 数控铣削、加工中心编程基础

6.1.1 数控铣床、加工中心的坐标系

在数控铣削加工过程中，涉及以下几个坐标系以及坐标原点的概念。

1. 机床坐标系及机床原点、机床参考点

（1）机床坐标系。是机床制造商以机床上精确设定的一个基准位置为原点所建立起来的机床上的固有坐标系，是用来确定加工坐标系的基本坐标系，是确定刀具（刀架）或工件（工作台）位置的参考系。机床坐标系各坐标和运动正方向参照机械工业部 1982 年颁布的 JB3052—1982 标准中制订的原则规定进行设定。

（2）机床原点。机床上的基准位置即机床原点，它是

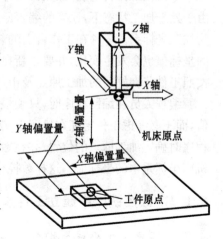

图 6-1 立式数控铣床的坐标系

测量机床运动坐标的起始点，通常不允许用户改变。其作用是使机床与控制系统同步，建立测量机床运动坐标的起始点。机床原点是加工坐标系、机床参考点的基准点。数控铣床的机床原点各生产厂设定的位置并不一致，有的设在机床工作台的中心，更多的是设在主轴位于正极限位置的一基准点，如图 6-1 所示。

（3）机床参考点。与机床原点相对应的还有一个机床参考点，它也是机床上的一个固定点，通常不同于机床原点。一般来说，加工中心的参考点设在工作台位于负极限位置时的一基准点上。该极限位置通过机械挡块来调整确定，但必须位于各坐标轴的移动范围内。

机床制造商选定机床的极限位置作为参考点，并且精确测量参考点与机床原点之间的距离并预设在系统内部。一般而言，机床开机上电后，操作人员首先要进行返回参考点的操作，返参成功后，数控系统根据内部设定的参数通过反推原理建立机床坐标系。参考点

的位置可以通过调整机械挡块的位置来改变,但是改变后必须重新精确测量并修改机床参数。

2. 编程坐标系及编程原点

编程坐标系是在数控编程时用来定义工件形状和刀具相对工件运动的坐标系,又称工件坐标系。为保证编程与机床加工的一致性,工件坐标系也应是右手笛卡儿坐标系。工件装夹到机床上时,应使工件坐标系与机床坐标系的坐标轴方向保持一致。工件坐标系的原点称为编程原点,编程原点在工件上的位置应遵循以下原则:

(1) 工件原点选在工件图样的基准上,以利于编程。

(2) 工件原点尽量选在尺寸精度高、表面粗糙度值小的工件表面上。

(3) 工件原点最好选在工件的对称中心上。

(4) 要便于测量和检验。

数控铣床上加工工件时,工件原点一般设在进刀方向一侧工件外轮廓表面的某个角上或对称中心上。

3. 加工坐标系及加工原点

零件在工作台上装夹好后,零件上的编程原点在机床坐标系中的位置也就唯一确定下来。由于处于加工状态下,原来的编程原点更名为加工原点,由此建立的编程坐标系也相应地更名为加工坐标系。零件在工作台上的装夹位置每变换一次,则加工坐标系原点在机床坐标系下的坐标值也会发生变化,并要重新在机床上进行加工坐标系的设定。加工过程中,数控机床是按照工件装夹好后的加工原点及由此编制的程序进行自动加工的。

编程人员在编制程序时,只须根据零件图样确定编程原点,建立编程坐标系,计算坐标数值,而不必考虑工件毛坯在机床上实际装夹的位置。对加工人员来说,则应在装夹工件、调试程序时确定加工原点的位置,并在数控系统中给予设定(例如利用 G54 功能设定加工原点在机床坐标系中的坐标值),这样数控机床才能按照准确的加工坐标系位置开始加工。

6.1.2 数控铣床中建立工件坐标系指令

1. 设定加工坐标系指令——G92

该指令是将加工坐标系原点设定在相对于起刀点的某一空间点上。通常出现在程序的第一段。G92 只是设定工件加工的坐标系,执行该段程序时机床(刀具或工作台)并不产生运动。

编程格式:G92 X___ Y___ Z___

其中,X、Y、Z 尺寸字用来指定起刀点在加工坐标系下的坐标值。

G92 指令执行后,系统按指令给定的 X、Y、Z 值作为当前刀具位置的坐标值,从而反推建立零件加工坐标系。例如,加工开始前,将刀具置于一个合适的开始点,执行程序的第一段程序"G92 X20 Y10 Z10",则建立了如图 6-2 所示的加工坐标系。显然,用这种方式设置的加工原点是随刀具起始点位置的变化而变化的。因此,当加工过程中断电导致刀具的位置发生变化、程序结尾的设置与程序头不同,以及程序多次重复调用加工时,要特别注意起刀点和加工原点的相对位置关系是否仍然与 G92 设定的相同。如果不同,必须重新设定 G92 中的坐标值方可加工。

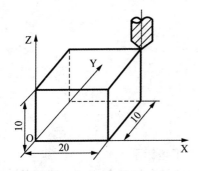

图 6-2 G92 设置加工坐标系

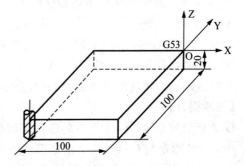

图 6-3 G53 选择机床坐标系

2. 选择机床坐标系指令——G53

该指令使刀具快速定位到机床坐标系中的指定位置上。其中,X、Y、Z 后面的值为当前刀具在机床坐标系中的坐标值。

【例 6-1】 G53 G90 X−100. Y−100. Z−20.;

执行后刀具在机床坐标系中的位置如图 6-3 所示。

3. 选择工件加工坐标系指令——G54、G55、G56、G57、G58、G59

编程格式:G54(~G59) G90 G00/G01 X__ Y__ Z__ (F__)

这些指令可以分别用来选择相应的工件加工坐标系。该指令执行后,所有坐标字指定的尺寸坐标都是在已选定的工件加工坐标系中的位置。这 6 个工件加工坐标系是通过 CRT/MDI 方式设置的。

【例 6-2】 将图 6-4 所示工件装夹到机床上后,通过对刀,在 CRT/MDI 参数设置方式下将以下两个加工原点 O′及 O″在机床坐标系中的偏移量,分别输入到系统的 OFFSET 参数设置模块,就完成了这两个加工坐标系设置。

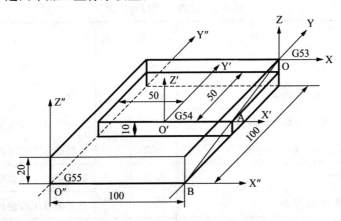

图 6-4 G54~G59 指令设置加工坐标系

G54:X-50. Y-50. Z-10.;

G55:X-100. Y-100. Z-20.;

这时,建立起来原点在 O′的 G54_工件加工坐标系,以及原点在 O″的 G55 工件加工坐标系。

在 G54 坐标系下若执行下述程序段：

N10　G53　C90　X0.　Y0.　Z0.；

N20　G54　G90　G01　X50.　Y0.　Z0.　F100；

N30　G54　X50　Y-50.　Z-10.；

刀位点的运动轨迹如图 6-4 中 OAB 所示。

【技能提升】

G92 指令与 G54～G59 指令的区别与联系如下：

(1) G92 指令与 G54～G59 指令都可用于设置工件加工坐标系。

(2) G92 指令是通过程序来设定工件加工坐标系的，G92 指令的 X、Y、Z 值就是当前刀具的刀位点在工件加工坐标系中的坐标值，系统通过"反推"能够确定工件坐标系原点相对于当前刀位点的位置，显然，这个加工坐标系原点在机床坐标系中的位置是随当前刀具位置的不同而改变的；而 G54～G59 指令是机床运行加工前，在操作面板上，以 MDI 设置参数方式设定工件加工坐标系的，参数设置的 X、Y、Z 值是加工坐标系原点在机床坐标系中的绝对坐标值，因此，一旦 G54 设置结束，加工坐标系原点在机床坐标系中的位置是不变的，与刀具的当前位置无关。

(3) G92 指令程序段只设定加工坐标系，而不产生任何动作；而 G54～G59 指令程序段则可以与 G00、C01 指令组合，在选定的加工坐标系中进行移动。

6.2　数控铣削、加工中心的基本编程指令

　　不同系统、不同档次的数控铣床、加工中心的功能会有很大差异，但都具备以下主要编程功能：直线、圆弧插补、孔与螺纹加工、刀具半径补偿、刀具长度补偿、固定循环编程、镜像编程、旋转编程、子程序编程以及宏程序编程等。常用 G 代码功能如表 6-1 所示。编程人员应根据被加工零件的特征，选用相应的功能进行零件的编程。

表 6-1　常用 G 代码功能表

G 代码	组别	功　能	G 代码	组别	功　能
G00	01	快速点定位	G51	14	选择第 1 工件坐标系
G01		直线插补（进给速度）	G55		选择第 2 工件坐标系
G02		圆弧/螺旋线插补（顺圆）	G56		选择第 3 工件坐标系
G03		圆弧/螺旋线插补（逆圆）	G57		选择第 4 工件坐标系
G04		暂停	G58		选择第 5 工件坐标系
G17		选择 XOY 平面	G59		选择第 6 工件坐标系
G18		选择 ZOY 平面	G65	12	宏程序及宏程序调用指令
G19		选择 YOZ 平面	G66		宏程序模式调用指令
G20		用英制尺寸输入	G67		宏程序模式调用取消
G21		用米制尺寸输入	G68	16	坐标旋转指令

（续表）

G 代码	组别	功　　能	G 代码	组别	功　　能
G28	00	返回参考点	G69	16	坐标旋转撤销
G30		返回第二参考点	G73	09	深孔钻削循环
G31		跳步功能	G74		攻螺纹循环
G40	07	刀具半径补偿撤销	G80		撤销固定循环
G41		刀具半径左偏补偿	G81		钻孔循环
G42		刀具半径右偏补偿	G85		镗孔循环
G43	08	刀具长度正补偿	G86		镗孔循环
G44		刀具长度负补偿	G90	03	绝对方式编程
G49		刀具长度补偿撤销	G91		增量方式编程
G50	11	比例功能撤销	G92	00	设定工件坐标系
G51		比例功能	G98	04	在固定循环中，Z 轴返回到起始点
G53	00	选择机床坐标系	G99		在固定循环中，Z 轴返回 R 平面

注：1. G 代码分为两类. 一类称为模态代码，一经指定便一直持续有效，指令字不必重写，直至被同组其他指令字代替或被注销，如 G00、G01 等；另一类 G 代码仅在被指定的程序段中有效，称为非模态 G 代码，例如 G04 等。

　2. 同组的 G 代码在一个程序段中，则最后输入的那个 G 代码有效。

　3. 在固定循环中，如遇有 01 组的 G 代码时，固定循环将被自动撤销，相反 01 组的 G 代码却不受固定循环影响。

　　在数控铣床基础上配以刀库和自动换刀装置，在加工过程中实现自动换刀，称之为数控铣削加工中心，（以下简称加工中心）。因此，加工中心编程指令大部分与数控铣床指令相同，此外，加工中心经常使用的有自动换刀、自动返参以及参考点返回等相关指令。下面以 FANUC 0i mateMD 系统的数控铣床为例介绍数控铣削、加工中心编程。

6.2.1　坐标平面选择指令——G17、G18、G19

　　该组指令用于选择直线、圆弧插补的平面以及刀具半径补偿平面。G17 选择 XY 平面，G18 选择 XZ 平面，G19 选择 YZ 平面，如图 6-6 所示。该组指令为模态指令，本系统默认加工平面为 X、Y 平面，即 G17 状态。以后的加工指令介绍均以 XY 平面加工为例。

6.2.2　绝对编程、相对编程——G90/G91

　　数控铣床或加工中心有两种方式指令刀具的移动，即绝对编程方式与增量编程方式。G90 指令表示按绝对值设定坐标，即移动指令终点的坐标值 X、Y、Z 都是以工件坐标系原点（编程原点）为基准来计算；G91 指令表示按增量值设定坐标，即移动指令终点的坐标值 X、Y、Z 都是以与之相邻的前一点为基准来计算，再根据终点相对于前一点的方向判断正负，与坐标轴正方向一致取正，相反取负。

　　【例 6-3】　如图 6-5 所示，刀具在 A、B 两点的绝对坐标为：A(10,25)，B(30,40) 刀具从 A 点快速移动到 B 点，

　　绝对编程方式下程序为：G90　G00　X30.　Y40.；

增量编程方式下程序为：G91　G00　X20.　Y15.；

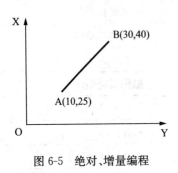

图 6-5　绝对、增量编程

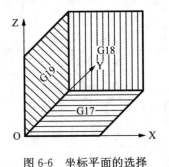

图 6-6　坐标平面的选择

6.2.3　F、S、T 指令

1. F 指令

格式：G94/G95 F_ ；

F 指令用于控制刀具移动时的进给速度或进给量，F 后面的数值在 G94 模式下是指每分钟刀具的进给速度 v_f(mm/min)；而 G95 模式下是指每转进给量 f(mm/r)，本系统默认为 G94 状态。F 指令有续效性。F 指令值超过制造厂商所设定的范围时，则以厂商所设定的最高或最低进给速度为实际进给速度。

进给速度 v_F 的值可由下列公式计算而得：

$$V_f = f * n = f_z * z * n$$

其中：f_z 为铣刀每齿的进给量(mm/齿)；z 为铣刀的刀刃数；n 为刀具的转速(r/min)。

2. S 指令

格式：S_ ；

S 指令用于指令主轴转速(r/min)。S 后面有 1～4 位数字。如其指令的数字大于或小于制造厂商所设定之最高或最低转速时，将以厂商所设定的最高或最低转速为实际转速。一般加工中心的主轴的转速为 0～10 000 r/min。

3. T 功能

格式：T_M06；

T 代码以地址 T 后面接两位数字组成。数控铣床上因为只能装当前一把刀具进行加工，因此无需特别指定某把刀具。而加工中心需要在一个程序中调用多把刀具，所以必须指定刀具号码。换言之 T 指令是加工中心换刀加工才用到的指令。加工中心的刀具库有两种：一种是刀塔式刀库，如图 6-7 所示；另一种为链式刀库，如图 6-8 所示。

换刀的方式分无机械手臂式和有机械手式两种。无机械手式换刀方式是刀具库靠向主轴，先卸下主轴上的刀具，刀库再旋转至欲换的刀具位置，上升把刀具装上主轴。此种刀具库以刀塔式居多，且是固定刀号式(即 1 号刀必须插回 1 号刀套内)，故换刀指令的书写方式如下：T02 M06；

图 6-7　刀塔式刀库

图 6-8　链式刀库

当 T 代码被执行时,被调用的刀具会转至准备换刀位置(称为选刀),但无换刀动作,因此 T 指令可在换刀指令 M06 之前即设定,以节省换刀时等待刀具的时间。故有机械手式的换刀程序指令常书写如下:

T01;　　　　　　　　　1 号刀转至换刀位置

:

M06　T03;　　　　　　将 1 号刀换到主轴上,3 号刀转至换刀位置

: :

M06　T05;　　　　　　将 3 号刀换到主轴上,5 号刀转至换刀位置

: :

M06;　　　　　　　　　将 5 号刀换到主轴上

执行刀具交换时,并非刀具在任何位置均可交换,各制造厂商设计不同,但均在一安全位置实施刀具交换动作,以避免与工作台、工件发生碰撞。Z 轴的机床参考点位置是远离工件最远的安全位置,故一般以 Z 轴先返回机床参考点后(G28),才能执行换刀指令。除此以外,还要注意换刀前主轴准停、冷却液关闭。换刀结束后,必须安排重新启动主轴的指令,否则无法加工。

6.2.4　参考点的校准指令 G27/G28/G29

1. 返回参考点校验——AG27

指令格式为:G90 (G91) G27X_Y_Z_ ;

数控机床通常是长时间连续运转,为了提高加工的可靠性及保证工件尺寸的正确性,可用 G27 指令来检查工件原点的正确性。指令格式中如果 G90 模式下,X、Y、Z 值指 机床参考点在工件坐标系的绝对值坐标;在 G91 方式下 X、Y、Z 值表示机床参考点相对刀具目前所在位置的增量坐标。

当执行加工完成一循环,在程序结束前,执行 G27 指令,则刀具将以快速定位(G00)移动方式自动返回机床参考点,如果刀具到达参考点位置,则操作面板上参考点返回指示灯会亮;

若工件原点位置在某一轴向有误差,则该轴对应的指示灯不亮,且系统将自动停止执行程序,发出报警提示。

使用 G27 指令时,若之前建立了刀具半径或长度补偿,则必须先用 G40 或 G49 将刀具补偿取消后,才可使用 G27 指令。

2. 返回机床参考点——G28

指令格式为:G90 (G91) G28X_Y_ Z_ ;

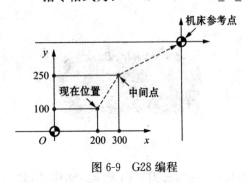

图 6-9　G28 编程

G28 指令使机床的指定轴经过中间点返回机床参考点。指令格式中,如果 G90 模式下,X、Y、Z 值指中间点在工件坐标系的绝对值坐标;在 G91 方式下表示中间点相对刀具目前所在位置的增量坐标。

如同一程序段内只规定了 X、Y、Z 中的一根轴,那么只有该指定轴返回参考点。如果为 X、Y、Z 指定了与当前位置不同的点,则机床将经过这一指定的中间点再返回机床参考点。如图 6-9 所示。

对于加工中心,G28 指令经常用于自动换刀前,刀具返回机床参考点。如果需要刀具从目前位置直接回到机床参考点,一般用增量方式指定。

程序举例:

G91　G28　Z0.；Z 轴返回机床参考点

3. 从参考点返回——G29

指令格式:G90 (G91) G29 X_　Y_　Z_ ;

此指令的功能是使刀具由参考点经过中间点到达目标点。

其中 X、Y、Z 后面的数值是指刀具的目标点坐标。

这里经过的中间点就是 G28 指令所指定的中间点,故刀具可经过这一安全通路到达欲切削加工的目标点位置。所以用 G29 指令之前,必须先用 G28 指令,否则 G29 不知道中间点位置,而发生错误。

6.2.5　快速定位和插补加工指令 G00、G01、G02、G03

1. 快速定位 G00、直线插补 G01 指令

其用法参见前面的数控车削编程。

2. 圆弧插补指令 G02、G03

圆弧插补加工首先要用 G17、G18、G19 指令定加工平面。下面以应用最广泛的 X、Y 平面(系统默认的 G17 加工平面)圆弧插补为例介绍圆弧指令的编程方法。数控铣床圆弧加工编程有两种方式,一种是圆心法(用 I、J、K 编程的方法);另一种是半径法(用半径 R 编程的方法)。

指令格式:

(1) G17 G90/G91　G02/G03　X_　Y_　R_　F_；用半径 R 指定圆心位置

(2) G17 G90/G91　G02/G03　X_　Y_　I_　J_　F_；用 I、J 指定圆心位置

G02 指令刀具在加工平面内,从圆弧始点向终点进行顺时针圆弧插补,G03 为逆时针插

补。圆弧顺逆的判断方法是从不在加工平面（即 X、Y 平面）的第三根坐标轴（即 Z 轴）的正向朝负向看，顺时针方向的圆弧为 G02，反之为 G03；X、Y 是圆弧终点坐标值，G90 模式下程序以绝对编程方式给出圆弧终点坐标，而 G91 模式下是以增量编程方式给出；R 是圆弧半径，当圆心角 $0 \leqslant \alpha \leqslant 180°$ 时 R 取正，反之取负。整圆编程时不能用 R 编程，只能用 I、J 编程；I、J 定义圆心位置，其后数值分别是圆心相对圆弧起点在 X、Y 方向的增量坐标（即圆心的坐标减去圆弧起点的坐标）。I、J 的值为零时可以省略；在同一条程序段中，同时编入 R 和 I、J 时，R 有效；F 为沿圆弧切向的进给速度。

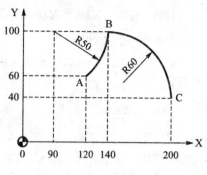

图 6-10　圆弧轮廓加工

【例 6-4】　如图 6-10 所示，圆弧的编写过程如下。

（1）G90 绝对编程

O101；	程序名
G54　M03　S1000；	建立工件加工坐标系，主轴正转
G90　G00　Z30.；	绝对编程，刀具快速移动 Z30mm 保证程序的通用性
G00　X120.　Y60.；	刀具快速点定位至 A 点上方
G00　Z5.；	刀具快速运动至 Z5mm 安全平面
G01　Z-3.　F50；	刀具工作进给至 Z-3mm 加工平面
G03　X140.　Yl00.　I-30.　J40.（或 R50.）F200；	圆弧插补 A→B（使用圆心或半径编程）
G02　X200.　Y40.　J-60.（或 R60.）；	圆弧插补 B→C（使用圆心或半径编程）
G01　Z5.；	Z 向抬刀至安全平面
G00　Z30.；	Z 向快速抬刀至初始平面
M05；	主轴停转
M30；	程序结束

（2）G91 增量编程

O102 ；	程序名
G54　M03　S1000；	建立工件加工坐标系，主轴正转
G90　G00　Z30.；	绝对编程，刀具快速移动 Z30mm 保证程序的通用性
G00　X120.　Y60.；	刀具快速点定位至 A 点上方
G00　Z5.；	刀具快速运动至 Z5mm 安全平面
G01　Z-3.　F50；	刀具工作进给至 Z-3mm 加工平面

G91　G03　X20.　Y40.　I-30.　J40. （或 R50.）F200；	圆弧插补 A→B（使用圆心或半径编程）
G02　X60.　Y-60.　J-60.（或 R60.）；	圆弧插补 B→C（使用圆心或半径编程）
G90　G01　Z5.；	Z 向抬刀至安全平面
G00　Z30.；	Z 向快速抬刀至初始平面
M05；	主轴停转
M30；	程序结束

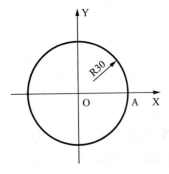

图 6-11　整圆轮廓加工

【技能提升】

（1）G91 增量模式一般用于加工平面内的轮廓加工，尽量把 Z 向的下刀、抬刀动作以及 X、Y 平面的快速定位等动作以 G90 模式给出坐标值。

（2）为了保证程序的通用性，保证刀具和工件、夹具不产生干涉，程序初始化部分应首先快速抬刀到初始平面；为了保证加工的效率最大化且加工安全，要设置快速进给和工作进给的转换平面（安全平面），一般设在 3～10mm 之间即可。

【例 6-5】　如图 6-11 所示，起点（30，0），顺时针加工整圆数控编程如下。

程序的初始化设置、下刀、抬刀等动作省略。

（1）G90 绝对编程

G90　G02　X30.　Y0.　I-30.　J0. F200；（简化后：G90　G02　X30.　Y0.　I-30. F200；）

（2）G91 增量编程

G91　G02　X0.　Y0.　I-30.　J0.　F200；（简化后：G91　G02　I-30.　F200；）

圆心编程时，I、J 的值为 0 时可以省略不写；增量编程时 X、Y 坐标不变化时可以省略该项不写。

6.2.6　刀具半径补偿功能——G41、G42、G40

1. 刀具半径补偿功能的作用

编程人员针对零件轮廓进行编程。数控系统按照程序指定编程轨迹控制刀具中心产生的运动。但是，实际加工中刀具产生切削功能的是切削刃的边缘而非刀具中心，因此，如果不做数据处理，将导致刀具中心轨迹与工件轮廓重合，零件的轮廓必定比理想轮廓偏大或者偏小。但是，如果在编程时考虑刀具半径大小，按照刀具中心运动轨迹进行直接编程，如图 6-12 所示内外轮廓的点划线轨迹。其计算相当复杂，尤其当刀具磨损、重磨或换新刀使刀具直径变化时，必须重新计算刀心轨迹，修改程序。这样既繁琐，又不易保证加工精度。因此，为了方便编程和操作，数控系统必须开发刀具半径自动补偿功能。

当数控系统具备刀具半径补偿功能时，只需按工件轮廓进行编程，如图 6-12 所示的粗实线轨迹，数控系统会自动计算刀心轨迹，使刀具偏离工件轮廓一个半径值，即进行刀具半径补偿。当刀具磨损、重磨或换新刀时，刀具半径的变化量可以方便地在机床面板相关参数中进行

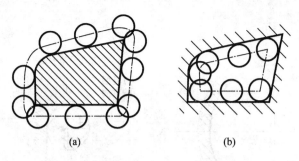

图 6-12　刀具半径补偿示意图

(a) 外轮廓加工；(b) 内轮廓加工

设定，无需修改程序，使得编程、操作都大为简化。这就提升了加工效率和零件精度。

2. **刀具半径补偿功能的应用**

（1）刀具因磨损、重磨、换新刀而引起刀具直径改变后，不必修改程序，只需在刀具参数设置中输入变化后的刀具直径。如图 6-13 所示，1 为未磨损刀具，2 为磨损后刀具，两者直径不同，只需将刀具参数表中的刀具半径 R1 改为 R2，即可调用同一程序进行加工。

（2）同一程序、同一尺寸的刀具，利用刀具半径补偿，可进行粗精加工。如图 6-14 所示，刀具半径 R，精加工余量 Δ。粗加工时，刀具半径补偿值为 R＋Δ，则加工出点划线轮廓；精加工时，用同一程序、同一刀具，刀具半径补偿值为 R，则加工出零件实线轮廓。

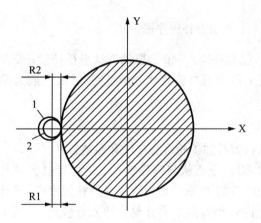

图 6-13　刀具直径变化程序不变

1—未磨损刀具　2—磨损后刀具

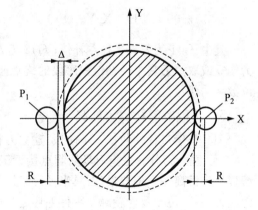

图 6-14　利用刀补进行粗精加工

P_1—粗加工刀心位置　P_2—精加工刀心位置

3. **判断刀具半径左、右补偿的方法**

假设工件不动，从不在加工平面的第三坐标轴（本教材第三轴默认 Z 轴）正向朝负向看，且观察者视线始终沿着刀具的运动方向向前看，若刀具偏置于工件被加工轮廓左侧即为 G41 左偏置刀具半径补偿，反之为 G42 右偏置刀具半径补偿。如图 6-15 所示。

因为左刀补 G41 铣削时对于工件产生顺铣效果，故常用于精铣加工，反之 G42 常用于粗铣加工。如图 6-16 所示。在针对具体零件编程中，要注意正确选择 G41 和 G42，以保证顺铣和逆铣的加工要求。

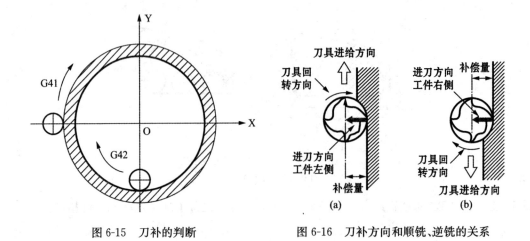

图 6-15 刀补的判断

图 6-16 刀补方向和顺铣、逆铣的关系
(a) 顺铣 G41；(b) 逆铣 G42

4. 刀具半径补偿的指令格式

G41(G42) G00(G01) X_ Y_ D_(F_)	建立刀补程序段
:	
:	运行刀补加工轮廓程序段
:	
G40 G00 (G01) X_Y_(F_)	撤销刀补程序段

其中,G41 为刀具半径左补偿；G42 为刀具半径右补偿；G40 为取消刀具半径补偿；X、Y 为建立或取消刀具半径补偿程序段的终点坐标值；D 为刀具偏置代号地址字,后面一般为两位数字的代号。

5. 刀具半径补偿的过程

刀具补偿过程的包括三个阶段:建立刀补、运行刀补加工轮廓程序段和撤销刀补。

(1) 建立刀补。是指刀具从起点接近工件时,刀具中心从与编程轨迹上的位置过渡到与编程轨迹偏离一个偏置量(刀具半径)的过程。如图 6-17 所示 AB 段为建立刀补程序段,刀具由起刀点 A(位于零件轮廓及零件毛坯之外(或之内),距离加工零件轮廓切入点较近)接近 B 点,一边进给一边按照程序指定的偏置方向(本例是 G41)偏置刀具。AB 段必须以 G01 或 G00 编程,而且 AB 段的距离要大于一个刀具半径值。刀具的半径值预先通过面板在刀补地址号中进行设定。G41、G42、G40 均有续效性。一经指定,后续程序持续有效可以省略。本例建立刀补的程序为:

G41 G01 X-15. Y-20. D01 F200;

(2) 运行刀补加工轮廓。在 G41(G42)程序段后,刀具中心始终与编程轨迹相距一个偏置量,直到刀补取消。

(3) 撤销刀补。刀具离开工件,刀具中心轨迹要过渡到与编程轨迹重合的过程。图 6-17(a)中 DE 段(6-17(b)中 DA 段)为撤销刀补段。当刀具以 G41 的形式加工完工件后,就进入了取消刀补的阶段。与建立刀补一样,在 D→E 段也必须以 G01 或 G00 编程,而且 DE 段的距离也要大于一个刀具半径值。取消刀补完成后,刀具又回到了起点位置。如图 6-17(a)所示取

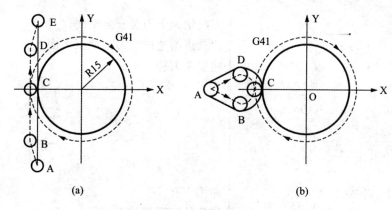

图 6-17 建立、撤销刀补的方式

（a）直线式 建立、撤销刀补；（b）圆弧式建立、撤销刀补

消刀补的程序段为：

    G40 G01 X-15. Y20. F200.；

【技能提升】

（1）G40 必须与 G41 或 G42 成对使用。在建立刀补与取消刀补的过程中，必须注意刀具与工件之间的相互位置，避免撞刀。

（2）刀补的建立和撤销方式有直线式、圆弧式两种。本质要求都是要保证刀具与工件接触、离开的瞬间，刀具和工件必须是相切的状态，避免在工件上产生微观凹痕、过切等瑕疵。

（3）建立、撤销刀补程序段都必须以 G00、G01 指令编程，且刀具运行的距离要大于一个刀具半径。

【例 6-6】 加工如图 6-18 所示零件，选择零件的左下角点作为编程原点，刀具直径为 ϕ10mm，铣削深度为 3mm，主轴转速为 800r/min，进给速度为 200mm/min，刀具偏移代号为 D01。程序名为 O6。以图 6-19 所示建立、运行、撤销刀补，选择 G41 左偏置刀具半径补偿。下刀点 A(0，−20)。编程如下：

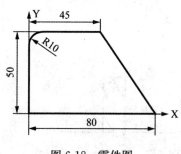

图 6-18 零件图

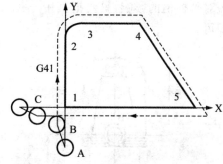

图 6-19 刀补的建立、运行和撤销

O106；	程序名
G54 M03 S800；	设定工件加工坐标系，主轴正转
G00 Z30.；	为保证加工安全和程序的通用性，快速抬刀至初始平面
X0 Y-20.；	刀具快速定位至下刀点 A 上方

Z5.；	刀具快速下刀至安全平面
G01　Z-3.　F50；	刀具进给速度下刀至加工平面
G41　G01　Y-10.　D01　F200；	建立左刀补
G01　Y40.；	
G02　X10.　Y50.　R10.；	
G01　X45.；	
X80.　Y0.；	
X-10.；	
G40　G01　X-20.　Y0.；	撤销刀补
G00　Z30.；	快速抬刀至初始平面
M05；	主轴停止
M30；	程序结束

6.2.7　刀具长度补偿指令 G43、G44、G49

刀具长度补偿功能用于 Z 轴方向的刀具补偿,其实质是使刀具在 Z 向偏移一个长度补偿量,保证刀位点按照程序指定深度正确加工,目的就是为了让编程者无须考虑刀具的长度和状态(磨损、换刀),直接编程,提高编程效率。

如图 6-20(a)所示,编程者在不知道刀具长度的情况下,可以直接按假定的标准刀具长度编程,即编程不必考虑刀具的长度。加工前,通过检测刀具长度 L,并将其值输入控制系统,刀具相对工件的坐标由刀具长度基准点,即图 6-20(a)中的 B 点移到刀具刀位点 A(编程时代表刀具切削的特征点)的位置。同理,如图 6-20(b)所示,在加工中刀具因磨损、重磨、换新刀而长度发生变化时,也不必修改程序中的坐标值,只要修改刀具参数地址中的长度补偿值即可。此外,若加工一个零件需用几把刀,各刀的长短不一,编程时也不必考虑刀具长短对坐标值的影响,只要把其中一把刀设为标准刀,其余各刀相对标准刀设置长度补偿值即可。

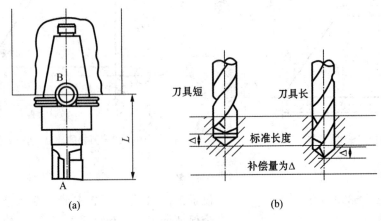

图 6-20　刀具长度补偿

(a) 刀具相对参考点方式长度补偿；(b) 基准刀方式的长度补偿

指令格式：

G43（G44）　G01（G00）　Z＿　H＿　　　建立刀具长度补偿
　　　　　：　　　　　　　　　　　　　　　运行刀具长度补偿加工
G49　　　　　　　　　　　　　　　　　　　撤销刀具长度补偿

其中，G43 是建立刀具长度正补偿，G44 是建立刀具长度负补偿，G49 是取消刀具长度补偿；Z 为补偿轴的终点坐标，H 为长度补偿偏置号；建立或取消刀具长度补偿必须与 G01 或 G00 指令组合完成；G43 和 G44 为模态指令，在程序中一经指定持续有效，直至采用 G49 或用 G43 H00、G44 H00 撤销刀具长度补偿。机床初始状态为 G49。

使用 G43、G44 指令时，无论用绝对尺寸还是用增量尺寸编程，程序中指定的 Z 轴终点坐标值都要与 H 所指定寄存器中的长度补偿值进行运算，然后将运算结果作为终点坐标值进行加工。

执行 G43 时：Z 实际值＝Z 指令值＋（Hxx）

执行 G44 时：Z 实际值＝Z 指令值－（Hxx）

上式中，Hxx 是指程序执行前在面板上预置在编号为××寄存器中的长度补偿值。

注意：G49 后面不跟 G00、G01，若在一个程序段中出现 G49、G01（G00），则先执行 G49，再执行 G00、G01，易撞刀。实际中，最好不用 G49。建立第二把刀的长度补偿时，数控系统会自动替代第一把刀的长度补偿值。

6.3　固定循环功能

在前面介绍的常用加工指令中，每一个 G 指令一般都对应机床的一个动作，需要用一个程序段来实现。为了进一步提高编程工作效率，FANUC 0i mate MD 系统设计有固定循环功能，用一个 G 指令就可以完成诸如典型孔加工中固定的、连续的多个加工动作。常用的孔加工固定循环指令能完成的工作有：钻孔、攻螺纹和镗孔等。

6.3.1　固定循环的动作组成

如图 6-21 所示，固定循环动作顺序可分解为：

（1）刀具在 XY 平面内快速定位到孔中心的上方。

（2）刀具快速运动到 R 平面。

（3）孔的切削加工动作。

（4）孔底动作。

（5）刀具返回动作。

图 6-21 中实线表示切削进给运动，虚线表示快速运动。初始高度是指刀具在空中快速定位至孔口上方的过程中所处的高度，一般选取工件表面上方 30～50mm，而安全高度（即 R 平面）是指刀具在孔口下刀时快速进给与切削进给的转换高度，一般选取为工件表面上方 3～10mm。

6.3.2　固定循环指令格式

G90（G91）——G98（G99）G73～G89 X＿Y＿Z＿R＿Q＿P＿F＿K＿

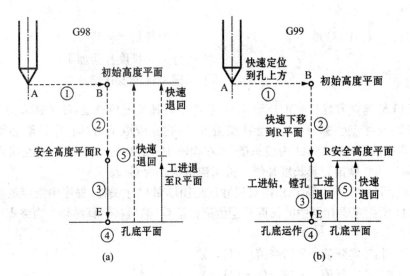

图 6-21　孔加工固定循环动作过程

(a) G98 方式返回；(b) G99 方式返回

G90 (G91)——格式中所有坐标的给出方式。G90 为绝对坐标,G91 为增量坐标

G98(G99)—— 定义孔加工完后的刀具的回退方式,G98 指令是返回初始平面,G99 则是返回 R 平面处。

G73~G89——孔加工方式指令。根据不同加工情况作合理的选择。

X、Y——孔心坐标。

Z——孔底的 Z 坐标(G90 时为孔底的绝对 Z 值,G91 时为 R 平面到孔底平面的 Z 坐标增量)。该位置所在的平面常被称作孔底平面。

R——安全平面的 Z 坐标(G90 时为 R 平面的绝对 Z 值,G91 时为从初始平面到 R 平面的 Z 坐标增量),该位置所在的平面常被称作 R 平面。R 平面一般选在距零件孔口表面 3~5mm 的位置上。

Q——G73、G83 间歇进给方式中,为每次加工的深度;在 G76、G87 方式中,为横向(X 或 Y 向)的让刀量。

P——孔底暂停的时间,用整数表示,单位为 1ms。

F——切削进给速度。

K——重复加工的次数,K=1 可不写,K=0 将不执行加工,仅存储加工数据。

上述固定循环中的指令数据,不一定都要写,根据需要可省去若干地址数据。固定循环指令是模态指令,一旦指定,持续有效,直到被另一固定循环指令所替代,或被 G80 所取消。当然,也可用 01 组 G 代码取消固定循环指令。

下面用图解的方式逐一介绍各循环指令的用法。动作解析图中虚线代表快速进给运动,实线代表切削进给运动。

6.3.3　循环方式的说明

1. 钻孔循环指令——G81 与 G82

编程格式：

G81　X_　Y_　Z_　R_　F_　K_

G82　X_　Y_　Z_　R_　P_　F_　K_

G81 与 G82 都可用于一般钻孔加工循环,动作过程类似,均为快速返回,如图 6-22 示。G81 常用于一般钻孔循环、定点钻;而 G82 指令因刀具在孔底可以暂停(暂停时间由 P 指定),从而确保孔底平整,得到准确的孔深尺寸,表面更加光滑,所以除用于钻孔循环外,常用于锪孔、镗台阶孔。

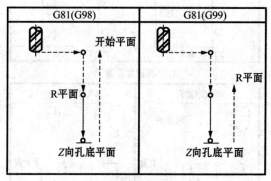

G81 浅孔加工

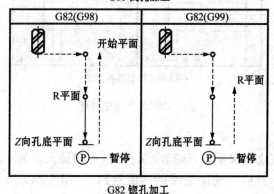

G82 锪孔加工

图 6-22　钻孔循环

2. 深孔钻循环指令——G73 与 G83

编程格式:

G73　X_　Y_　Z_　R_　Q_　F_　K_

G83　X_　Y_　Z_　R_　Q_　F_　K_

G73 与 G83 都可用于深孔钻加工循环,如图 6-23 所示。G73 是高速深孔钻循环,它执行间歇进给直到孔的底部时,才快速返回,因此,钻削深孔的效率较高;而 G83 每次执行间歇进给时,都要快速返回到 R 平面,因此,钻削深孔的排屑性能非常好。

图 6-23 中 q 表示每次背吃刀量(用增量表示,在指令中给定),d 表示每次退刀量(增量),由 NC 系统内部通过参数设定。

3. 攻螺纹循环指令——G74 与 G84

编程格式:

G74　X_　Y_　Z_　R_　P_　F_　K_

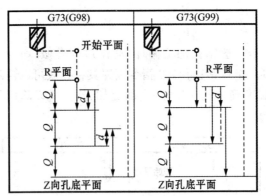

G73 高速深孔加工

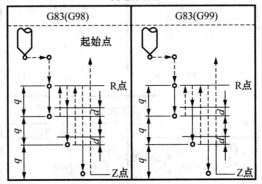

G83 强化排屑深孔加工

图 6-23　深孔钻削循环

G84　X_　Y_　Z_　R_　P_　F_　K_

G74 指令用于左旋攻螺纹循环,该指令执行前,主轴要先反转,才能执行攻螺纹。当到达孔底时,主轴要正转,然后以切削进给的速度返回(见图 6-24)。G84 令用于右旋攻螺纹循环,G84 指令与 G74 指令中的主轴转向相反,其他均与 G74 相同。攻螺纹循环时,进给速度

$$V_f = 主轴转速 \ S(r/min) \times 螺距 \ P(mm)$$

R 平面最好选在距孔口表面 5～10mm 以上的地方。攻螺纹循环中进给倍率不起作用,进给保持只能在返回动作结束后执行。

4. 镗孔循环指令——G76、G85、G86、G87、G88、G89

(1) 精镗循环指令为 G76。

编程格式:G76　X_　Y_　Z_　R_　Q_　P_　F_　K_

G76 指令用于精镗加工循环,镗削到孔底时,主轴执行准停,并沿刀尖反方向偏离已加工表面 Q 值,再抬刀退出(见图 6-25)。这样可以高精度、高效率地完成孔加工而不损伤已加工表面。刀具的横向偏移量由地址 Q 来给定,Q 总是正值,移动方向由系统参数设定。

(2) 镗孔循环指令为 G85 与 G89。

编程格式:

G85　X_　Y_　Z_　R_　F_　K_

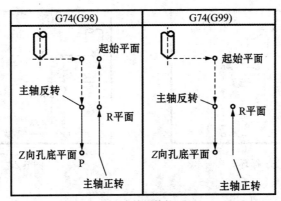

图 6-24　攻螺纹循环指令

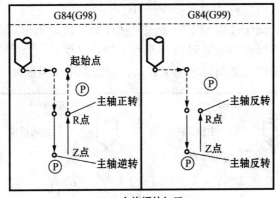

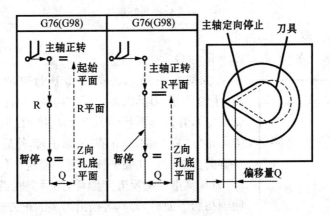

图 6-25　G76 精镗循环

G89　X_　Y_　Z_　R_　P_　F_　K_

如图 6-26 所示,G85 指令编程格式与 G81 指令类似,但返回时为切削进给,可用于精度要求不太高的孔的精加工;G89 指令与 G85 指令类似,返回时也是切削进给方式,但 G89 指令在孔底有暂停动作(暂停时间由 P 指定),如图 6-27 所示,从而确保孔底平整。因此,G89 常用于精度要求不太高的阶梯孔、不通孔的精加工。

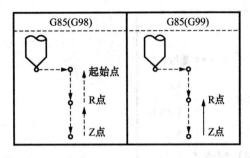

图 6-26　G85 循环

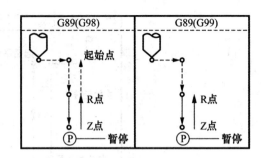

图 6-27　G89 循环

（3）粗镗循环指令——G86。

编程格式：G86　X_　Y_　Z_　R_　F_　K_

G86 指令编程格式、动作过程与 G81 指令类似，均为快速返回，如图 6-28 所示。但 G86 指令进刀到孔底后主轴停转，快速返回到 R 平面或初始平面后，主轴再重新启动，由于退刀前没有让刀动作，快速回退时可能划伤已加工表面，因此，常用于粗镗加工。

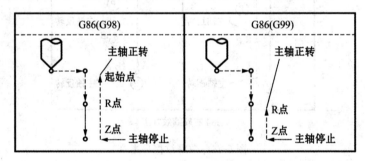

图 6-28　G86 粗镗循环

（4）背镗循环指令——G87。

编程格式：G87　X_　Y_　Z_　R_　Q_　P_　F_　K_

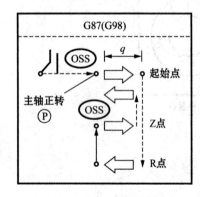

图 6-29　G87 背镗循环

如图 6-29 所示，G87 指令执行时，刀具沿置 X、Y 定位后，主轴准停，刀具以刀尖反方向横向偏移一个 q 值（由地址 Q 给定），并快速下行到 R 平面高度，在 R 平面处，刀具沿刀尖的正方向回偏相同 q 值，主轴正转，然后刀具沿 Z 轴正方向一直向上加工到孔底平面高度。在这个位置上，主轴再次准停，刀具又沿刀尖反方向偏移，然后向孔的上方快速移出，返回到初始平面后，刀具再按沿刀尖的正方向偏移相同 q 值，主轴正转，继续执行下一程序段。背镗循环是唯一一个安全平面在孔底下方的加工方法。因为背镗时 R 平面在孔底，所以该循环不能使用 G99 指令。经常用于"口小肚大"的内孔加工。

（5）手动镗孔循环指令——G88。

编程格式：G88　X_　Y_　Z_　R_　P_　F_　K_

如图 6-30 所示，G88 加工到孔底后暂停，主轴停止转动，自动转换为手动状态，手动将刀具从孔中退出到返回点平面后,主轴正转,再转入下一个程序段自动加工。

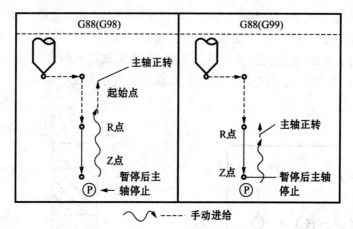

图 6-30　G88 手动镗孔循环

【技能提升】

在使用固定循环指令前,必须使用 M03 或 M04 指令启动主轴;在程序格式段中,X、Y、Z 或 R 指令数据应至少有一个才能进行孔循环加工;在使用带控制主轴回转的固定循环(如 G74、G84、G86 等)中,如果连续加工的孔间距较小,或孔口平面到 R 平面(或初始平面)的距离比较短时,会出现进入孔正式加工前,主轴转速还没有达到正常转速的情况,影响加工效果。因此,遇到这种情况,应在各孔加工动作间插入 G04 指令,以获取足够时间让主轴能恢复到正常的转速。

【例 6-7】　加工如图 6-31 所示 6 个 $\phi 8$ 的等距通孔,试编写其数控加工程序。

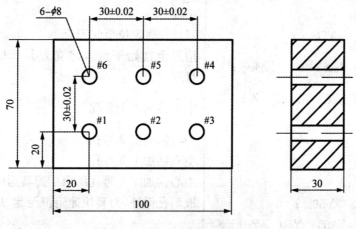

图 6-31　孔加工实例

1. 加工方案的选择

因为本例通孔孔深 30mm,属于深孔加工,为防止深孔钻削时钻头钻偏导致折断,应先用 $\phi 3$ 中心钻预钻定位孔,选择 G81 指令编写钻定位孔程序;之后选用 $\phi 8$ 麻花钻,选择 G83 深孔钻削指令进行编程。

2. 孔加工走刀路线的确定

零件上孔间距有较高的定位精度,为防止丝杠反向间隙对各孔定位精度的影响,应按照定位准确原则安排加工路线。如图 6-32 所示,先从起刀点 A 点出发,依次加工 #1、#2、#3、#4 孔,之后抬刀至初始平面,快速折返至起刀点 B 点,再沿 X 轴正向顺次加工 #6、#5 两个孔;另外,如图 6-33 所示,为保证孔壁加工完整,本例孔深设定为超出板厚 5mm。

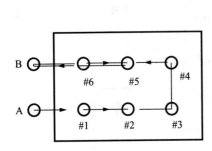

图 6-32 孔加工走刀路线

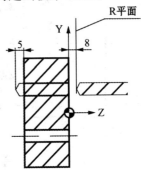

图 6-33 安全平面及孔深的超出量

3. 孔加工的数控程序

为了保证图纸技术要求,简化编程,本例编程坐标系的设定与图样的设计基准重合,选取零件的左下角点为编程坐标系原点。孔加工的数控程序如下:

O101;	程序名
G54 G17 G49 G40 G80 G90;	设定工件加工坐标系,程序头初始化
M06 T01;	换 T01 号刀具(ϕ3 中心钻)
M03 S900;	主轴正转
G00 X-20. Y20.;	刀具快速定位至起刀点 A
G00 G43 Z50. H01 M08;	抬刀至初始平面,建立刀具长度补偿,冷却液打开
G99 G81 X20. Y20. Z-5. R8. F60;	中心钻加工 1 号孔
X50.;	中心钻加工 2 号孔
X80.;	中心钻加工 3 号孔
G98 Y50.;	中心钻加工 4 号孔结束后刀具返回初始平面
G00 X-20. Y50.;	取消孔循环,刀具快速定位至起刀点 B
G99 G81 X20. Y50. Z-5. R5. F60;	中心钻加工 6 号孔
G98 X50.;	中心钻加工 5 号孔,结束后刀具返回初始平面
G80 M05 M09;	取消钻孔循环,关闭冷却液
G91 G28 Z0.;	刀具返回 Z 向参考点
M06 T02;	换 T02 号刀具(ϕ8 麻花钻)
M03 S800;	主轴正转

G00　X-20.　Y20.；	刀具快速定位至起刀点 A
G00　G43　Z50.　H02　M08；	抬刀至初始平面，建立刀具长度补偿，冷却液打开
G99　G83　X20.　Y20.　Z-35. R5.　Q3.　F120；	麻花钻深孔钻削 1 号孔
X50.；	麻花钻深孔钻削 2 号孔
X80.；	麻花钻深孔钻削 3 号孔
G98　Y50.；	麻花钻深孔钻削 4 号孔结束后刀具返回初始平面
G00　X-20.　Y50.；	取消孔循环，刀具快速定位至起刀点 B
G99　G81　X20.　Y50.　Z-35. R5.　F120；	麻花钻深孔钻削 6 号孔
G98　X50.；	麻花钻深孔钻削 5 号孔，结束后刀具返回初始平面
G80　M05　M09；	取消钻孔循环，关闭冷却液
G91　G28　Z0.；	刀具返回 Z 向参考点
M30；	程序结束

【技能提升】

孔加工固定循环指令中，刀具返回的方式有 G98、G99 两种。一般当某孔加工结束仍有同类孔继续加工时，为了节省抬刀时间一般使用 G99 指令。例如本程序中 1 号孔加工结束，后续还要加工 2、3、4 号孔，所以 1 号孔以及后续的 2、3 孔加工都是采用 G99 返回方式；当全部同类孔都加工完成后，或孔间有比较高的障碍需跳跃的时间（夹具、工件的凸台等），才使用 G98 指令。例如本例的 4 号孔加工结束后，因为不再继续加工，而是抬刀重新定位刀具，因此 4 号孔的循环指令采用了 G98 返回方式。

6.4　子程序、比例缩放和镜像、坐标系旋转加工

6.4.1　子程序加工

1. 子程序的概念

机床的加工程序可以分为主程序和子程序两种。

主程序是指零件加工程序的主体部分，它是一个完整的零件加工程序。

在编制加工程序时，有时会遇到一组程序段在一个程序中多次出现，或者在几个程序中都要使用它。可以把这种多次重复出现的内容相同的程序段做成固定程序，并单独命名，这组程序段就称为子程序。子程序通常不能作为独立的加工程序运行，它只能通过被主程序调用，实现加工中的局部动作。为了简化编程，主程序只负责定位和调用子程序，而把尽可能多的加工内容放在子程序中完成。

子程序功能可以减少不必要的编程重复，简化、优化编程，其作用相当于一个固定循环。

2. 子程序的调用

在 FANUC 0i mate MD 系统中，主程序通过 M98 指令调用子程序，调用子程序的格式为：

M98 P××××　L××××；

其中，地址 P 后面四位数字为子程序号，地址 L 后面的数字表示重复调用的次数，子程序号及调用次数前的 0 可省略不写。如果只调用子程序一次，则地址 L 及其后面的数字可省略。

例如：M98 P101；表示调用子程序"O101"1 次；

而 M98 P102 L3；表示调用子程序"O102"3 次。

3. 子程序的编写格式

子程序的编写格式和主程序并无本质的区别，但结束标记不同。主程序用 M30 指令表示主程序的结束，而子程序则用 M99 指令表示子程序结束，并自动返回主程序。为了保证子程序的通用性，经常采用增量编程的方法编制子程序。

【例 6-8】 子程序格式举例如下：

O0100；	子程序名
G00　Z5.；	刀具快速下刀至安全平面
G01　Z-5.　F50；	刀具以工作进给速度下刀至加工平面
G91　G41　G01　X10.　Y15.　D01　F200；	增量编程建立左刀补
：	增量编程加工轮廓
G40　G01　X-5.　Y-25.；	撤销刀补
G90　G00　Z5.	绝对编程抬刀
M99；	子程序结束并返回主程序

4. 子程序的嵌套

为了进一步简化程序，可以让子程序调用另一个子程序，这一功能称为子程序的嵌套。当主程序调用子程序时，该子程序被认为是一级子程序。系统不同，其子程序的嵌套级数也不相同，FANUC 系统可实现子程序 4 级嵌套，如图 6-34 所示。

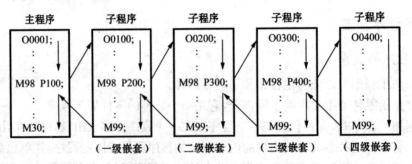

图 6-34　子程序的嵌套

5. M99 指令的特殊用法

(1) 一般 M99 是指子程序结束，并返回到主程序中此次调用子程序的程序段的下一行。但是如果在子程序返回程序段中加上 Pn，则子程序结束后将返回到主程序中顺序号为"n"的那个程序段。其程序格式如下：

M99　Pn；

例如：M99 P50；则子程序返回到主程序中 N50 的程序段。

（2）如果在主程序中执行 M99 指令，则程序将返回到主程序的开头并自动重新执行主程序；也可以在主程序中插入"M99 Pn；"用于返回到指定的程序段。为了能够执行后面的程序，通常在该指令前加"/"，以便在不需要返回执行时，跳过该程序段。

6. 子程序的应用

（1）相同轮廓的多次复制加工（子程序在 X、Y 平面加工中的应用）。当完全相同的轮廓多次出现在同一加工平面内的时候，只需把其中一个轮廓的加工程序作为子程序，被主程序多次调用即可完成加工。

【**例 6-9**】　如图 6-35 所示零件的 4 个凸台轮廓加工程序如下：

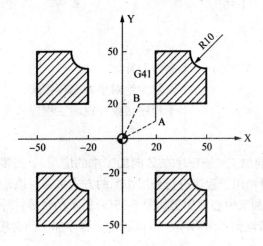

图 6-35　子程序加工

主程序

O0101；	程序名
G54　M03　S800；	设定工件加工坐标系，主轴正转，转速 800r/min
G00　Z30.；	快速抬刀至初始化平面，确保程序通用性
G00　X0　Y0；	刀具快速移动至第 1 象限调用子程序的起刀点
M98　P102；	调用子程序 O102 加工第 1 象限轮廓
G00　X-70.　Y0；	刀具快速移动至第 2 象限调用子程序的起刀点
M98　P102；	调用子程序 O102 加工第 2 象限轮廓
G00　X-70.　Y-70.；	刀具快速移动至第 3 象限调用子程序的起刀点
M98　P102；	调用子程序 O102 加工第 3 象限轮廓
G00　X0　Y-70.；	刀具快速移动至第 4 象限调用子程序的起刀点
M98　P102；	调用子程序 O102 加工第 4 象限轮廓
G00　Z30.；	快速抬刀至初始化平面
G00　X100.　Y100.；	刀具快速移动离开加工区域，方便检测

M30；	程序结束
％	

子程序

O0102；	程序名
G90　G00　Z5.；	刀具快速定位至安全平面
G01　Z-3.　F50；	刀具工作进给至加工平面，进给速度 50mm/min
G91　G41　G01　X20.　Y10. D01　F200；	建立左刀补，插补目标点坐标为增量坐标
G01　Y40.；	运行刀补加工轮廓，目标点均为增量坐标
G01　X20.；	
G03　X10.　Y-10.　R10.；	
G01　Y-20.；	
G01　X-40.；	
G40　G01　X-10.　Y-20.；	撤销刀补
G90　G01　Z5.；	恢复为绝对坐标编程模式
M99；	子程序结束并返回主程序
％	

（2）零件的分层切削加工（子程序在 Z 向加工中的应用）。当零件在某个方向上的总切削深度比较大时，可通过调用子程序进行分层切削的方式来编写该轮廓的加工程序。

【例 6-10】　在立式加工中心上加工如图 6-36(a)所示凸台零件外轮廓，Z 向采用分层切削的方式进行，每次 Z 向背吃例刀量为 5 mm，试利用子程序加工凸台轮廓。

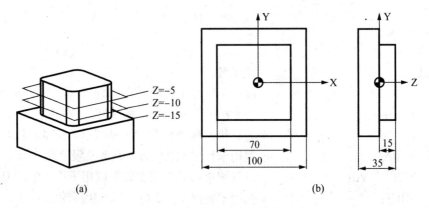

图 6-36　Z 向分层切削的子程序实例

(a) 零件图；(b) 子程序走刀路线图

主程序

O103；	程序名
G90　G94　G40　G21　G17　G54 ；	程序头初始化
G91　G28　Z0.；	刀具经当前点返参

G90　G00　X-35.　Y-50.　;	XY 平面快速点定位
Z20.　;	
M03　S1000　M08;	
G01　Z0.　F50;	刀具下降到子程序 Z 向起始点
M98　P104　L3;	调用 O104 子程序 3 次
G00　Z50.　M09;	
M30;	
子程序	
O104;	子程序名
G91　G01　Z-5.　;	刀具从 Z0 或 Z-5. 位置增量下移 5mm
G90　G41　G01　X-35.　Y-40.　D01　F100;	直线式建立左刀补,
Y35.　;	运行刀补进行轮廓加工的轨迹描述
X35.　;	
Y-35.　;	
X-40.　;	
G40　X-50.　Y-35.　;	直线式撤销刀补
M99;	子程序结束,并返回主程序

6.4.2　比例缩放和镜像 G51、G50

G51 指令既可作为比例缩放功能,使原编程尺寸按指定比例缩小或放大;又可作为镜像功能,让图形按指定规律产生镜像变换。而 G50 指令是撤销 G51 的缩放、镜像功能。G51、G50 均为模态 G 代码。实践加工中,使用 G51 缩放、镜像指令,可实现用同一程序加工出形状相同,但尺寸不同的工件;当工件具有相对于某一轴对称的形状时,利用镜像功能和子程序相结合的方法,只对工件的一部分进行编程,就可加工出工件的整体。

1. 各轴按相同比例编程

编程格式:G51　X_　Y_　Z_　P_	缩放功能生效
：	描述被缩放的轮廓轨迹
G50	撤销缩放功能

G51 指令可指定平面缩放,也可指定空间缩放。其中,X、Y、Z 为比例缩放中心坐标(绝对方式);P 为比例缩放系数,最小输入量为 0.001,比例缩放系数的范围为:+0.001~+999.999。

P 值以后的移动指令,从比例中心点开始,实际移动量为原数值的 P 倍。P 值对偏移量无影响(即缩放指令不能用于补偿量的缩放)。

【例 6-11】　如图 6-37 所示零件,试编制仅加工等比例缩放 2 倍后轮廓 N 的数控加工程序。

下刀点如图 6-38 所示。等比例缩放加工程序如下:

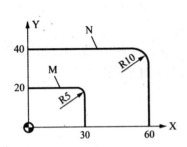

图 6-37　等比例缩放示意图

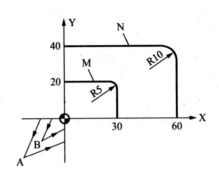

图 6-38　等比例缩放下刀点示意图

O0104 ;	程序名
G54　M03　G49　G40　G17　G90　S800 ;	设定工件加工坐标系,主轴正转等程序头初始化
G00　Z30. ;	快速抬刀至初始平面,确保程序通用性
G00　X-20.　Y-20. ;	刀具快速定位在下刀点 A 上方
G00　Z5. ;	快速下刀至安全平面
G01　Z-3.　F50 ;	以工作进给速度下刀至加工平面 Z-3
G51　X0.　Y0.　P2. ;	以坐标系原点为缩放中心,等比例放大两倍
G41　G01　X0.　Y-5.　D01　F200 ;	建立左刀补
G01　Y20. ;	以下为运行刀补进行轮廓加工
G01　X25. ;	
G02　X30.　Y15.　R5. ;	缩放后此处圆弧半径实际为 R10
G01　Y0 ;	
G01　X-5. ;	
G40　G01　X-10.　Y-10. ;	先撤销刀补至 B 点(B 点坐标经缩放后将与下刀点 A 坐标重合)
G50 ;	再取消比例缩放功能
G00　Z30. ;	快速抬刀
G00　X100.　Y100. ;	刀具快速移动至加工区域之外
M30 ;	程序结束

【例 6-12】　如图 6-37 所示零件,试编制等比例缩放前、后的轮廓 M、N 都加工的数控程序。

（1）主程序。

O0101 ;	主程序名
G54　G49　G40　G17　G90　M03　S800 ;	设定工件加工坐标系,程序头初始化设置
G00　Z30. ;	

G00　X-10.　Y-10. ;	定位至缩放前的轮廓 M 的下刀点 B 点上方
M98　P102 ;	直接调用子程序加工缩放前的轮廓 M
G01　X-20.　Y-20. ;	定位至缩放后的轮廓 N 的下刀点 A 上方,缩放后的返回点将与之重合
G51　X0.　Y0.　P2. ;	以坐标系原点为缩放中心,等比例放大两倍
M98　P102;	调用单元图形加工的子程序加工轮廓 N
G00　Z30. ;	快速抬刀
G00　X100.　Y100. ;	刀具快速移动至加工区域外部
M30;	程序结束

(2) 等比例缩放的子程序。

O0102;	子程序名
G00　Z5. ;	快速下刀至安全平面
G01　Z-3.　F50;	以工作进给速度下刀至加工平面
G41　G01　X0.　Y-5.　D01　F200;	建立左刀补
G01　Y20. ;	以下为单元图形加工过程的描述
G01　X25. ;	
G02　X30.　Y15.　R5. ;	
G01　Y0;	
G01　X-5. ;	
G40　G01　X-10.　Y-10. ;	撤销刀补至 B 点(该点与下刀点坐标重合)
G50;	取消比例缩放、镜像指令
M99;	子程序结束并返回主程序

【技能提升】

(1) 如果只加工缩放后的图形,则在 G51 设定参数段的下面直接编写被缩放前的轮廓加工过程即可;若缩放前后的轮廓都加工,则通常将缩放前的轮廓加工过程编成子程序,通过主程序用 G51 设定缩放参数,再利用 M98 调用子程序实现加工。这样可以大大简化编程。

(2) 因为下刀点的坐标在缩放后由 B 点转换成 A 点,因此编程时需要仔细分析程序中下刀点的坐标值,尽量保证走刀轨迹的封闭性和完整性。

2. 各轴以不同比例编程

各个轴可以按不同比例来缩小或放大,当给定的比例系数为±1 时,可获得镜像加工功能。

编程格式:G51　X_　Y_　Z_　I_　J_　K_	缩放开始
:	缩放有效
G50	缩放取消

其中,X、Y、Z 为比例缩放中心坐标;I、J、K 为对应 X、Y、Z 轴的比例系数,在±0.001～±9.999 范围内。

本系统设定 I、J、K 不能带小数点,比例为 1 时,应输入 1000,并在程序中都应输入,不能

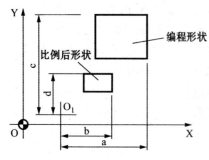

图 6-39 各轴按不同比例编程

省略。

比例系数与图形的关系见图 6-39 所示。图中 b/a 为 X 轴系数；d/c 为 Y 轴系数；O_1 为比例中心。

【注意事项】

（1）在编写比例缩放程序过程中，要特别注意建立刀补程序段的位置。通常，刀补程序段应写在缩放程序段内；比例缩放对于刀具半径补偿值、刀具长度补偿值及工件坐标系零点偏移值无效。

（2）在比例缩放中进行圆弧插补，如果进行等比例缩放，则圆弧半径也相应缩放相同的比例；如果指定不同的缩放比例，则刀具不会走出相应的椭圆轨迹，仍将进行圆弧的插补，圆弧的半径根据 I、J 中的较大值进行缩放。

（3）比例缩放对固定循环中 Q 值与 d 值无效。在比例缩放过程中，有时我们不希望进行 Z 轴方向的比例缩放。这时，可修改系统参数，以禁止在 Z 轴方向上进行比例缩放。

（4）在比例缩放状态下，不能指定返回参考点的 G 指令（G27～G30），也不能指定坐标系设定指令（G52～G59,G92）。若一定要指令这些 G 代码，应在取消缩放功能后指定。

3. 镜像功能

编程格式：

G51　X_　Y_　Z_　I_J_　K_	镜像开始
：	镜像有效
G50	镜像取消

其中：X、Y、Z 为镜像对称中心坐标；I、J、K 为对应 X、Y、Z 轴的比例系数，取±1 000。

【例 6-13】 试利用镜像功能编制如图 6-40 所示零件的数控铣削加工程序。

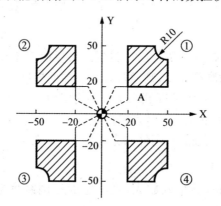

图 6-40 镜像功能加工实例

（1）主程序。

O0103；	镜像主程序
G54　G49　G40　G17　G90　M03	设定工件加工坐标系，主轴正转及程序头初
S800；	始化设置
G00　Z30.；	快速抬刀至初始平面,确保程序通用性
G00　X0.　Y0.；	刀具快速定位在下刀点 A 上方

M98　P104 ；	直接调用子程序加工 1 号图形
G51　X0.　Y0.　I-1000.　J1000. ；	在第二象限内，以坐标原点为缩放中心，以 Y 轴为镜像轴
M98　P104；	调用子程序，镜像加工对称等比例 2 号图形
G51　X0.　Y0.　I-1000.　J-1000. ；	在第三象限内，以坐标原点为缩放中心、镜像中心
M98　P104；	调用子程序，镜像加工中心对称等比例 3 号图形
G51　X0.　Y0.　I-1000.　J-1000. ；	以坐标原点为缩放中心，以 X 轴为镜像轴
M98　P104；	调用子程序，镜像加工对称等比例 4 号图形
G00　Z30. ；	加工结束，快速抬刀
G00　X100.　Y100. ；	刀具快速移动至加工区域外部，方便检查测量
M30；	程序结束

（2）子程序。

O0104；	缩放、镜像的子程序
G00　Z5. ；	快速下刀至安全平面
G01　Z-5.　F50；	以工作进给速度下刀至加工平面
G41　G01　X20.　Y10.　D01　F200；	建立左刀补
G01　Y50. ；	以下为轮廓加工过程的描述
G01　Y40. ；	
G03　X50.　Y40.　R10. ；	
G01　Y20. ；	
G01　X10. ；	
G40　G01　X0.　Y0. ；	撤销刀补（该点与下刀点坐标重合）
G50；	取消镜像、比例缩放指令
G01　Z5. ；	抬刀至安全平面
M99；	子程序结束并返回主程序

【功能说明】

（1）在指定平面内执行镜像加工指令时，如果程序中有圆弧指令，则圆弧的旋转方向相反，即 G02 变成 G03，相应地，G03 变成 G02。

（2）在指定平面内执行镜像加工指令时，如果程序中有刀具半径补偿指令，则刀具半径补偿的偏置方向相反，即 G41 变成 G42，相应地，G42 变成 G41。

（3）在可编程镜像指令中，返回参考点指令（G27，G28，G29，G30）和改变坐标系指令（G54～G59，G92）不能指定。如果要指定其中的某一个，则必须在取消可编程镜像加工指令后指定。

（4）在使用镜像加工功能时，由于数控镗铣床的 Z 轴一般安装有刀具，所以，Z 轴一般都不进行镜像加工。

（5）在多次进行 G51 缩放、镜像加工时,G50 取消比例缩放、镜像指令可以放在子程序中,这样确保每次的镜像、缩放都基于子程序图元。主程序运行简洁、可靠。

6.4.3 坐标系旋转指令 G68、G69

坐标系旋转指令 G68,可以使编程轮廓按照指定的旋转中心及旋转方向旋转一定的角度。数控系统按照旋转后的实际轮廓进行加工,大大降低坐标计算的工作量,简化编程。

1. 指令格式

G68　X_　Y_　R_;	坐标系旋转功能生效
:	描述被旋转的轮廓轨迹
G69;	撤销坐标系旋转功能

G69 指令也可以指定在其他指令的程序段中。

X、Y——用于指定坐标系旋转的中心。

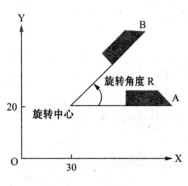

图 6-41　坐标系旋转

R——用于指定坐标系旋转的角度,是指被旋转轮廓的指定点沿逆时针旋转的角度。该角度一般取 0～360°的正值。旋转角度的零度方向为 X 坐标轴的正方向,和数学中定义相似,逆时针方向为角度的正方向。不足 1°的角度以小数点表示,如 10°54′用 10.9°表示。

如图 6-41 所示,加工图形 B 的程序为:G68　X30.Y20.R45.;该段程序表示加工坐标系以坐标原点(30,20)作为旋转中心,图形 A 逆时针旋转 45°后得到图形 B。

【补充说明】

（1）坐标系旋转取消指令（G69）以后的第一个移动指令必须用绝对值指定。如果用增量值指令,将不能执行正确的移动。

（2）在坐标系旋转之后,执行刀具半径补偿、刀具长度补偿、刀具偏置和其他补偿操作。与之相应,先撤销上述补偿,再取消坐标系旋转功能。

2. 旋转指令的实例应用

（1）仅加工一次旋转后轮廓的编程

【例 6-14】　如图 6-42 所示零件,仅要求加工旋转后的 2 号图形。只需在 G68 指令段下面如实描述旋转前图形的加工轨迹即可,走刀轨迹如图 6-43 所示,编程如下:

O0108;	程序名
G54　M03　S800　G17　G40　G49 G90;	设定工件加工坐标系,主轴正转等程序头初始化
G00　Z30.;	快速抬刀至初始平面,确保程序通用性
G00　X15.　Y45.;	刀具快速定位在 2 号图形下刀点 B 的上方
G00　Z5.;	快速下刀至安全平面
G01　Z-3.　F50;	以工作进给速度下刀至加工平面 Z-3

G68 X0. Y0. R90.；	以坐标系原点为旋转中心，旋转 90°加工下述轮廓
G41 G01 X40. Y0. D01 F200；	建立左刀补
G01 X0.；	以下为运行刀补进行轮廓 1 的加工轨迹描述
G01 X30. Y10.；	
G01 Y-10.；	
G40 G01 X45. Y-15.；	撤销刀补到下刀点 A
G69 G00 Z30.；	取消坐标系旋转功能，快速抬刀至初始平面
G00 X100. Y100.；	刀具快速移动至加工区域之外
M30；	程序结束

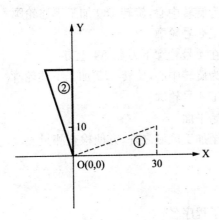

图 6-42 仅加工一次旋转后的轮廓

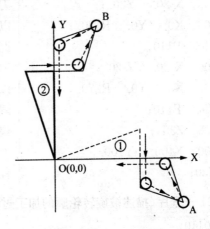

图 6-43 仅加工旋转后轮廓的走刀轨迹

（2）原图及多次旋转的轮廓均加工的编程。

【例 6-15】 如图 6-44 所示零件，4 个轮廓均加工。可将 1 号轮廓的加工编成子程序，在主程序中通过 G68 设定旋转参数，并用 M98 调用子程序完成加工，这样可以大大简化编程。走刀轨迹如图 6-45 所示，编程如下：

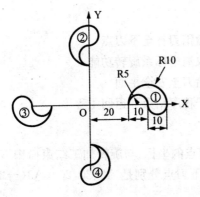

图 6-44 加工原图及多次旋转后的轮廓

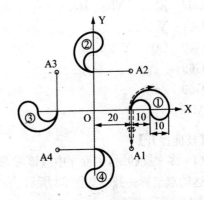

图 6-45 加工原图及多次旋转后的轮廓走刀轨迹

（1）主程序。

O0109；	主程序名
G54　M03　S800　G17　G40	设定工件加工坐标系，主轴正转等程序初始化
G49　G90；	
G00　Z30.；	快速抬刀至初始平面，确保程序通用性
G00　X20.　Y-20.；	刀具快速定位在1号轮廓下刀点A1上方
M98　P110；	直接调用子程序加工1号轮廓
G00　X20.　Y20.；	刀具快速定位在2号轮廓下刀点A2上方
G68　X0　Y0　R90.；	以坐标系原点为旋转中心，旋转90°加工下述轮廓
M98　P110；	调用子程序加工2号轮廓
G00　X-20.　Y20.；	刀具快速定位在3号图形下刀点A3上方
G68　X0.　Y0.　R180.；	以坐标系原点为旋转中心，旋转180加工下述轮廓
M98　P110；	调用子程序加工3号轮廓
G00　X-20.　Y-20.；	刀具快速定位在4号轮廓下刀点A4上方
G68　X0.　Y0.　R270.；	以坐标系原点为旋转中心，旋转270°加工下述轮廓
M98　P110；	调用子程序加工4号轮廓
G00　Z30.；	快速抬刀至初始平面
G00　X100.　Y100.；	刀具快速移动至加工区域之外，方便检查测量
M30；	程序结束

（2）子程序（描述被旋转轮廓的加工过程）。

O0110；	子程序名
G00　Z5.；	快速下刀至安全平面
G01　Z-3.　F50；	以工作进给速度下刀至加工平面
G41　G01　X20.　Y-10.　D01　F200；	建立左刀补
G01　Y0.；	以下为被旋转轮廓的加工过程描述
G02　X40.　Y0.　R10.；	
G02　X30.　Y0.　R5.；	
G03　X20.　Y0.　R5.；	
G01　Y-10.；	
G40　G01　Y-20.；	撤销刀补至下刀点
G69；	取消坐标系旋转功能
G00　Z5.；	抬刀至安全平面
M99；	子程序结束并返回主程序

【技能提升】

（1）多次旋转时，主程序中应该考虑各个图形的下刀点的坐标，与旋转加工结束撤销刀补时到达的点坐标一致。如图22所示，第2、3、4号图形的下刀点分别是A2(20,20)、A3(-20,20)、A4(-20,-20)。

（2）原图加工时只要直接M98调用子程序加工即可。

（3）多次旋转加工时，取消旋转功能 G69 应该放在子程序中，以确保每次旋转加工都是基于子程序描述的轮廓，主程序运行简洁、可靠性强。

【补充说明】

（1）在坐标系旋转取消指令（G69）以后的第一个移动指令必须用绝对值指定。如果采用增量值指令，则不执行正确的移动。

（2）CNC 数据处理的顺序是：程序镜像→比例缩放→坐标系旋转→刀具半径补偿。所以在指定这些指令时，应按顺序指定，取消时，则按相反顺序。在旋转指令或比例缩放指令中不能指定镜像指令，但在镜像指令中可以指定比例缩放指令或坐标系旋转指令。

（3）在指定平面内执行镜像指令时，如果在镜像指令中有坐标系旋转指令，则坐标系旋转方向相反。即顺时针变成逆时针，相应地，逆时针变成顺时针。

（4）如果坐标系旋转指令前有比例缩放指令，则坐标系旋转中心也被缩放，但旋转角度不会被比例缩放。

（5）在坐标系旋转指令中，返回参考点指令（G27，G28，G29，G30）和坐标系选择指令（G54～G59，G92）不能指定。如果要指定其中的某一个，则必须在取消坐标系旋转指令后指定。

6.5　用户宏程序

6.5.1　宏程序的概念

在数控系统中存储的带有变量并能实现某种功能的一组子程序，称为用户宏程序，简称宏程序。调用宏程序的指令称为用户宏程序指令，简称宏指令。用户宏程序的实质与应用都与子程序相似。在主程序中，只要编入相应的调用指令就能实现调用宏程序进行零件加工的功能。

宏程序与普通程序相比较，普通程序的程序字为常量，一个程序只能描述一个几何形状，所以缺乏灵活性和适用性。而在用户宏程序中，可以使用变量进行编程，还可以用宏指令对这些变量进行赋值、运算等处理。通过使用宏程序能执行一些有规律的变化加工（如非圆二次曲线轮廓）的动作。

用户宏程序分为 A 类、B 类两种。两者的主要区别在于 A 类宏程序不能对"＋""－""×"，"／""＝""［］"这些符号进行赋值及数学运算。在早期的 FANUC 系统机床面板上没有这些符号，所以只能用 A 类宏程序编程加工；而 FANNC 0i 及其后的系统中（如 FANUC　0i Mate MD 等），则可以方便地通过面板输入这些符号，并运用 B 类宏程序对这些符号进行赋值编程。下面仅以应用广泛的 B 类宏程序讲解宏程序编制的过程。

6.5.2　B 类宏程序的变量及其运算

1. 变量的形式

变量是由符号"＃"和其后的变量号码所组成，即 ＃i(i＝1,2,3,...)

例如，＃3，＃101，＃1045。

也可用 ＃＜表达式＞的形式来表示，但表达式必须全部写入方括号"［ ］"中。

例如，♯[♯201]，♯[♯1045—1]，♯[A+C]。

2. 变量的引用

在地址符后的数值可以用变量置换。例如，若写成 F♯12，则当♯12=200 时，与 F200 相同；再如，Z—♯15，当♯15=4 时，与 Z—4. 指令相同。

引用变量也可以采用表达式。

【例 6-16】 G01X[♯120—20] Y—♯16 F[♯16+♯103]；

当♯120=100、♯16=50、♯103=150 时，即表示为 G01 X80. Y—50. F200；

需要注意的是：作为地址符的 O、N、/等，不能引用变量。例如，O♯23、N♯45 等，都是错误的。

3. 变量的种类

变量有空变量、局部变量、公共变量和系统变量四种。

（1）空变量。尚未被定义的变量，被称为<空>。变量♯0 经常被用作<空>变量使用。空变量不能赋值。

（2）局部变量。♯1~♯33 为局部变量，局部变量只能在宏程序中存储数据。当断电时局部变量被初始化为空，调用宏程序时，自变量对局部变量赋值。

（3）公共变量。♯100~♯199、♯500~♯999 为公共变量，公共变量在不同的宏程序中意义相同。当断电时，变量♯100~♯199 被初始化为空，变量♯500~♯999 的数据不会丢失。

（4）系统变量。♯1000 为系统变量，系统变量用于读和写 CNC 运行时的各种数据，如刀具的当前位置和补偿值等。

4. 变量的赋值

变量的赋值有地址赋值和直接赋值两种方法。

（1）地址赋值。宏程序是以子程序方式出现的，所用的变量可在宏程序调用时由主程序通过 G65 进行地址赋值。

【例 6-17】 G65 P102 X120. Y30. Z25. F200. ；

经赋值后♯24=120，♯25=30，♯26=25 ，♯9=200。

该处的 X、Y、Z 不代表坐标字，F 也不代表进给字，而是对应于宏程序中的变量地址号，变量的具体数值由地址后的数值决定。地址赋值方式下，宏程序中的变量号与其地址的对应关系如表 6-2 所示。其中，G、L、N、O、P 不能作为地址进行变量赋值。

表 6-2 常用的地址和变量号的对应关系

地址（自变量）	变量号	地址（自变量）	变量号	地址（自变量）	变量号
A	♯1	I	♯4	T	♯20
B	♯2	J	♯5	U	♯21
C	♯3	K	♯6	V	♯22
D	♯7	M	♯13	W	♯23
E	♯8	Q	♯17	X	♯24
F	♯9	R	♯18	Y	♯25
H	♯11	S	♯19	Z	♯26

（2）直接赋值。变量可以在操作面板上用"MDI"方式直接赋值，也可在程序中以等式方式赋值，但等号左边不能用表达式。B 类宏程序的赋值为带小数点的值。在实际编程中，大多采用在程序中以等式方式赋值的方法。

【例 6-18】　　N20　　#100＝40.；

　　　　　　　N30　　#100＝#100＋15.；

　　　　　　　N40　　G01　X#100；

执行 N40 程序段时，刀具将直线插补加工至 X55 坐标点处。

5. 变量的运算指令

B 类宏程序中变量的运算相似于数学运算，变量之间可以进行算术运算和逻辑运算。常用的变量运算指令如表 6-3 所示。

表 6-3　B 类宏程序的变量运算功能表

类型	功能	格　式	举　例	备　注
算术运算	加法	#i＝#j＋#k	#1＝#2＋#3	常数可以代替变量
	减法	#i＝#j－#k	#1＝#2－#3	
	乘法	#i＝#j＊#k	#1＝#2＊#3	
	除法	#i＝#j/#k	#1＝#2/#3	
三角函数运算	正弦	#i＝SIN[#j]	#1＝SIN[#2]	角度以度指定 35°30′表示为 35.5 常数可以代替变量
	反正弦	#i＝ASI[#j]	#1＝ASIN[#2]	
	余弦	#i＝COS[#j]	#1＝COS[#2]	
	反余弦	#i＝ACOS[#j]	#1＝ACOS[#2]	
	正切	#i＝TAN[#j]	#1＝TAN[#2]	
	反正切	#i＝ATAN[#j]	#1＝ATAN[#2]	
其他函数运算	平方根	#i＝SQRT[#j]	#1＝SQRT[#2]	常数可以代替变量
	绝对值	#i＝ABS[#j]	#1＝ABS[#2]	
	舍入	#i＝ROUN[#j]	#1＝ROUN[#2]	
	上取整	#i＝FIX[#j]	#1＝FIX[#2]	
	下取整	#i＝FUP[#j]	#1＝FUP[#2]	
	自然对数	#i＝LN[#j]	#1＝LN[#2]	
	指数对数	#i＝EXP[#j]	#1＝EXP[#2]	
逻辑运算	与	#i＝#jAND#k	#1＝#2AND#2	按位运算
	或	#i＝#jOR#k	#1＝#2OR#2	
	异或	#i＝#jXOR#k	#1＝#2XOR#2	
转换运算	BCD 转 BIN	#i＝BIN[#j]	#1＝BIN[#2]	
	BIN 转 BCD	#i＝BCD[#j]	#1＝BCD[#2]	

注意：函数 SIN、COS 等的角度单位是度，分和秒要换算成带小数点的度。如 50°30′表示为 30.5°。

6. 关系运算

关系运算由关系运算符和变量（或表达式）组成表达式。系统中使用的关系运算指令如表 6-4 所示。

表 6-4　B 类宏程序条件表达式的种类

条件	意义	示　　例
EQ	等于(=)	IF[#5 EQ #6]GOTO 300;
NE	不等于(≠)	IF[#5 NE 100]GOTO 300;
GT	大于(>)	IF[#6 GT #7]GOTO 100;
GE	大于等于(≥)	IF[#8 GE 100]GOTO 100;
LT	小于(<)	IF[#9 LT #10]GOTO 200;
LE	小于等于(≤)	IF[#11 LE 100]GOTO 200;

7. 运算的优先级

宏程序数学运算的顺序依次为：函数运算（SIN、COS、ATAN 等），乘和除运算（ * 、/、AND 等），加和减运算（+、−、OR、XOR 等），关系运算是最后一级。

【例 6-19】　#1＝#2−#3 * SIN[#4]运算顺序为：

函数 SIN[#4]；

乘和除运算：#3 * SIN[#4]；

加和减运算：#2＋#3 * SIN[#4]。

另外，函数中的括号用于改变运算顺序，函数中的括号允许嵌套使用，但最多只允许嵌套 5 层。

【例 6-20】　#1＝SIN[[[#2＋#3] * 4＋#5]/#6]；

6.5.3　B 类宏程序的控制结构

B 类宏程序的控制结构包括分支结构、循环结构、顺序结构等常用类型。下面就常用控制结构加以介绍。

1. 无条件转移（GOTO）

格式：GOTO n；n 为顺序号（1～9999）

例如，GOTO 20；

　　　　：　　　语句组

　　　N20　G00　X35　Y60；

执行 GOTO 20 语句时，转去执行 N20 的程序段。

2. 条件转移（IF）

格式：IF[关系表达式]

　　　GOTO n；

例如，IF［♯100 LE ♯50］

    GOTO 50

      : 语句组

    N50 G00 X15 Y30

如果♯1 小于等于♯30，转去执行 N50 的程序段，否则执行 GOTO 50 下面的语句组。

3. 条件转移（IF）

格式：IF［表达式］THEN

    THEN 后面只能跟一个语句。例如，IF［♯20 GT ♯30］THEN♯30＝♯30−1；
当♯20 大于♯30 时，将 ♯30−1 之后的结果赋给变量♯30。

4. 循环（WHILE）

格式：WHILE［关系表达式］DO m；

    : 语句组；

    END m：

当条件表达式成立时，执行从 DO 到 END 之间的程序，否则转去执行 END 后面的程序。

【例 6-21】 某段宏程序如下：

♯1＝0；

♯2＝0；

WHILE［♯1 LE 10］DO 1；

♯1＝♯1＋1；

♯2＝♯2＋♯1；

G00 X♯2；

END 1；

M99；

当♯1 小于等于 10 时，执行循环程序，当♯1 大于 10 时结束循环返回主程序。子程序结束循环时，刀具的位置在 X55 坐标点处。

6.5.4 宏程序的调用与返回

宏程序的调用方法，包括非模态调用 G65，模态调用 G66、G67，G 代码调用，M 代码调用，T 代码调用等很多方法。下面仅介绍应用广泛的 G65 宏程序非模态调用的方法。

1. 主程序中的调用格式

G65 非模态调用是指在主程序中，宏程序可以被单个程序段单次调用。调用指令格式如下：

G65 P（宏程序号）L（重复次数）（变量分配）
其中，G65 为宏程序调用指令；P（宏程序号）为被调用的宏程序代号；L（重复次数）为宏程序重复运行的次数，重复次数为 1 时，可省略不写；（变量分配）为宏程序中使用的变量进行地址赋值。

宏程序与子程序相同的一点是，一个宏程序可被另一个宏程序调用，最多嵌套 4 层。

2. 宏程序的开始与返回

宏程序的编写格式与子程序相同。其格式为：

O0101；(O001~8999 为宏程序号)	宏程序名
N××	宏程序体
:	
N×× M99	宏程序结束

6.5.5 宏程序编程举例

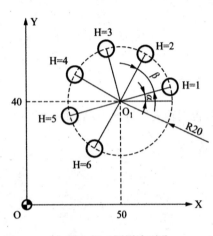

图 6-46 圆周阵列孔

根据上述宏程序的相关知识介绍可知，自变量赋值的方式分为地址赋值和直接赋值两种，相应的宏程序的编程方法也分为 G65 非模态宏程序调用编程、自变量直接赋值编程两种基本的方法。下面分别实例讲解这两种方法的应用技巧。

1. 圆周阵列孔的宏程序加工

【例 6-22】 如图 6-46 所示，试编制宏程序加工圆周均匀分布的孔群。圆心坐标 O_1 (50,40)，圆半径为 R20，第一个孔与 X 轴正向夹角(即孔群的起始角) α＝15°，各孔间隔角度 β＝45°，角度的正方向遵照数控系统的规定以逆时针为正。孔数为 H。

编程方法一：变量地址赋值编程。

宏程序的变量由主程序进行地址赋值，并通过 G65 调用宏程序完成孔加工。

(1) 主程序。

O101；	主程序名
G54 G49 G40 M03 S800；	建立工件加工坐标系，主轴正转等程序头初始化
G90 G00 Z30.；	刀具快速运动到初始平面
G00 X0. Y0.；	刀具快速定位至加工坐标系原点上方
G65 P102 X50. Y40. Z－10. R3. F50	调用宏程序 O102，同时为♯1 等各自变量进行地址赋值
A15. B45. I20. H6；	
M30；	主程序结束

自变量赋值说明(各自变量的地址和变量号对应关系参照表 6-2)：

♯1＝(A)	第 1 个孔的起始角度 α
♯2＝(B)	各孔间角度间隔 β(即增量角)
♯4＝(I)	圆周半径 radius

♯9＝(F)	切削进给速度 Feed
♯11＝(H)	孔数 Holes
♯18＝(R)	孔加工固定循环中安全平面 R 点的 Z 坐标
♯24＝(X)	孔群圆心的 X 坐标值
♯25＝(Y)	孔群圆心的 Y 坐标值
♯26＝(Z)	孔深(系 Z 坐标值,非绝对值)

(2) 宏程序。

O102;	宏程序名
♯3＝1;	孔序号计数器置 1(即从第 1 个孔开始)
WHILE[♯3LE♯11]　DO 1;	如果♯3(孔序号)≤♯11(孔数 H),则循环 1 继续
♯5＝♯1＋[♯3－1]＊♯2;	第♯3 个孔对应的角度
♯6＝♯24＋♯4＊COS[♯5];	第♯3 个孔中心的 X 坐标值
♯7＝♯25＋♯4＊SIN[♯5];	第♯3 个孔中心的 Y 坐标值
G99　G81　X♯6　Y♯7　Z♯26 R♯18　F♯9;	以 G81 方式加工第♯3 个孔
♯3＝♯3＋1;	孔序号♯3 递增 1
END 1;	循环 1 结束
G80　G00　Z30;	取消固定循环并抬刀至初始平面
M99;	宏程序结束并返回主程序

编程方法二:直接赋值方式。

宏程序段的变量被直接赋值,即赋即用,大大简化编程。图 6-46 以直接赋值方式宏编程如下:

O103;	程序名
G54　G49　G40　M03　S600;	建立工件加工坐标系,主轴正转,程序头初 始化
G90　G00　Z30.;	刀具快速运动到初始平面
G00　X0.　Y0.;	
♯3＝1;	孔序号计数器置 1(即从第 1 个孔开始)
WHILE[♯3LE6]　DO 1;	如果♯3(孔序号)≤♯11(孔数 H),则循环 1 继续
♯5＝15.＋[♯3-1]＊45;	第♯3 个孔对应的角度
♯6＝50.＋20.＊COS[♯5];	第♯3 个孔中心的 X 坐标值
♯7＝40.＋20.＊SIN[♯5];	第♯3 个孔中心的 Y 坐标值
G99　G81　X♯6　Y♯7　Z-10.　R3.　F50;	以 G81 方式加工第♯3 个孔

＃3＝＃3＋1；	孔序号＃3递增1
END 1；	循环1结束
G80　G00　Z30.；	取消孔加工固定循环并抬刀至初始平面
G00　X0.Y0.；	刀具快速定位至加工坐标系原点
M30；	程序结束

【技能提升】

固定循环中的加工指令(G73、G81、G83 等)以及加工参数(孔深、R 点、Z 坐标、切削速度 F 等)都可以在程序中直接给出,应用时可以根据实际情况合理选择和赋值。这样宏程序的内容可以直接合并到主程序中,无需再在主程序中进行地址赋值并用 G65 调用宏程序进行运算处理,显著简化编程,提高编程效率。建议读者掌握直接赋值的宏程序编制方法。

2. 椭圆轮廓的宏程序加工

【例 6-23】 如图 6-47 所示零件,试编制宏程序加工椭圆轮廓。

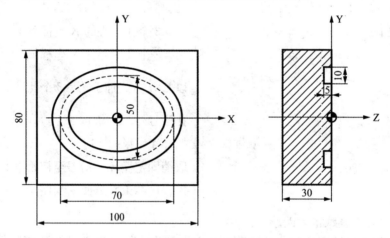

图 6-47　椭圆轮廓的宏程序加工实例

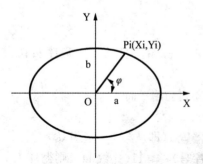

图 6-48　椭圆的参数方程示意图

确定椭圆的参数方程

如图 6-48 所示,椭圆的参数方程为

$$Xi＝a \times COS\phi$$
$$Yi＝b \times SIN\phi$$

式中:a 为长半轴;b 为短半轴;ϕ 为角度参数,a＞b＞0。

ϕ 是椭圆加工的自变量,当 ϕ 从 0°～360°递增时,Xi 、Yi 的坐标值相应变化。本例凹槽宽度 10mm,选用 ϕ10 的键槽铣刀直接在工件表面下刀至 Z-5 加工平面,用刀心运动轨迹直接编制椭圆宏程序。根据图纸标注尺寸,可知刀心运动的椭圆长半轴为 35mm,短半轴为 25mm。将工件坐标系原点设在椭圆中心上表面。设定 ϕ 的增量角度为 0.5°。为了确保椭圆凹槽轮廓完整,将最后判断条件设计为大于 370°后结束加工。

本例椭圆凹槽的宏加工程序如下:

O106；	程序名
G54　G49　G40　M03　S800；	建立工件加工坐标系,主轴正转,程序头初始化
G00　Z30.；	快速抬刀至初始平面,确保程序的通用性
G00　X35.　Y0.；	刀具快速移动至下刀点上方
G00　Z5.；	刀具快速下刀至安全平面
G01　Z-5.　F50；	键槽刀直接在工件表面下刀至加工深度
#1＝0；	自变量角度 φ 初始设定为 0°开始
WHILE[#1LE370] DO 1；	设定宏程序循环的判断条件,角度小于等于370°时一直运行宏程序
#24＝30. * COS[#1]；	第 i 点的 X 坐标
#25＝20. * SIN[#1]；	第 i 点的 Y 坐标
G01　X#24　Y#25　F200；	直线插补加工至 Xi 、Yi
#1＝#1+0.5；	自变量角度 φ 增量 0.5°
END1；	结束宏循环
G00　Z30.；	刀具快速移动至加工区域之外
M30；	程序结束

6.6　数控铣削、加工中心的基本编程方法

6.6.1　大平面的铣削加工编程

【例 6-24】　如图 6-49 所示零件,毛坯尺寸 160×80×35(mm),四周、底面基准 A 面已加工,顶面平整,仅需铣削上表面达到图纸尺寸和精度要求。

1. 铣削方式及刀具的选择

大平面的铣削加工中,端铣的加工质量、生产效率都高于周铣。可转位硬质合金面铣刀刀片定位精度高,夹紧可靠,排屑容易,更换刀片迅速,可加工带硬皮和淬硬层零件,比高速钢面铣刀的加工质量、效率都好;为避免全部刀齿参与切削导致吃刀抗力激增,引起切削振动,面铣刀直径不宜过大,可以选用直径与零件宽度相近的面铣刀分多行加工。本零件采用直径为 φ80 的硬质合金可转位式面铣刀加工上表面。

2. 粗、精加工走刀路线的确定

(1) 刀心位置的确定。

如图 6-50 所示,图 6-50(a)刀心处于零件中心,容易引起加工振动,影响表面质量;图 6-50

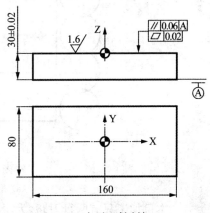

图 6-49　大平面铣削加工

(b)刀心处于零件边缘,刀片进入毛坯材料时的冲击力最大,必须避免该情况;图 6-50(c)刀心处于零件轮廓之外,刀具刚切入工件时刀片的冲击速度很大,交变的刀片碰撞容易损坏刀具,也应杜绝该情况;图 6-50(d)刀心处于工件内,已切入工件的刀片承受最大切削力,而刚切入工件的刀片受力明显减轻,刀片的碰撞力较小,振动也小。鉴于上述分析,应尽量按照图 6-50 (d)所示安排刀心位置。

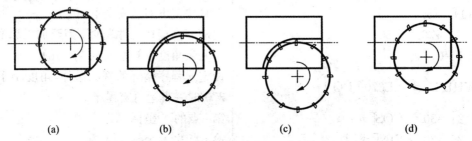

图 6-50　刀具中心与零件的相对位置

(a) 对称铣削;(b) 刀具中心在工件边缘;(c) 刀具中心在工件之外;(d) 刀心在中心线与边线间

(2) 刀具路线的安排。

① 双向来回"Z"形切削。如图 6-51(a)所示,双向来回走刀的效率高,但它在面铣刀改变方向时,刀具要从顺铣方式改为逆铣方式,从而在精铣平面时影响加工质量,因此该走刀方式常用于平面铣削中精度要求不高的粗加工。

② 单向走刀切削。如图 6-51(b)所示,单向多次切削时,切削起点在工件的同一侧,另一侧为终点的位置,每完成一次工作进给的切削后,刀具从工件上方快速点定位回到切削起点同侧,这种刀路能保证面铣刀的切削总是顺铣,但频繁的快速抬刀、返回运动导致效率很低。该方式在平面精铣削时应用较多。

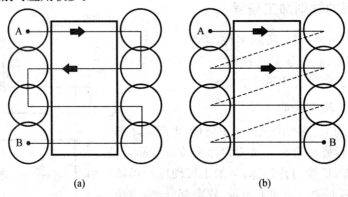

图 6-51　铣削大平面的走刀方式

(a) 粗加工双向走刀;(b) 精加工单向走刀

本例加工只有两行刀路,为了让粗精加工共用一个程序,简化编程,粗精加工都选择了单向走刀方式。如图 6-52 所示。为了安全起见,刀具起点和终点设计时,应确保刀具与工件间有足够的安全间隙。

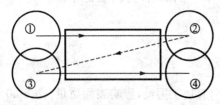

图 6-52　粗、精加工均采用单向走刀

3. 铣削用量的确定

粗铣阶段主要考虑尽量提高加工效率,迅速去除余量。铣削用量主要考虑工艺系统刚度、刀具寿命、机床功率、工件余量大小等因素,首先确定较大的 Z 向切深和切削宽度,铣削无硬皮的钢料,Z 向切深一般选择 3~5mm,而铸钢或铸铁零件,一般选择 5~7mm;为提高加工效率,在系统刚性允许的情况下,粗加工时切削宽度应尽量一次性铣出平面宽度,但为了减小刀具抗力,避免表面出现接刀痕,一般刀具不是满刃切削,行间距也不等于刀具直径,而是选择让刀路有一定程度的搭接覆盖,大致选择刀具直径的 20% 的刀路覆盖率。

精铣阶段主要考虑满足加工精度的要求。当表面粗糙度要求在 $Ra1.6~3.2\mu m$ 范围时,平面一般采用粗、精铣两次加工。经过粗铣加工,精铣加工的余量为 0.5~2 mm,为提升表面质量,选择较小的每齿进给量。因为加工余量比较少,因此可尽量选较大铣削速度。

根据第五章相关工艺知识,本例选择粗加工每次切深 2mm,Z 向给精加工留余量 1mm,进给速度 F 为 200mm/min。刀具和切削参数如表 6-5 所示。

表 6-5　铣削大平面的刀具及参数

工步号	工步内容	刀具号	刀具规格	刀具名称	转速 n /(r/min)	进给速度 f /(mm/min)	切深 a_p/mm	刀具补偿号 长度	刀具补偿号 半径
1	平面粗加工	T1	$\phi80$	可转位面铣刀	1 000	120	2	H01	
2	平面精加工	T1	$\phi80$	可转位面铣刀	1 500	150	1	H01	

4. 夹具的选择

由于工件四周及底面已加工,比较平整,所以选用普通平口钳即可,下面用平行垫铁垫好,保证露出钳口的高度 10 mm 左右。

5. 编程坐标系的设定

(1) 依 A 面为主要基准,夹紧工件,为便于编程、对刀,本例取工件的上表面对称中心作为编程坐标原点;粗精加工使用同一把刀具,粗加工结束后,检测工件高度尺寸,根据实际检测的结果,调整长度补偿值。

(2) 本例直接用刀心坐标编程,不用刀具半径补偿功能。

6. 数控铣削(加工中心)加工程序

(1) 主程序。

O0101;	主程序名
G54　G49　G40　M03　S800;	建立工件加工坐标系,主轴正转,程序头初始化
G91　G28　X0.　Y0.;	刀具返回参考点(若数控铣床因无自动换刀可省略这两行)
T01　M06;	换刀
G90　G43　G00　Z30.　H01;	启用刀具长度补偿,快速下刀至初始平面
G00　X-130.　Y30.;	刀具在空中快速定位至下刀点第 1 点
G00　Z5.;	刀具快速下刀至安全平面
M98　P102;	调用子程序粗铣第一遍
G00　Z3.;	快速下刀,Z 向每次切深2mm

M98 P102;	调用子程序粗铣第二遍
G49 G00 Z100.;	取消长度补偿快速抬刀,为测量腾出操作空间
M00;	程序暂停,测量 Z 向粗加工后尺寸,将 Z 向调整值输入 H01
G54 M03 S1500;	设定工件加工坐标系,主轴正转
G43 G00 Z30. H01;	启用刀具长度补偿,快速下刀至初始平面
G00 Z2.;	快速下刀,Z 向切深 1mm
M98 P102;	调用子程序精铣
G49 G00 Z100.;	取消长度补偿快速抬刀
G00 X200. Y200.;	快速移动刀具至加工区域之外
M30;	主程序结束

(2)子程序。

O102;	子程序名
G91 G00 Z-7.;	增量编程,下刀至加工平面(第一次调用时实际下刀至绝对值 Z-2mm,以此类推)
G01 X260.;	直线加工至第 2 点
G00 Z7.;	快速抬刀
G00 X-260. Y-60.;	快速移动刀具至第 3 点
G00 Z-7.;	快速下刀至加工平面
G01 X260.;	直线加工至第 4 点
G00 Z7.;	快速抬刀
G00 X-260. Y60.;	快速返回至下到点 1 点的上方
G90;	恢复绝对编程模式
M99;	子程序结束并返回主程序

【技能提升】

一般粗铣加工大平面时,为了提高加工效率,经常选择下刀至加工深度后双向铣削的走刀路线,无需选择单向加工方式,以避免反复抬刀、下刀浪费时间。本例只是为了提高编程效率才考虑粗精加工采用统一的单向加工方案。不过考虑到刀具完全在工件之外抬刀、下刀,本例中所有 Z 向动作均采用 G00 快速定位方式,尽可能地节省 Z 向动作时间。

此外,铣削较大面积平面需要 XY 平面多刀加工时,可以利用增量编程方式,并且主程序以 M99 结束,实现让刀具自动完成平面加工的目的。例如图 6-53 所示零件的平面铣削,编程如下:

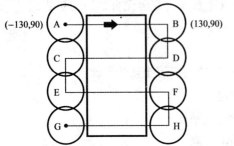

图 6-53 大平面铣削的增量编程

可以将 ABDCE 作为一个循环过程,让刀具自动循环加工。Y 向刀具行间距为 60mm,整个上表面粗铣第一遍的加工过程和数控程序如下:

首先,MDI 模式下手动输入以下程序段:

G54　M03　S800;

G54　G00　X-130.　Y90.;

G00　Z3.;

G01　Z-2.　F50;

接下来执行 O103 数控程序:

O103;

G54　M03　S800;

G91　G01　X260.　F200;

G01　Y-60.;

G01　X-260.;

G01　Y-60.;

M99;

这是一个主程序,但是以 M99 结尾,则刀具自动以循环方式铣削大平面,直至铣削结束,按 RESET 键抬刀即可。

6.6.2　去除余量的铣削加工(刀补缩放功能的应用)

【例 6-25】　如图 6-54 所示的零件,小批量生产。材料 45♯钢,工件的六面均已加工,只需加工 60mm×60mm 的凸台部分。

该零件凸台轮廓的尺寸精度 $Ra1.6\mu m$,其余表面要求 $Ra3.2\mu m$,表面质量和尺寸精度要求都比较高,所以粗、精加工要分开。加之小批量生产,为保证加工质量并降低加工成本,粗加工时选用普通高速钢刀具,精加工时选用细齿硬质合金刀具。零件单边加工余量较大,因此,只编写一个轮廓加工程序,通过缩放刀具半径补偿值的方法实现粗、精加工。两把刀具的直径均为 $\phi10mm$。

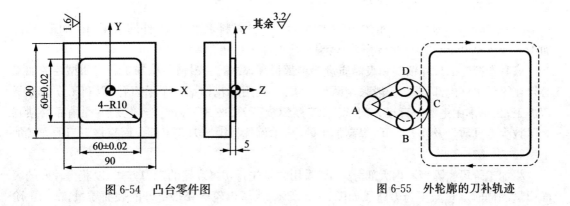

图 6-54　凸台零件图　　　　　　　图 6-55　外轮廓的刀补轨迹

工件的六面已经加工好,故选用普通平口钳进行装夹,放置平行垫铁支撑工件,保证工件上表面露出平口钳 10mm。采用如图 6-55 所示圆弧式建立、撤销刀补的走刀方法。为了保证建立刀补段的位移量 L_{AB} 大于一个刀具半径，而且也为了保证可以选择比较大的刀补半径值进行缩放，BC 段的构造圆弧半径确定为 R20mm。数控编程如下：

O0104；	程序名
G54　G49　G40　M03　S800；	建立工件加工坐标系，主轴正转，程序头初始化
M06　T01；	换粗加工刀具
G43　G00　Z30.　H01；	为保证程序的通用性，快速抬刀，建立刀具长度补偿
G00　X-60.　Y0.　；	刀具快速定位至下到点 A 点上方
G00　Z-5.　；	刀具快速下刀至加工平面 Z-5
G41　G01　X-50.　Y-20.	建立左刀补
D01　F200；	
G03　X-30.　Y0　R20.；	运行刀补走刀至刀具与轮廓相切点 C 点
G01　Y20.；	以下为运行左刀补进行轮廓加工
G02　X-20.　Y30.　R10.；	
G01　X20.；	
G02　X30.　Y20.　R10.；	
G01　Y-20.；	
G02　X20.　Y-30.　R10.；	
G01　X-20.；	
G02　X-30.　Y-20.　R10.；	
G01　Y0.；	加工完零件轮廓至 C 点
G03　X-50.　Y20.　R20.；	运行刀补进行构造圆弧轮廓加工
G40　G01　X-60.　Y0；	撤销刀补至 A 点
G00　Z30.；	快速抬刀至初始平面
M30；	程序结束

6.6.3　型腔的铣削加工(调用子程序进行分层切削)

【例 6-26】　如图 6-56 所示的零件，中批量生产。材料 45♯钢，工件的六面均已加工，只需加工 60mm×60mm 的内型腔轮廓。试编写数控加工程序。

该零件型腔的尺寸精度和表面质量要求都很高，故需要安排粗、精加工。封闭型腔的加工必须在零件实体内部下刀，一般采用两种方法：一是用麻花钻钻一个下刀孔，以利于立铣刀下刀加工；二是采用键槽刀直接 Z 向下刀(若用螺旋下刀、坡式下刀更佳，但是编程稍显繁琐)。为了减少刀具数量及换刀时间，提高加工效率，本例选择键槽刀在工件表面直接下刀的方式加工型腔。

粗加工阶段去除型腔内大部分余量，采用的是先行切再环切的走刀方式，以获得较好的表面质量的同时尽量减少走刀路线如图 6-58 所示；为了内轮廓获得更好的表面质量，精加工阶段采用圆弧式建立 G41 刀补的方式，在内轮廓逆时针走刀，如图 6-59 所示。

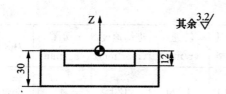

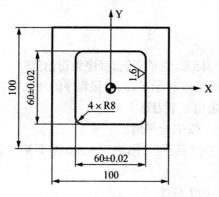

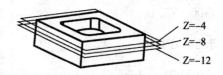

图 6-56　型腔零件图　　　　　　　　　　　图 6-57　分层切削示意图

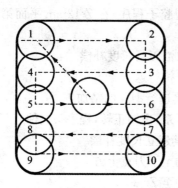

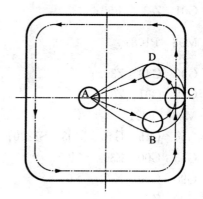

图 6-58　内轮廓粗加工刀心轨迹　　　　　　图 6-59　内轮廓精加工刀具路线

　　零件材料为 45 钢,且中批生产,因为型腔去除余量对刀具磨损较严重,因此,粗加工选择高速钢键槽铣刀,精加工选择硬质合金键槽铣刀。因为型腔深度为 12mm,所以不论粗加工去余量还是精加工轮廓,都选择分层切削的方式。如图 6-57 所示,通过主程序调用子程序的方法实现分层加工;因为刀具半径必须小于内凹角半径 R8,因此选择两把刀具的直径均为 ϕ10mm。粗精加工切削参数详见表 6-6。

表 6-6　粗精加工型腔轮廓的切削参数

工步	工步内容	刀号	刀具名称	刀具规格	转速/(r/min)	进给速度/(mm/min)	切深 a_p/mm	刀具补偿号
1	60×60 型腔粗加工	T01	粗齿键槽铣刀	ϕ10	800	200	4	H01

（续表）

工步	工步内容	刀号	刀具名称	刀具规格	转速/(r/min)	进给速度/(mm/min)	切深 a_p/mm	刀具补偿号
2	60×60 型腔精加工	T02	四刃键槽铣刀	φ10	1 200	120	4	H02

（1）型腔粗加工的主程序。

O0107；	主程序名
G54 G49 G40 M03 S800；	建立加工坐标系,主轴正转,程序头初始化
G00 Z30.；	快速抬刀至 Z30 初始平面,确保程序的加工安全性
G00 X-15. Y15.；	刀具快速定位至下刀点 1 点上方
G00 Z5.；	快速下刀至 Z5 安全平面
M98 P108；	调用粗加工型腔子程序,在 Z-4mm 平面第 1 遍粗加工
G01 Z1. F50；	快速下刀至 Z1 高度
M98 P108；	调用粗加工型腔子程序,在 Z-8mm 平面第 2 遍粗加工
G01 Z-3. F50；	快速下刀至 Z-3 高度
M98 P108；	调用粗加工型腔子程序,在 Z-12mm 平面第 3 遍粗加工
G00 G49 Z30.；	快速抬刀并取消刀具长度补偿
G28 G91 Z0.；	刀具经当前点执行返参
M06 T02；	换 T02 号刀具进行型腔的精加工
G54 G49 G40 M03 S1200；	建立加工坐标系,主轴正转,程序头文件
G43 G00 Z30. H02；	为 T02 号刀具建立长度补偿
G90 G00 X-5. Y0；	刀具快速运动至下刀点上方
G00 Z5.；	刀具快速运动至 Z5 高度
M98 P109 L3；	连续调用精加工子程序 3 遍,精加工至 Z-12 深度
G49 G00 Z30.；	快速抬刀并取消 T02 长度补偿
G00 X100. Y100.；	刀具快速运动至零件外面
M30；	程序结束

（2）型腔粗加工的子程序。

O0108；	子程序名
G91 G01 Z-9.F50；	增量编程方式下刀至加工平面
X15.F200；	以下为刀具按照刀心坐标运行粗加工轨迹
Y-8.；	
X-15.；	
Y-8.；	

X15. ;	
Y-8. ;	
X-15. ;	
Y-8. ;	
X15. ;	
G90　G01　Z5. ;	粗加工结束抬刀至绝对值 Z5 高度
G00　X-15.Y15. ;	刀具快速运动至第 1 点上方
M99;	子程序结束并返回主程序

（3）型腔精加工的子程序。

O109;	子程序名
G91　G01　Z-9.　F50;	增量编程方式下刀至加工平面
G90　G41　G01　X20.　Y-10.	在加工平面圆弧式建立刀补
D01　F120;	
G03　X30.　Y0　R10. ;	运行构造圆弧轨迹,确保刀具和零件轮廓接触的第一点两者是相切关系
G01　Y22. ;	以下为运行刀补进行轮廓的精加工过程
G03　X22.　Y30.　R8. ;	
G01　X-22. ;	
G03　X-30.　Y22.　R8. ;	
G01　Y-22. ;	
G03　X-22.　Y-30.　R8. ;	
G01　X22. ;	
G03　X30.　Y-22.　R8. ;	
G01　Y0;	
G03　X20.　Y10.　R10. ;	运行构造圆弧轨迹
G40　G01　X-5.　Y0;	撤销刀补
G91　G01　Z5. ;	增量式抬刀,确保和上一个下刀点在 Z 向上相差 4mm 进给量
G90;	恢复成绝对编程模式,确保最终返回到主程序时为绝对编程状态
M99;	子程序结束并返回主程序

【技能提升】

（1）本例中型腔深度为 Z-12mm,不论粗精加工都是分层切削,都是通过主程序分别调用粗、精加工的子程序来完成加工。但是调用的方法不同。粗加工调用子程序时,刀具在 Z=-4,Z=-8,Z=-12 三个深度上的定位全都写在主程序中;而精加工型腔轮廓时,主程序中 M98 调用子程序指令中直接以 L3 给出调用次数,程序非常简洁,不过此时子程序的编写必须谨慎,Z 向抬刀、下刀都必须是增量编程,而且必须保证每次的切深是 4mm。此外,一般还要保证调用 3 遍加工结束后,在返回主程序前,子程序切换成绝对编程模式。

（2）程序加工前应该在每把刀具的长度磨损以及半径补偿地址中预设参数值，一般 Z 向预设长度磨损量为正值，半径补偿地址中的预设值要大于一个刀具半径。加工结束后，实测 Z 向、XY 水平方向的尺寸是否满足图纸要求，如果不合格再进行调整加工。这样，通过长度补偿、半径补偿分别控制 Z 向、水平方向的尺寸加工精度，最终实现图纸要求。

6.6.4 零件的孔循环加工程序（铣孔加工、中心钻、锪孔、镗孔加工）

【例 6-27】 如图 6-60 所示导板零件，毛坯尺寸 $100 \times 100 \times 30$（mm），上表面和四个侧面均已加工，要求加工图示所有孔，零件材料为 45♯钢。中批生产。

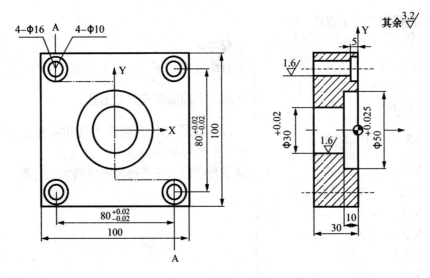

图 6-60　导板零件图

1. 加工方案的确定

导板上的内孔表面因为要承担导向功能，所以尺寸精度和表面质量都要求较高。由零件图可知，该零件孔的尺寸精度为 IT7 级，φ30 及 4 个 φ10 的通孔内表面粗糙度都是 $Ra1.6$，必须用精铣或者精镗来保证图纸要求的尺寸精度和表面质量。

（1）4 个 φ10 的通孔加工。因 4 个通孔内表面精度要求很高，因此需要最终用铰削来保证精度。因为孔径小，毛坯上没有预制孔，必须用钻头打孔。首先用中心钻打定位孔以防止钻头深孔加工时钻偏，再用 φ8 麻花钻钻孔，继而用 φ9.8 扩孔钻扩孔，最后用 φ10 的铰刀铰孔；因为是深孔加工，因此用 G83 深孔钻削指令编程。

（2）4 个 R8 的阶梯孔加工。在 φ8 钻头钻孔后，用 φ16 锪孔钻锪孔加工到图纸尺寸。

（3）φ30 孔的加工。因为该孔尺寸精度、表面粗糙度也都很高，故采用镗孔加工。零件上已经有 φ22 毛坯预制孔，在此基础上，再用 φ26mm 扩孔钻扩孔，继而用单刃精镗刀进行半精镗、精镗。

（4）φ50 孔的加工。大孔径加工一般用镗削或铣削来完成。该零件 φ50 的孔尺寸精度一般，用铣削就可以保证。用四刃硬质合金键槽铣刀，通过缩放刀补的方法控制粗、精加工的尺寸精度。

（5）由于 4 个阶梯孔的位置精度 80±0.02 要求较高，为了确保达到图纸要求，孔的加工路线按照单向趋近准确定位原则,先从第一起刀点 A 点开始,顺次加工 1、2、3 号孔,然后返回到安全平面,之后刀具快速定位至第二起刀点 B 点,再沿 Y 正向趋近加工 4 号孔,以避免机床丝杠反向间隙导致的加工误差。孔加工的走刀路线如图 6-61 所示;φ50 内孔铣削采用圆弧式建立、撤销刀补的方法,走刀路线如图 6-62 所示。

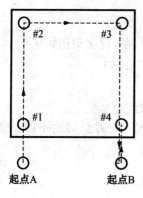

图 6-61　孔加工走刀路线

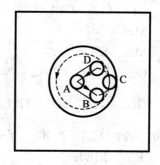

图 6-62　内孔铣削走刀路线

2. 选择夹具、刀具、量具

(1) 夹具的选择。该零件形状较简单、尺寸较小,四个侧面均已加工,加工面与非加工面之间的位置精度要求不高,故可选普通平口钳装夹工件,以底面和两个侧面定位,上表面露出平口钳口 10 mm。

(2) 刀具及切削参数的选择。根据加工内容,所需刀具有中心钻、麻花钻、扩孔钻、锪孔钻、单刃精镗刀、硬质合金键槽铣刀等,具体所选刀具规格、切削参数如表 6-7 所示。

(3) 量具的选择。检测量具包括:0～150 mm 游标卡尺,内径百分表,深度尺等。

表 6-7　刀具及切削参数选择

工步号	工步内容	刀具号	刀具规格	刀具名称	转速/n(r/min)	进给速度/f(mm/min)	切深a_p/mm	刀具补偿号 长度	半径
1	打定位孔	T1	φ3	中心钻	900	60	5	H01	
2	钻 φ10 孔底孔	T2	φ8	普通麻花钻	700	120	超出 3mm	H02	
3	扩 φ10 孔底孔	T3	φ9.8	扩孔钻	500	100		H03	
4	铰 φ10 孔底孔	T4	φ10	铰刀	200	120		H04	
5	锪 φ16 孔	T5	φ16	锪孔钻	800	200		H05	
6	扩 φ30 孔	T6	φ26	扩孔钻	600	120		H06	
7	粗铣 φ50 的孔	T7	φ12	硬质合金键槽铣刀	1 800	300	5	H07	D5＝6.3
8	精铣 φ50 的孔	T7	φ12	硬质合金键槽铣刀	2 500	200	5	H07	D5＝5.99
9	半精镗 φ30 孔	T8	φ30	单刃精镗刀	1 600	250		H08	
10	精镗 φ30 孔	T8	φ30	单刃精镗刀	2 000	300		H08	

3. 导板的数控编程

该零件加工工序集中,全部的加工内容都在零件上表面,多把刀具加工,需要频繁地换刀,而且中批生产,为提高生产效率,考虑用加工中心自动换刀加工。

(1) 中心钻打 4 个 $\phi 10$ 的定位孔。

O101;	程序名
G54　G17　G49　G40　G80　G90;	设定工件加工坐标系,程序头初始化
N10　M06　T01;	换 T01 号刀具(中心钻)
N20　M03　S900;	主轴正转
N30　G00　X-40.　Y-60.;	刀具快速定位至起刀点 A
N40　G00　G43　Z50.　H01　M08;	刀具建立长度补偿,抬刀至初始平面,冷却液打开
N100　G99　G81　X-40.　Y-40.　Z-5.　R5.　F120;	中心钻加工 1 号孔
Y40.;	中心钻加工 2 号孔
G98　X40.;	中心钻加工 3 号孔
G00　Y-60.;	刀具快速定位至起刀点 B
N200　G98　G81　X40.　Y-40.　Z-5.　R5.　F120;	中心钻加工 4 号孔
G80　M05　M09;	取消钻孔循环,关闭冷却液
G91　G28　Z0;	刀具返回 Z 向参考点
M30;	程序结束

(2)用 $\phi 8$ 麻花钻 4 个 $\phi 10$ 孔的底孔。所有点位坐标和中心钻打孔程序一样,只不过调用刀具号为 T02,刀具补偿号为 H02,主轴转速 S700,进给速度为 F120,深孔加工采用 G83 指令,第 N100 行 1 号深孔加工、第 N200 行 4 号深孔加工的程序段如下:

N10　M06　T02;	
N20　M03　S700;	
N30　G00　X-40.　Y-60.;	为保证通孔加工完整,钻
N40　G00　G43　Z50.　H02　M08;	头在 Z 向有 5mm 的超出
N100　G99　G83　X-40.　Y-40.　Z-35.　R5.　Q3.　F120;	量,深孔加工每次切深
⋮	为 3mm
N200　G98　G83　X40.　Y-40.　Z-35.　R5.　Q3.　F120;	

其余程序不再赘述。

(3) $\phi 10$ 孔的扩孔加工。$\phi 9.8$ 扩孔钻所有点位坐标也与中心钻打孔程序一样,只不过调用刀具号为 T03,刀具补偿号为 H03,主轴转速 S500,进给速度为 F100,因为钻削余量较小,G81 指令即可满足加工。第 N100 行 1 号孔扩孔加工以及 N200 行 4 号孔扩孔加工的程序段如下:

```
N10    M06    T03;
N20    M03    S500;
N30    G00    X-40.   Y-60. ;
N40    G00    G43    Z50.    H03    M08;
N100   G99    G81    X-40.   Y-40.   Z-35.   R5.   F100;
       :
N200   G98    G81    X40.    Y-40.   Z-35.   R5.   F120;
```

为保证通孔加工完整,钻头在 Z 向有 5mm 的超出量

其余程序不再赘述。

(4) φ10 孔的铰孔加工。φ10 铰刀铰孔加工的所有点位坐标与中心钻打孔程序一样,只不过调用刀具号为 T04,刀具补偿号为 H04,主轴转速 S200,进给速度为 F120,采用 G85 指令实现铰孔加工。第 N100 行 1 号孔铰孔加工以及 N200 行 4 号孔铰孔加工的程序段如下:

```
N10    M06    T04;
N20    M03    S200;
N30    G00    X-40.   Y-60. ;
N40    G00    G43    Z50.    H04    M08;
N100   G99    G85    X-40.   Y-40.   Z-35.   R5.   F120;
       :
N200   G98    G85    X40.    Y-40.   Z-35.   R5.   F120;
```

为保证通孔加工完整,钻头在 Z 向有 5mm 超出量

其余程序不再赘述。

(5) φ16 阶梯孔的锪孔加工。锪孔加工的所有点位坐标与中心钻打孔程序一样,只不过调用刀具号为 T05,刀具补偿号为 H05,主轴转速 S800,进给速度为 F200,但是深度为 Z-5,采用 G81 指令即可实现锪孔加工。第 N100 行 1 号孔锪孔加工以及 N200 行 4 号孔锪孔加工的程序段如下:

```
N10    M06    T05;
N20    M03    S800;
N30    G00    X-40.   Y-60. ;
N40    G00    G43    Z50.    H05    M08;
N100   G99    G81    X-40.   Y-40.   Z-5.   R5.   F200;
       :
N200   G98    G81    X40.    Y-40.   Z-5.   R5.   F200;
```

锪孔加工时 Z 向深度为台阶孔深度

其余程序不再赘述。

(6) φ30 孔的扩孔加工。因为 φ30 孔的深度比较大,采用 G83 深孔钻削指令进行扩孔。

```
O106;
N5   G17   G49   G40   G80   G90 ;
N10  G54   M06   T06;
N20  M03   S600;
```

N30 G00 X0 Y0.；	
N40 G00 G43 Z50. H06 M08；	
N100 G98 G83 X0 Y0 Z-35. Q3. R5. F120；	深孔钻削,每刀切深3mm
G80 G00 Z30. M05 M09；	
G91 G28 Z0；	刀具返回Z向参考点
M30；	

(7) 粗、精铣φ50孔。用φ12立铣刀粗、精铣φ50孔,粗精加工程序的X、Y点位坐标完全相同,不同的是切削参数,以及加工思路。粗加工时因为余量大,且Z向深度较大,可以通过主程序调用子程序进行分层切削;而精加工时可以在主程序中直接令刀具从工件中心下刀至Z-10加工平面,然后调用子程序的方法进行单刀精加工。因为粗、精加工共用子程序加工,因此,下刀动作应该放在主程序中。具体编程可以参考前面型腔加工实例,此处不再赘述。

(8) 半精镗φ30孔。半精镗的加工精度一般,选用G85指令进行加工。主轴转速S1600,进给速度F250,刀具号T08,刀补号H08。

O108；	程序名
G54 G17 G49 G40 G80 G90；	设定工件加工坐标系,程序头初始化
N10 M06 T08；	换T08号刀具(单刃精镗刀)
N20 M03 S1600；	主轴正转
N30 G00 X0. Y0.；	刀具快速定位至起刀点A
N40 G00 G43 Z50. H08 M08；	刀具建立长度补偿,抬刀至初始平面,冷却液打开
N100 G98 G85 X0. Y0. Z-35. R5. F250；	半精镗φ30通孔,为确保孔壁加工的完整性,镗削的孔深要超出零件孔底5mm
G80 M05 M09；	取消钻孔循环,关闭冷却液
G91 G28 Z0.；	刀具返回Z向参考点
M30；	程序结束

(9) 精镗φ30孔。精镗与半精镗的程序基本相同,只是主轴转速S2000,进给速度F300,刀具号T08,刀补号H08,最重要的是为了不划伤孔壁,保证内孔表面质量,采用在孔底具有主轴准停功能,刀尖偏离孔壁抬刀的G76指令,以此提高加工精度和效率。因此在N100程序段程序为:

N100   G98   G76   X0.   Y0.   Z-35.   R5.   Q1.   P1000.   F250；

其余程序不再赘述。

【技能提升】

(1) 加工方案的优化。实际加工中,不同的工艺、编程人员针对同一个零件会有不同的加工思路和编程方案,此时,需要进行分析对比,择优实施。例如,如图6-63所示圆周均布孔的加工。孔加工可以选择的编程方案包括孔循环、子程序、镜像、旋转、宏程序等。当加工图6-63的4个深孔时,因为点位坐标直观,选择孔循环G83深孔加工就非常简洁、高效;当如图6-64所示加工8个深孔时,因为有4个45°方向的孔位坐标需要计算,而且孔数目较多,所以选择宏程序加工圆周阵列孔非常合适。此时如果采用旋转、镜像等编程方案,反而增加了编程难度和编程工作量。因此,在进行数控铣削编程时,首先仔细分析零件的特征、尺寸精度、表面质量等因素,并结合自己现有的机床、刀具、夹具、量具等条件,尽可能保证高效、高精度的加工,才是最优化的编程方案。

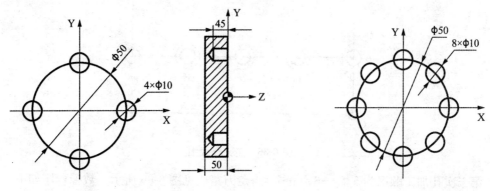

图 6-63　4 个深孔的加工　　　　　　　图 6-64　8 个深孔的加工

(2) 重复加工在实践中的灵活应用。例如当 Z 方向上分层切削时子程序的重复调用(参见例[6-10]),多个等距孔重复加工时的孔循环 K 参数设置等(参见例[6-28])。

【例 6-28】　如图 6-65 所示,在厚度 10mm 的铝板上,加工 8 个 M12×1.5-6G 螺纹通孔。试编写数控加工程序。

该零件在数控铣床上加工,先用 φ10.5mm 的钻头,选择 G81 指令钻削螺纹底孔;再用 M12×1.5 的丝锥攻丝;为保证孔壁的完整性,钻头和丝锥的加工深度均超出板厚 5mm,即孔深为 Z-15mm。考虑到孔距均匀,在循环指令中均采用 K 参数,利用增量编程方式设置等距孔的重复加工次数,以简化编程。

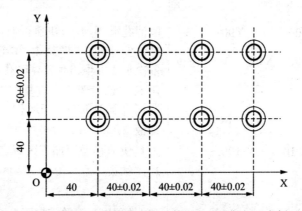

图 6-65　通过 K 参数设置实现等距孔的重复加工实例

因为各孔间距位置精度较高,为了减少定位误差,本例首先遵循编程基准与设计基准重合的原则,将编程坐标系定在左下角点;其次,孔的加工顺序也遵循单向趋近定位准确的原则。

第一次起刀点为 A(0,40)。

第一次孔加工的顺序为 1# →2# →3# →4# →8#。

为消除机床反向间隙对于孔中心定位精度的影响,8# 孔加工结束后,抬刀至 Z30mm,快速折返至第二次起刀点 B(0,90)。

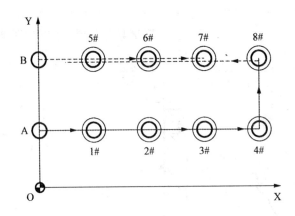

图 6-66　走刀路线图

第二次孔加工顺序为 5# →6# →7# ,走刀路线见图 6-66 所示。数控程序如下:

O101;	(钻孔程序)用钻头钻削加工 8 个螺纹孔的底孔
G54　M03　S1000　M08;	建立加工坐标系,主轴正转,打开冷却液
G00　Z30.;	抬刀至初始平面,保证程序的通用性
G00　G90　X0.　Y40.;	快速定位至第一次起刀点 A
G81　G91　G99　X40.　Y0 Z-15.　R5.　F200　K4;	钻孔循环加工,增量方式给出 X 各孔点位坐标,依次加工 1#、2#、3#、4# 底孔,每次返回 R 平面,利用 K 参数设置 4 次重复加工
Y40.　G98;	加工 8# 底孔,返回初始平面
G90　G80　G00　X0　Y90;	取消孔循环加工,快速折返至第二次起刀点 B
G81　G91　G99　X40.　Y0 Z-15.　R5.　F200　K3;	钻孔循环加工,增量方式给出 X 各孔点位坐标,依次加工 5#、6#、7# 底孔,每次返回 R 平面,利用 K 参数设置 3 次重复加工
G90　G80　G00　Z30.　M09;	取消孔循环加工,快速抬刀至初始平面,关闭冷却液
G00　G90　X-100.　Y-100.;	刀具快速移动至加工区域之外,以便测量检查
M30;	程序结束
O102;	(攻丝程序)用丝锥加工 8 个螺纹孔
G54　M03　S400　M08;	建立加工坐标系,主轴正转,打开冷却液
G00　Z30.;	抬刀至初始平面,保证程序的通用性
G00　G90　X0.　Y40.;	快速定位至第一次起刀点 A
G84　G91　G99　X40.　Y0 Z-15.　R5.　F600　K4;	右旋螺纹循环加工,增量方式给出 X 各孔点位坐标,依次加工 1#、2#、3#、4# 底孔,每次返回 R 平面,利用 K 参数设置 4 次重复加工

Y40.　G98;	加工 8# 螺纹孔,返回初始平面
G00　G80　X0　Y90;	取消孔循环加工,快速折返至第二次起刀点 B
G84　G91　G99　X40.　Y0　Z-15.　R5.　F600　K3;	右旋螺纹循环加工,增量方式给出 X 各孔点位坐标,依次加工 5#、6#、7# 螺纹孔,每次返回 R 平面,利用 K 参数设置 3 次重复加工
G90　G80　G00　Z30.　M09;	取消螺纹循环加工,快速抬刀至初始平面,关闭冷却液
G00　G90　X-100.　Y-100.;M30;	刀具快速移动至加工区域之外,以便测量检查程序结束

【技能提升】

(1) 在数控铣床、加工中心上攻丝时的进给速度要按照:$v_f = P*S$ 来计算,当 $S = 1\,000r/min$,螺距 $P = 1.5mm/r$ 时,$v_f = 1\,500mm/min$。本例选择 $S = 400r/min$,螺距 $P = 1.5mm/r$ 时,$v_f = 600mm/min$。

(2) 孔循环加工时的 K 参数设定广泛应用于等距孔的重复加工,关键要掌握 G91 增量模式各个孔中心坐标的设定技巧。本例起刀点 A、B 的 X、Y 点坐标设置要和程序中 K 参数的设定相呼应,一般而言,不论是子程序加工还是孔循环加工,当用增量模式给出点坐标简化编程时,一定要让增量编程 G91 和绝对编程 G90 的转换过程衔接好。

【本章小结】

本章主要讲述以下内容:

(1) 数控铣削、加工中心编程基础知识,机床坐标系、编程坐标系、加工坐标系三者的定义,以及加工坐标系的设定的基本方法。

(2) 数控铣削、加工中心基本的编程指令,包括坐标平面选择指令、绝对编程、相对编程指令,F、S、T 指令,参考点的校准指令,快速定位和插补加工指令,刀具半径补偿功能,刀具长度补偿指令。

(3) 固定循环功能。结合实例讲解了 G81、G83、G73、G76、G85 等常用孔加工循环指令的参数设定及编程技巧。

(4) 子程序、比例缩放和镜像、坐标系旋转加工功能。几项高级编程指令的参数含义,以及在缩放、旋转指令中结合子程序的编程技巧。

(5) 用户宏程序编程。宏程序中变量编程的本质,变量的赋值和运算,自变量的确定、编程思路分析等宏程序编程技巧。

(6) 数控铣削、加工中心常用的手工编程技巧。

习题与思考题

1. 数控铣削的主要加工对象有哪些?

2. 简述数控铣削加工工艺分析的内容。

3. 什么是绝对值编程和增量值编程?

4. 什么是长度补偿？请阐述长度补偿的作用。

5. 刀具半径补偿功能的作用是什么？应用刀补应该注意哪些问题？

6. 什么是子程序？子程序的主要应用场合有哪些？

7. 宏程序和一般数控程序的主要区别是什么？

8. 零件图如图 6-67(a)所示，要求粗、精加工其内外轮廓。使用刀具半径补偿功能编写数控程序。外轮廓粗、精加工的走刀路线如图 6-67(b)所示。

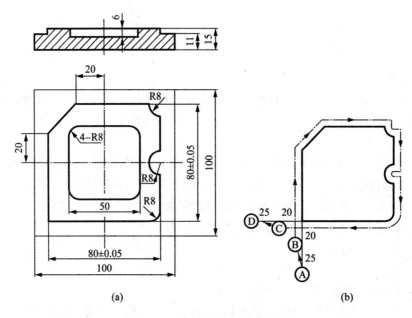

(a)   (b)

图 6-67 内外轮廓加工综合练习

(a) 型腔零件图；(b) 外轮廓粗、精加工

9. 加工如图 6-68 所示板类零件上的 6-φ8 通孔，试编写数控加工程序。

10. 如图 6-69 所示，欲将外轮廓 ABCDE 以原点为中心在 XY 平面内进行等比例缩放加工，缩放比例为 2，试编写其数控加工程序。

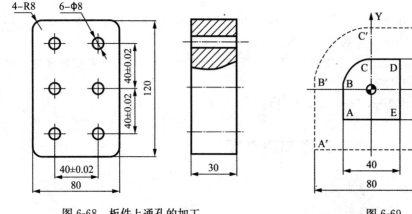

图 6-68 板件上通孔的加工

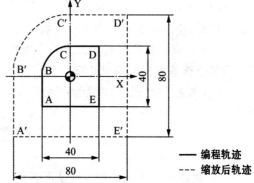

图 6-69 等比例缩放加工

11. 如图 6-70(a)、(b)所示的凸台零件,试利用镜像加工指令编写数控加工程序。凸台厚度均为 5mm。

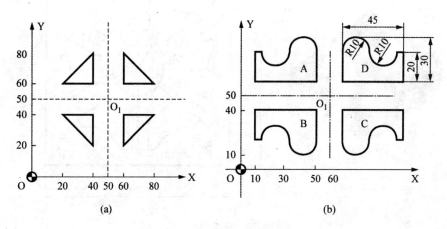

图 6-70 镜像加工练习

12. 如图 6-71(a)所示,试利用坐标旋转功能编写 4 个凸台轮廓的数控加工程序,凸台厚度 3.5mm。

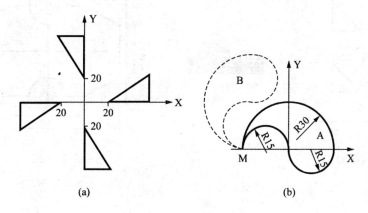

图 6-71 坐标系旋转加工

13. 如图 6-71(b)所示的凸台外轮廓 B,是由凸台外轮廓 A 绕坐标点 M(−30,0)旋转 80° 形成的。试编写轮廓 B 的数控加工程序。凸台厚度 15mm。

14. 如图 6-72 所示槽板零件,毛坯尺寸 100×100×50(mm),凸台高 5mm,试利用旋转加工指令编写该零件的凸台加工程序,利用孔循环加工指令编写 4 个通孔的加工程序。

15. 如图 6-73 所示,试利用子程序加工指令编写该零件上 4 个凸台的数控加工程序,凸台厚度 3mm。

16. 试通过缩放刀补的方法完成如图 6-74 所示零件凸台轮廓的粗、精加工。凸台厚度 4mm,零件材料厚度 30mm,材料 45♯钢。

17. 已知型腔如图 6-75(a)所示零件,要求对该型腔进行粗、精加工。刀具选择:粗加工采用 φ20mm 的立铣刀,精加工采用 φ10mm 的键槽铣刀,初始平面高度 30mm。粗加工从中心工艺孔垂直进刀,向四周轮廓扩展,如图 6-75(b)所示。因此,首先要在型腔中心钻好一个 φ20H7 的工艺孔;粗加工分四层切削加工,底面和侧面各留 0.5mm 的精加工余量。

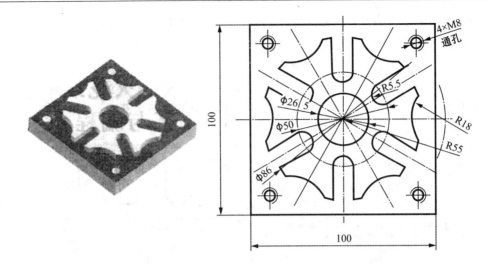

图 6-72　槽板的加工

图 6-73　子程序加工

图 6-74　凸台高度 5mm

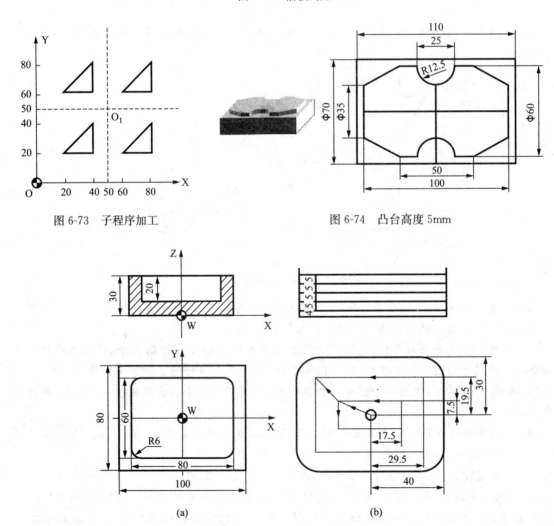

(a)

(b)

图 6-75　型腔轮廓的粗、精加工

18. 如图 6-76 所示零件, 试编写数控程序完成型腔轮廓以及各孔的加工。材料 45♯钢。

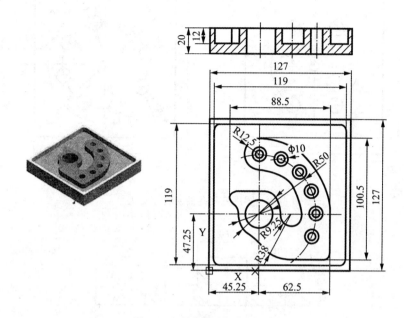

图 6-76　轮廓铣削、孔循环加工

19. 如图 6-77 所示的零件, 要求用 φ16mm 的立铣刀加工上半球轮廓。材料 45♯钢, 试用 B 类宏程序编程。

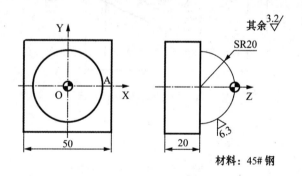

图 6-77　半球的宏程序加工

20. 如图 6-78(a)、(b) 所示零件, 试编写宏程序完成圆周阵列孔的加工。孔深均为 25mm, 零件材料 45♯钢。

21. 试用固定循环指令加工如图 6-79 所示的法兰零件各孔。工件材料为 HT200, 中间预铸孔为 φ40mm。

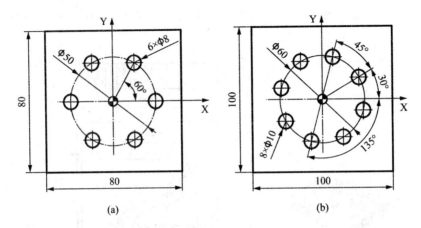

图 6-78　圆周阵列孔的宏程序加工

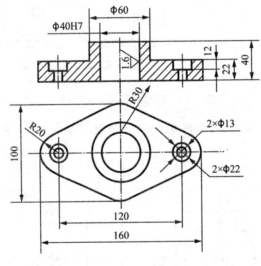

图 6-79　法兰零件

第7章 数控电火花线切割加工的工艺与编程

【学习目标】

  通过本章的学习,了解数控电火花线切割加工的工作原理,适用对象及加工特点;了解影响数控电火花线切割加工工艺指标的因素,并能合理选择工艺参数;掌握数控电火花线切割加工工艺的制订过程;熟练使用 ISO 格式和 3B 格式编写数控电火花线切割加工程序。

7.1 数控电火花线切割加工的原理、特点及应用

  电火花加工又称电蚀加工或放电加工,利用工件与工具电极之间的间隙脉冲放电所产生的局部瞬时高温,对金属材料进行蚀除。主要适用于切割淬火钢、硬质合金等金属材料,特别适用于一般金属切削机床难以加工的细缝槽或形状复杂的工件。在精密加工和模具制造等方面应用广泛。

7.1.1 数控电火花线切割加工的原理

  电火花线切割加工技术简称线切割加工,是电火花加工技术的一种,加工原理是利用工具电极与金属工件之间脉冲放电时产生的瞬时高温,对金属材料形成电腐蚀加工。电火花线切割加工用运动着的金属丝作电极,利用电极丝与工件在水平面内的相对运动切割出各种形状的工件。若电极丝相对工件作有规律的倾斜运动,还可加工出带锥度的工件。

  电火花线切割的加工原理如图 7-1 所示。线切割机床采用钼丝或硬性黄铜丝作为电极丝,电极丝为工具电极,接脉冲电源的负极,被切割工件为工件电极,接脉冲电源的正极。脉冲

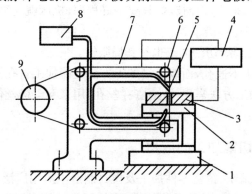

图 7-1 电火花线切割的加工原理示意图

1—工作台 2—夹具 3—工件 4—脉冲电源 5—电极丝

6—导轮 7—丝架 8—工作液箱 9—储丝筒

电源发出连续的高频脉冲电压,加到工件电极和工具电极(电极丝)上。在电极丝和工件之间加有足够的、具有一定绝缘性能的工作液,伺服电动机驱动坐标工作台按预先编制的数控加工程序沿 Z、Y 两个坐标方向移动,当两电极间的距离小到一定程度时,工作液被脉冲电压击穿,电极丝和工件间形成瞬时火花放电,产生瞬时高温(温度可达 10 000℃),生成大量的热使工件表面的金属局部熔化,甚至气化,再加上工作液介质的冲洗作用,使得金属被蚀除下来。控制两电极,使两电极间始终维持一定的放电间隙,并使储丝筒带动电极丝不断移动,以避免因总在局部位置发生放电而烧断电极丝。因此,电极丝按照预定轨迹边除蚀、边进给,逐步将工件切割加工成形。

线切割机床按照电极丝运动速度分为快走丝线切割机床和慢走丝线切割机床两种。慢走丝线切割机床加工工件的表面粗糙度和加工精度比快走丝线切割机床好,但机床成本和使用成本都比较高,是国外企业生产和使用的主流机种,属于精密加工设备,代表着线切割机床的发展方向。而我国独创的快走丝线切割机床结构简单,机床成本和使用成本低,易加工大厚度工件,经过几十年的发展,已成为我国产量最大、应用最广泛的机床种类之一。

7.1.2 数控电火花线切割加工特点

数控电火花线切割加工具有以下特点:

(1) 加工对象不受硬度的限制,可用于一般切削方法难以加工或者无法加工的金属材料和半导体材料,特别适合淬火工具钢、硬质合金等高硬度材料的加工,但无法加工非金属导电材料。

(2) 加工精度较高。由于电极丝是不断移动的,所以电极丝的磨损很小,表面粗糙度可达 $Ra0.05\mu m$,完全可以满足一般精密零件的加工要求。

(3) 能加工细小、形状复杂的工件。由于电极丝直径最小可达 0.01mm,所以能加工出窄缝、锐角(小圆角半径)等细微结构。

(4) 用户无需制造电极,节约了电极制造的时间和电极材料,降低了加工成本。

(5) 工作液选用乳化液或去离子水等,而不是煤油,可节约能源,防止着火。

(6) 工件材料被蚀除的量很少,这不仅有助于提高加工速度,而且加工下来的材料还可以再利用。

(7) 便于实现自动化。采用数控技术,只要编好程序,机床就能够自动加工,操作方便、加工周期短、成本低、比较安全。

与电火花成形加工相比,线切割加工也有其局限性:

(1) 电火花加工可加工不通孔,而线切割加工方法不能加工盲孔及纵向阶梯表面。

(2) 加工前,线切割加工方法需先钻小孔(穿丝孔)用来穿电极丝使用,而电火花加工可直接进行。

7.1.3 数控电火花线切割加工的应用

线切割加工在新产品试制、精密零件加工及模具制造中应用广泛,包括以下几个方面:

(1) 模具加工。适用于加工各种形状的模具,特别是冲模、挤压模、塑料模和电火花加工型腔所用的电极的加工。例如:形状复杂带有尖角窄缝的小型凹模型孔可采用整体结构淬火后加工,既能保证模具的精度,又可以简化设计和制造。如图 7-2 所示。

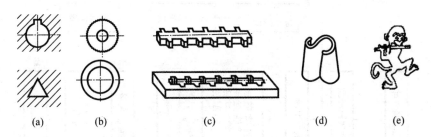

图 7-2　常见数控线切割加工的零件

(a) 内尖角；(b) 齿轮内外齿形；(c) 窄长冲模；(d) 曲面；(e) 平面图案

(2) 难加工的零件。线切割能加工各种高硬度、高强度、高韧性和高脆性的导电材料,如淬火钢、硬质合金等。加工时,钼丝与工件始终不接触,有 0.01mm 左右的间隙,几乎不存在切削力,有利于提高零件的加工精度,能加工各种冲模、凸轮、样板等外形复杂的精密零件及窄缝。

(3) 贵重金属材料。由于线切割用的电极丝尺寸远远小于切削刀具尺寸(最细的电极丝尺寸可达 0.02mm),用它切割贵重金属,可以节约大量切缝消耗。

(4) 试制新产品。新产品试制时,一些关键件往往需要模具制造,但加工模具周期长且成本高,采用线切割可以直接切制零件,从而降低成本,缩短新产品试制周期。

(5) 目前许多数控电火花线切割机床采用四轴联动,可以加工锥体、上下异型面扭转体零件,为数控电火花线切割加工技术在机械加工领域中的应用提供了更广阔的空间。

7.2　数控电火花线切割加工的工艺

数控电火花线切割加工一般是作为工件尤其是模具加工中的最后工序。要达到加工零件的精度及表面粗糙度要求,应合理控制线切割加工时的各种工艺参数(电参数、切割速度、工件装夹等),同时应安排好零件的工艺路线及线切割加工前的准备加工。有关模具加工的线切割加工的工艺准备和工艺过程如图 7-3 所示。下面就以电火花线切割加工模具为例,讲述电火花线切割加工的工艺。

7.2.1　零件图纸的工艺分析

零件图纸的工艺分析,主要是分析零件的凹角和尖角是否符合线切割加工的工艺条件,零件的加工精度和表面粗糙度是否在线切割加工的精度范围内,进而根据精度和表面粗糙度要求来选择是高速走丝机床还是低速走丝机床来做此零件更为经济。

1. 凹角和尖角的尺寸分析

由于线电极具有一定的直径 d,加工时又具有放电间隙 δ,这样就使线电极中心的运动轨迹与加工面相距 L,即 $L = d/2 + \delta$,如图 7-4 所示。因此,加工凸模类零件时,线电极中心轨迹应放大;反之,加工凹模类零件时,线电极中心轨迹应缩小,如图 7-5 所示。在线切割加工时,在工件的凹角处不能得到"清角"而是圆角,对于形状复杂的精密冲模,在凸、凹模设计图样上应说明拐角处的过渡圆弧半径 R。同一副模具的凸、凹模中,R 值要符合下列关系式,才能保

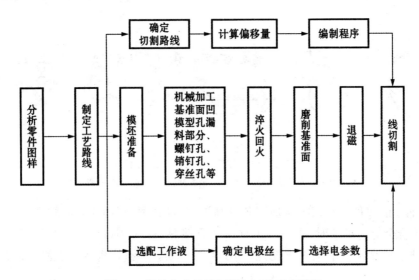

图 7-3　数控电火花线切割加工的工艺流程

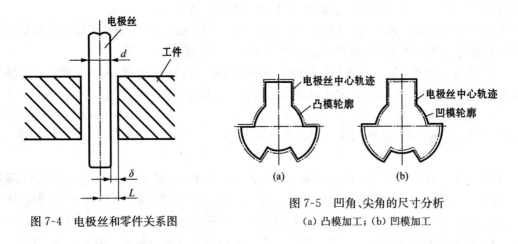

图 7-4　电极丝和零件关系图

图 7-5　凹角、尖角的尺寸分析
(a) 凸模加工；(b) 凹模加工

证加工的实现和模具的正确配合。

凹角：$R_1 \geqslant d/2 + \delta$；尖角：$R_2 = R_1 - \delta$。

式中：R_1 为凹角圆弧的半径；R_2 为尖角圆弧的半径；δ 为凸、凹模的配合间隙。

2. 表面粗糙度和加工精度的分析

电火花线切割加工表面与传统的机械加工表面不同,它是由无方向的若干小坑和硬凸边所组成,特别容易保存润滑油；而传统的机械加工表面存在着切削和磨削刀痕,具有方向一致性。两者相比,在相同的表面粗糙度和润滑油的情况下,线切割加工的零件表面的耐磨性能和润滑性能都比传统的机械加工表面好,因此在能满足产品使用要求的基础上,零件标注的表面粗糙度值应比传统的机械加工稍小,这样会提高生产效率。同样,也要分析零件图上的加工精度是否在线切割加工机床精度范围之内,根据加工精度的高低合理选择有关切割加工的工艺参数和线切割机床的类型。

7.2.2　毛坯的准备

模具工作零件材料的选择是由图样设计时确定的。一般采用锻造毛坯,其线切割加工常在淬火与回火后进行。由于受材料淬透性的影响,当大面积去除金属和切断加工时,会使材料内部残余应力的相对平衡状态遭到破坏而产生变形,影响加工精度,甚至在切割过程中造成材料突然开裂。为减小这种影响,除在设计时应选用锻造性能好、淬透性好、热处理变形小的合金工具钢(如 GCr15、Cr12MoV、CrWMn)作模具材料外,对模具毛坯锻造及热处理工艺也应正确进行,例如,以线切割加工为主要工艺时,钢件的加工工艺路线一般为:下料→锻造→退火→机械粗加工→淬火与高温回火→磨加工→(退磁)→线切割加工→钳工整修。

毛坯的准备工序是指凸模或凹模在线切割加工之前的全部加工工序。

1.　凹模的准备工序

(1) 下料:用锯床切断所需材料。

(2) 锻造:改善内部组织,并锻成所需的形状。

(3) 退火:消除锻造内应力,改善加工性能。

(4) 刨(铣):刨六面,并留磨削余量 0.4～0.6mm。

(5) 磨:磨出上下平面及相邻两侧面,对角尺。

(6) 划线:划出刃口轮廓线和孔(螺孔、销孔、穿丝孔等)的位置。

(7) 加工型孔部分:当凹模较大时,为减少线切割加工量,需将型孔漏料部分铣(车)出,只切割刃口高度;对淬透性差的材料,可将型孔的部分材料去除,留 3～5mm 切割余量。

(8) 孔加工:加工螺孔、销孔、穿丝孔等。

(9) 淬火:达图纸设计要求。

(10) 磨:磨削上下平面及相邻两侧面,对角尺。

(11) 退磁处理。

2.　凸模的准备工序

凸模的准备工序,可根据凸模的结构特点,参照凹模的准备工序,将其中不需要的工序去掉即可。但应注意以下几点:

(1) 为便于加工和装夹,一般都将毛坯锻造成平行六面体。对尺寸、形状相同、断面尺寸较小的凸模,可将几个凸模制成一个毛坯。

(2) 凸模的切割轮廓线与毛坯侧面之间应留足够的切割余量(一般不小于 5mm)。毛坯上还要留出装夹部位。

(3) 在有些情况下,为防止切割时模坯产生变形,要在模坯内部外形附近加工出穿丝孔。切割的引入程序从穿丝孔开始。

7.2.3　确定合理的切割路线

在加工中,工件内部残余应力的相对平衡受到破坏后,会引起工件的变形,因此必须合理地选择切割路线。

(1) 应将工件与其夹持区域分割的部分安排在切割路线的末端,如图 7-6 所示。图 7-6(a)中先切割靠近夹持的部分,使主要连接部位被割离,余下材料与夹持部分连接较少,工件刚性下降,易变形而影响加工精度;图 7-6(b)中的切割路线才是正确的。

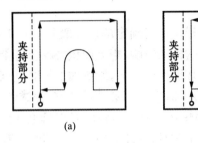

图 7-6 分割区域的安排

(a) 加工中刚性差;(b) 加工中刚性好

(2) 切割路线应从毛坯预制的穿丝孔开始,按由外向内的顺序进行切割,如图 7-7 所示。图 7-7(a)的切割起点取在坯件预制的穿丝孔中,且由外向内,变形最小,是最好的方案。图 7-7(b)采用从工件端面开始由内向外切割的方案,变形最大,不可取。图 7-7(c)也是采用从工件端面开始切割,但路线由外向内,比图 7-7(b)的方案安排合理些,但仍有变形。

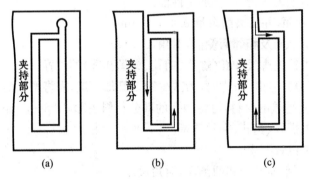

图 7-7 切割路线对加工变形的影响

(a) 对加工变形影响最小的切割路线;(b) 变形最大;(c) 变形较小

(3) 两次切割法。切割孔类零件时,为减少变形,采用两次切割法。第一次粗加工型孔,各边留余量 0.1～0.5mm,目的是补偿材料被切割后由于内应力重新分布而产生的变形。第二次为精加工,这样可以达到比较理想的尺寸精度,如图 7-8 所示。

(4) 在一块毛坯上要切出两个以上零件时,不应连续一次切割出来,而应从该毛坯的不同预制穿丝孔开始加工,如图 7-9 所示,其中图 7-9(a)一次性切割会扩大加工变形,是错误方案,而图 7-9(b)分别从各自的加工区域预置穿丝孔进行切割,减小加工变形,是正确方案。

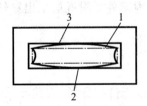

图 7-8 两次切割法

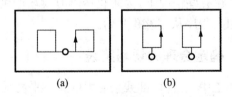

图 7-9 一坯两件的切割路线

(a) 一次性切割会增大变形;(b) 分别切割会减小变形

(5) 线切割加工前,应将电极丝调整到切割的起始位置上,可通过对零件穿丝孔来实现。穿丝孔位置的确定,有如下原则:

① 当切割凸模需要设置穿丝孔时,其位置可选在加工轨迹的拐角附近,距离大约 5mm,以简化编程。切割凹模等零件的内表面时,将穿丝孔设置在工件对称中心上,对编程计算和电极丝定位都较方便,但切入行程较长,不适合大型工件,此时应将穿丝孔设置在靠近加工轨迹边角处或选在已知坐标点上,距离加工轨迹边角大约 2~5mm,如图 7-10 所示。

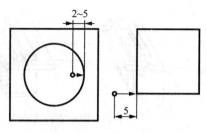

图 7-10　切割前穿丝孔的设置

② 在一块毛坯上要切出两个以上零件或在加工大型工件时,应沿加工轨迹设置多个穿丝孔,以便发生断丝时能就近重新穿丝,切入断丝点。

7.2.4　工件的装夹

1. 装夹工件的基本要求

(1) 工件的装夹基准面应清洁无毛刺,经过热处理的工件,在穿丝孔或凹模类工件扩空的台阶处,需要清理热处理渣物及氧化膜表面。

(2) 工件装夹的位置要有利于工件的找正,并能满足工作台加工行程的需要,工作台移动时,不得与丝架相碰。

(3) 为了保证加工精度,夹具的精度要高。要求工件有两个或两个以上的侧面固定在工作台或夹具体上,拧紧螺丝时用力要均匀。

(4) 细小、精密、薄壁的零件应安装在不易变形的辅助夹具上。

(5) 对工件的夹紧力要均匀,使工件不至于变形或翘起。

(6) 为了提高生产效率,在加工大批量零件时最好采用专用夹具。

2. 工件的装夹

装夹工件时,必须保证工件的切割部位位于机床工作台纵向、横向进给的允许范围之内,避免超出极限。同时应考虑切割时电极丝运动空间;夹具应尽可能选择通用(或标准)件,所选夹具应便于装夹,便于协调工件和机床的尺寸关系。在加工大型模具时,要特别注意工件的定位方式,尤其在加工快结束时,工件的变形、重力的作用会使电极丝被夹紧,影响加工。常用的装夹方式包括下面几种:

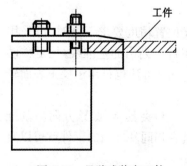

图 7-11　悬臂式装夹工件

(1) 悬臂式装夹。悬臂方式装夹工件如图 7-11 所示,这种方式装夹方便、通用性强。但由于工件一端悬伸,另一端压紧,使得工作平面难以与工作台面找平,易出现切割表面与工件上、下平面间的垂直度误差。此种装夹方式一般只用于加工要求不高或悬臂较短的零件。

(2) 两端支撑方式装夹。如图 7-12 所示是两端支撑方式装夹工件,这种方式装夹方便、稳定,定位精度高,但由于夹具体两个平行平面具有一定的跨度,因此此种装夹不适于装夹较小的零件。

（3）桥式支撑方式装夹。如图 7-13 所示，桥式支撑方式是在通用夹具上放置垫铁后再装夹工件。这种方式装夹方便，通用性较强，对大、中、小型工件都能采用。

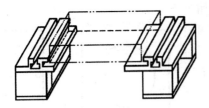

图 7-12　两端支撑式装夹

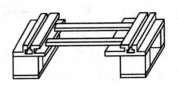

图 7-13　桥式支撑方式装夹

（4）板式支撑方式装夹。如图 7-14 所示，板式支撑方式装夹工件是根据常用的工件形状和尺寸，采用有通孔的支撑板装夹工件，此种装夹可增加纵横方向的定位基准。这种方式装夹精度高，但通用性差，只适用于常规与批量生产。

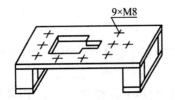

图 7-14　板式支撑方式装夹

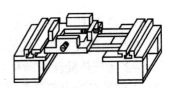

图 7-15　复式支撑方式装夹

（5）复式支撑方式。如图 7-15 所示。复式支撑装夹就是在通用夹具体上装夹专用夹具，此种装夹方便，特别适用于批量生产，可大大缩短装夹和校正时间，还可以提高零件加工的一致性和生产效率。

7.2.5　工件的调整

采用以上方式装夹工件，还必须配合正确的找正方法进行调整，方能使工件的定位基准面分别与机床的工作台面和工作台的进给方向 X、Y 保持平行，以保证所切割的表面与基准面之间的相对位置精度。常用的找正方法有以下几种：

（1）用百分表找正。如图 7-16 所示，充分利用磁力表架将百分表固定在丝架或其他固定位置上，百分表的测量头与工件基面接触，往复移动纵（横）向丝杠手轮，使床鞍往复运动，按百分表指示值调整工件的位置，直至百分表指针的偏摆范围达到所要求的数值。找正应在相互垂直的 3 个方向上进行。

（2）划线法找正。工件的切割图形与定位基准之间的相互位置精度要求不高时，可采用划线法找正，如图 7-17 所示。利用固定在丝架上的划针对准工件上划出的基准线，往复移动工作台，目测划线、基准间的偏离情况，将工件调整到正确位置，此种方法也可用于校正表面较粗糙的基准面。

（3）事先设定基准面，采用靠压的方式找正。利用通用（专用）夹具 X 或 Y 方向的基准面，经过校正保证基准面与相应坐标轴平行然后固定好，这样具有相同基准面的工件就可以直接靠压，完全可以保证工件的正确加工位置。如图 7-18 所示。

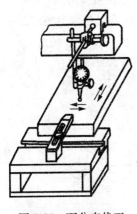

图 7-16　百分表找正　　　　图 7-17　划线法找正　　　　图 7-18　靠压法找正

7.2.6　电极丝的选择和调整

1. 电极丝的选择

电极丝应具有良好的导电性和抗电蚀性,抗拉强度高、材质均匀。常用电极丝有钼丝、钨丝、黄铜丝、纯铜丝、各种合金丝、镀层金属线和包芯丝等。钨丝抗拉强度高,直径在 0.03～0.1mm,一般用于各种窄缝的精加工,但价格昂贵。黄铜丝适合于慢速加工,加工表面粗糙度和平直度较好,蚀屑附着少,但抗拉强度差,损耗大,直径在 0.1～0.3mm,一般用于慢速单向走丝加工。钼丝抗拉强度高,适于快速走丝加工,所以我国快速走丝机床大多选用钼丝作电极丝,直径在 0.06～0.25mm。电极丝直径的选择应根据切缝宽窄、工件厚度和拐角尺寸大小来选择。若加工带尖角、窄缝的小型模具宜选用较细的电极丝;若加工大厚度工件或大电流切割时应选较粗的电极丝。表 7-1 是各种电极丝材料的特点及规格,可供选择时参考。

表 7-1　各种线电极的特点

材料	线径/mm	特　　点
纯铜	0.1～0.25	适合于精加工或切割速度要求不是很高。丝抗拉强度较低,容易断丝,但不容易卷曲
黄铜	0.1～0.30	适合于高速加工,加工面的蚀屑附着少,加工面的平直度和表面粗糙度较好
钼	0.06～0.25	抗拉强度高,一般用于快走丝机床,在进行微细窄缝加工时,也可用于慢走丝机床
钨	0.03～0.10	由于抗拉强度高,可用于各种窄缝的微细加工机自动穿丝,但价格昂贵
专用黄铜	0.05～0.35	适合于高速、高精度和理想的表面粗糙度加工,但价格高

2. 电极丝位置的调整

线切割加工之前,应确定电极丝相对于工件基准面或基准孔的起始坐标位置,其调整方法有以下几种:

(1) 目视法。对于加工要求较低的工件,在确定电极丝与工件基准间的相对位置时,可以直接利用目测或借助 2～8 倍的放大镜来进行观察。图 7-19 是利用穿丝处划出的十字基准线,分别沿划线方向观察电极丝与基准线的相对位置,根据两者的偏离情况移动床鞍,当电极丝中心分别与纵横方向基准线重合时,此时的坐标读数就确定了电极丝中心的位置。

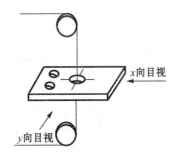

图 7-19　目视法调整电极丝位置

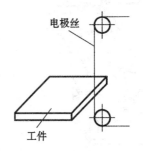

图 7-20　火花法调整电极丝位置

（2）火花法。火花法利用电极丝与工件在一定间隙时发生火花放电来确定电极的坐标位置。如图 7-20 所示,移动拖板使工件的基准面逐渐逼近电极丝,在出现火花的瞬时,记下拖板相应的坐标值,再根据放电间隙推算电极丝中心的坐标。此法简单易行,但往往因电极丝靠近基准面时产生的放电间隙,与正常切割条件下的放电间隙不完全相同而产生误差;另外电极丝运转时容易抖动并产生误差;在采用火花法调整电极丝位置时应尽可能采用较小的放电条件,使工件基准面的损伤较小。

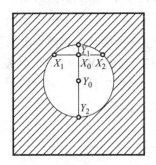

图 7-21　自动找中心法

（3）自动找中心。就是让电极丝在工件孔的中心定位。此法根据线电极与工件的短路信号来确定电极丝的中心位置。数控功能较强的线切割机床常用这种方法。如图 7-21 所示。

首先让线电极在 X 轴方向移动至与孔壁接触(使用半程移动指令 G82),则此时当前点 X 坐标为 X_1,接着线电极往反方向移动与孔壁接触,此时当前点 X 坐标为 X_2,然后系统自动计算 X 方向中点坐标 $X_0[X_0=(X_1+X_2)/2]$,并使线电极到达 X 方向中点 X_0;接着在 Y 轴方向进行上述过程,线电极到达 Y 方向中点坐标 $Y_0[Y_0=(Y_1+Y_2)/2]$。这样经过几次重复就可找到孔的中心位置,当精度达到所要求的允许值之后,就确定了孔的中心。若用此方法定位,要求工件定位孔精度一定要高,否则影响定位精度。

7.2.7　影响线切割加工工艺的主要因素

影响线切割加工工艺指标的因素很多,如机床精度、脉冲参数、工作液清洁程度、电极丝、工件材料及切割工艺路线等。

1. 脉冲参数

脉冲参数中脉冲电源的波形及参数的影响是相当大的,如矩形波脉冲电源的参数主要有电压、电流、脉冲宽度、脉冲间隔等。所以根据不同的加工对象选择合理的电参数是非常重要的。

线切割加工时,可改变的脉冲参数主要有电流峰值、脉冲宽度、脉冲间隔、空载电压和放电电流。要求获得较好的表面粗糙度时,所选用的电参数要小;若要求获得较高的切割速度,脉冲参数要选大一些,但加工电流的增大受排屑条件及电极丝截面积的限制,过大的电流易引起断丝。快速走丝线切割加工脉冲参数的选择见表 7-2,慢速走丝线切割加工脉冲参数的选择见表 7-3。

表 7-2 快速走丝线切割加工脉冲参数的选择

应 用	脉冲宽度 $t_1/\mu s$	电流峰值 I_0/A	脉冲间隔 $t_0/\mu s$	空载电压/V
快速切割或加工厚度工件 $Ra > 2.5\mu m$	20～40	大于 12	为实现稳定加工,一般选择 $t_0/t_1 = 3\sim4$ 以上	一般为 70～90
半精加工 $Ra = 1.25\sim2.5\mu m$	6～20	6～12		
精加工 $Ra < 1.25\mu m$	2～6	4.8 以下		

表 7-3 慢速走丝线切割加工脉冲参数的选择

工件材料 WC	工作液电阻率 $10\times10^4\Omega \cdot m$				
电极丝直径 $\phi0.2mm$	工作液压力 第一次切割 $1.2\times10^4 N/m^2$				
电极丝张力 12N	第二次切割 $10^5 - 2\times10^5 N/m^2$				
电极丝速度 6～10mm/s	工作液流量 上/下 5～61/min(第一次切割)				
	上/下 1～21/min(第二次切割)				

工件厚度/mm	加工条件编号	偏移量编号	电压/V	电流/A	速度/mm·min⁻¹
	1st	C423	H175	32	7.0	2.0～2.6
20	2nd	C722	H125	60	1.0	7.0～8.0
	3nd	C752	H115	65	0.5	9.0～10.0
	4th	C782	H110	60	0.3	9.0～10.0
	1st	C433	H174	32	7.2	1.5～1.8
30	2nd	C322	H124	60	1.0	6.0～7.0
	3nd	C752	H114	65	0.7	9.0～10.0
	4th	C782	H109	60	0.3	9.0～10.0
	1st	C433	H178	34	7.5	1.2～1.5
40	2nd	C723	H128	60	1.5	5.0～6.0
	3nd	C753	H113	65	1.1	9.0～10.0
	4th	C783	H108	30	0.7	9.0～10.0
	1st	C453	H178	35	7.0	0.9～1.1
50	2nd	C723	H128	58	1.5	4.0～5.0
	3nd	C753	H113	42	1.3	6.0～7.0
	4th	C783	H108	30	0.7	9.0～10.0
	1st	C463	H179	35	7.0	0.8～0.9
60	2nd	C724	H129	58	1.5	4.0～5.0
	3nd	C754	H114	42	1.3	6.0～7.0
	4th	C784	H109	30	0.7	9.0～10.0

（续表）

工件厚度/mm	加工条件编号	偏移量编号	电压/V	电流/A	速度/mm·min⁻¹
70	1st	C473	H185	33	6.8	0.6～0.8
	2nd	C724	H135	55	1.5	3.5～4.5
	3nd	C754	H115	35	1.5	4.0～5.0
	4th	C784	H110	30	1.0	7.0～8.0
80	1st	C483	H185	33	6.5	0.5～0.6
	2nd	C725	H135	55	1.5	3.5～4.5
	3nd	C755	H115	35	1.5	4.0～5.0
	4th	C785	H110	30	1.0	7.0～8.0
90	1st	C493	H185	34	6.5	0.5～0.6
	2nd	C725	H135	52	1.5	3.0～4.0
	3nd	C755	H115	30	1.5	3.5～4.5
	4th	C785	H110	30	1.5	7.0～8.0
100	1st	C493	H185	34	6.3	0.4～0.5
	2nd	C725	H135	52	1.5	3.0～4.0
	3nd	C755	H115	30	1.5	3.0～4.0
	4th	C785	H110	30	1.0	7.0～8.0

脉冲宽度增加，脉冲间隔减小，脉冲幅值增大，峰值电流增大都会使切割速度提高，但加工表面的表面粗糙度值增大，精度下降。反之，可改善表面粗糙度和提高加工精度。随着峰值电流增大、脉冲间隔减小，脉冲幅值增加，电极丝损耗也增大。加工薄工件和试切样板时，电参数应取小些，否则会使放电间隙增大；加工厚工件时，电参数应适当取大些，否则会使加工不稳定，加工质量下降。

2. 电极丝及其移动速度

线切割加工是利用电极丝与工件之间的放电来实现加工的。因此，电极丝的材料、直径、垂直度和移动速度等都会影响线切割加工的工艺指标。所以，电极丝应具有良好的导电性和抗电蚀性，抗拉强度高、材质均匀，并根据具体加工情况选择合适的材料和直径。

3. 工件材料及其厚度

工件材料较薄，工作液容易进入并充满放电间隙，对排屑和消除电离有利，灭弧条件好，加工稳定。但若工件太薄，金属丝易产生抖动，对加工精度和表面粗糙度不利，因此，加工精度和表面粗糙度均较差。

在采用快速走丝方式和乳化液介质时，通常切割加工铜、铝、淬火钢等材料比较稳定，切割速度也快。而切割不锈钢、磁钢、硬质合金等材料时，加工不太稳定，切割速度较慢。对淬火后低温回火的工件用电火花线切割加工大面积去除金属和切断时，会因材料内部残余应力发生变化而产生很大变形，影响加工精度，甚至在切割过程中造成材料突然开裂。

4. 进给速度

在数控线切割加工设备中,进给速度是由变频电路控制的。放电间隙脉冲电压幅值经分压后作为检测信号,按其大小转变为相应的频率,驱动步进电动机进给,从而控制进给速度。通过线切割机床控制台的面板开关或计算机相应的菜单键即可调整变频工作点。如果变频工作点调节不当,出现忽快忽慢的进给现象,加工电流将急剧变化,不能稳定加工,不但加工速度低,且易断丝。因此,线切割加工时,要将变频电路调节到合理的工作状态。

在电火花线切割加工中,进给速度对表面粗糙度影响较大,进给速度要接近并保持工件被蚀除的线速度,使进给均匀平稳。如果进给速度太快,超过工件蚀除速度,会出现频繁的短路现象;否则,进给速度太慢,滞后于工件的蚀除速度,极间将偏于开路,这两种情况都不利于线切割加工,影响加工的工艺指标。只有进给速度适宜,工件蚀除速度与进给速度相匹配,加工丝纹均匀,才能得到表面粗糙度值小、精度高的加工效果,生产效率也高。

5. 工作液

在线切割加工过程中,需要稳定地供给有一定绝缘性能的工作介质——工作液,以冷却电极丝和工件,排除电蚀产物等,保证火花放电持续进行。因此,工作液的种类、浓淡和清洁程度对切割速度、表面粗糙度、加工精度等加工工艺指标影响很大。常用的工作液主要有乳化液和去离子水。慢走丝机床大多采用去离子水作工作液,只有在特速加工中才采用绝缘性能较高的煤油。为了提高切割速度和切割的稳定性,在加工时还要加进有利于提高切割速度的导电液,以增加工作液的电导率。对于快速走丝线切割加工,目前最常用的是乳化液。乳化液是由乳化油和工作介质配制(浓度为 5%~10%)而成的,目前供应的乳化液有 DH-1、DH-2、DH-3 等多种,有的适合快速加工,有的适合大厚度切削,有的工作液添加化学成分来提高切削速度或防锈能力。

7.3 数控电火花线切割加工的编程

数控电火花线切割机的编程格式主要有两类:3B、4B 格式和 ISO 代码格式。3B、4B 格式是较早的线切割数控系统的编程格式,而 ISO 代码格式是国际标准代码格式。但由于 3B、4B 代码格式应用仍然比较广泛,目前生产的数控电火花线切割机一般都能够接受这两种格式的程序。

7.3.1 数控电火花线切割加工的编程基础

1. 坐标系的建立

与其他数控机床一致,数控线切割机床的坐标系符合国家标准,以右手笛卡儿坐标系为基础,参考电极丝相对于静止工件的运动方向来确定:面向机床正面,横向为 X 方向,纵向为 Y 方向。为简化计算,应尽量选取图形的对称轴线为坐标轴。同数控铣床类似,一般老版本的线切割数控系统利用程序中首行的 G92 指令建立工件坐标系,而近些年的数控系统则采用操作面板上 G54 参数设定的方法建立工件坐标系。

2. 间隙补偿量的计算

线切割加工时,控制台控制的是电极丝中心的移动。为了获得所要求的加工尺寸,电极丝与加工轮廓之间必须保持合理的距离。如图 7-22 所示,图中双点划线表示电极丝中心轨迹,实线表示零件轮廓。由于存在放电间隙,编程时首先要求出电极丝中心轨迹与图形轮廓之间的垂直距离△R 作为放电间隙补偿量,再进行加工编程,这样才能加工出合格的零件。如果机床具有补偿功能,可通过 G41、G42 指令实现间隙补偿,按照零件轮廓尺寸编程即可。

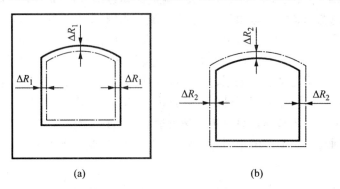

图 7-22 电极丝中心的运动轨迹

(a) 凹模电极丝中心的轨迹;(b) 凸模电极丝中心的轨迹

一般情况下,线切割加工时间隙补偿量等于电极丝半径 r 与电极丝放电间隙 δ 之和。加工模具凸、凹模时,应考虑凸、凹模之间的单边配合间隙 $Z/2$。当加工冲孔模具时,凸模尺寸由孔的尺寸确定,配合间隙 $Z/2$ 加在凹模上。所以,凸模加工的间隙补偿量为 $\Delta R = r + \delta$,凹模加工的间隙补偿量为 $\Delta R = r + \delta - Z/2$。当加工落料模具时,凹模尺寸由工件的尺寸确定,配合间隙 $Z/2$ 加在凸模上。所以,凹模加工的间隙补偿量为 $\Delta R_2 = r + \delta$,凸模加工的间隙补偿量为 $\Delta R_2 = r + \delta + Z/2$。

7.3.2 ISO 格式程序的编制

我国快走丝数控电火花切割机床常用的 ISO 代码指令,与国际上使用的标准基本一致。常用指令格式为:运动指令、坐标方式指令、坐标系指令、补偿指令、M 代码、坐标指令、其他指令。见表 7-4 和表 7-5。

表 7-4 常用 ISO 代码一览表

代码	功　能	代码	功　能	代码	功　能
G00	快速定位	G40	取消间隙补偿	G82	半程移动
G01	直线插补	G41	左边间隙补偿	G84	微弱放电找正
G02	顺时针圆弧插补	G42	右边间隙补偿	G90	绝对尺寸
G03	逆时针圆弧插补	G50	取消锥度	G91	增量尺寸
G05	X 轴镜像	G51	锥度左倾	G92	定义起点
G06	Y 轴镜像	G52	锥度右倾	M00	程序暂停
G07	X、Y 轴交换	G54	工件坐标系 1	M02	程序结束
G08	X 轴镜像、Y 轴镜像	G55	工件坐标系 2	M05	解除接触感知
G09	X 轴镜像、X、Y 轴交换	G56	工件坐标系 3	M96	调用子程序开始

（续表）

代码	功　能	代码	功　能	代码	功　能
G10	Y 轴镜像、X、Y 轴交换	G57	工件坐标系 4	M97	调用子程序结束
G11	X 轴镜像，Y 轴镜像，X、Y 轴交换	G58	工件坐标系 5	W	下导轮到工作台面高度
G12	消除镜像	G59	工件坐标系 6	H	工件厚度
		G80	接触感知	S	工作台面到上导轮高度

表 7-5　地址字母表

地　址	意　义	地　址	意　义
N、O	顺序号	C	指定加工条件号
G	准备功能	M	辅助功能
X、Y、Z、U、V	坐标轴移动指令	A	指定加工锥度
I、J	指定圆弧中心坐标	RI、RJ	图形旋转的中心坐标
T	机械设备控制	RX、RY	图形或坐标旋转的角度，角度＝arctan(RY/RX)
H	指定补偿偏移量		
P	指定调用的子程序号	RA	图形或坐标旋转的角度
L	指定子程序调用次数	R	转角 R 功能

下面介绍数控线切割加工常用的一些指令。

1. 坐标方式指令

G90 为绝对坐标指令。该指令表示程序段中的编程尺寸是按绝对坐标给定的。

G91 为增量坐标指令。该指令表示程序段中的编程尺寸是按增量坐标给定的，即坐标值均以前一个坐标作为起点来计算下一点的位置值。

2. 坐标系指令

(1) 工件坐标系设置指令 G92。用于将加工时工件坐标系原点设定在距电极丝中心现在位置一定距离处。G92 只设定程序原点，电极丝仍在原点，并不产生运动。

编程格式：G92　X_　Y_；

如图 7-23 所示，当前电极丝中心在 A 点位置，则用 G92 设定工件坐标系的程序如下：

G92　X40000　Y20000；

(2) 工件坐标系选择指令 G54～G59。通过 G54～G59，给出工件坐标系原点在机床坐标系的位置，即 G54～G59 确定了机床坐标系和工件坐标系的相互位置关系。通过操作面板，将工件坐标系原点的值输入规定的存储单元，程序通过选择相应的 G54～G59 指令激活此值，从而建立工件坐标系。

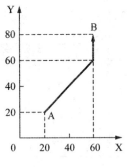

图 7-23　G00 快速定位

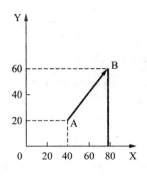

图 7-24　G01 直线插补

3. 快速定位指 G00

在线切割机床不放电的情况下,使指定的某轴快速移动到指定位置。

编程格式:G00　X_　Y_;

例如:G00　X80000　Y60000;如图 7-23 所示 A→B。

4. 直线插补指令 G01

用于线切割机床在各个坐标平面内加工任意斜率的直线轮廓和用直线逼近曲线轮廓。

编程格式:G01　X_　Y_;

例如:　　G01　X80000　Y60000;如图 7-24 所示 A→B。

5. 圆弧插补指令 G02、G03

用于线切割机床在坐标平面内加工圆弧。G02 为顺时针加工圆弧的插补指令,G03 为逆时针加工圆弧的插补指令。

编程格式:G02　X_　Y_　I_　J_;

或　　　　G03　X_　Y_　I_　J_;

其中,X、Y 表示圆弧终点坐标;I、J 表示圆心坐标,指圆心相对圆弧起点的增量值,I 是 X 方向坐标值,J 是 Y 方向坐标值。

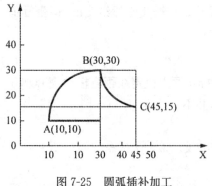

图 7-25　圆弧插补加工

如图 7-25 所示,加工程序为:

G92　X10000　Y10000;

G02　X30000　Y30000　I20000　J0;

G03　X45000　Y15000　I15000　J0;

6. 半径补偿指令(G41、G42、G40)

电极丝半径补偿功能是指电极丝在编程轨迹上进行一个间隙补偿量的偏移。

沿着电极丝加工路线来看,若电极丝在工件的左边,则为 G41 左偏置补偿指令,若电极丝在工件的右边,则为右偏置补偿指令 G42,如图 7-26 所示。取消刀具偏置补偿用 G40。

编程格式:

G41　D_；

G42　D_；

G40　；为取消间隙补偿。单独一个程序段

其中,D 表示偏移量,一般为间隙补偿量,一般数控线切割机床的偏移量 ΔR 在 0～0.5mm 之间。

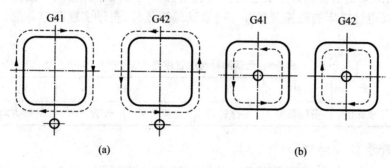

图 7-26　电极丝间隙补偿指令的正确判断

（a）凸模加工间隙补偿指令的确定；（b）凹模加工间隙补偿指令的确定

7. M 代码

M 为系统辅助功能指令,常用 M 功能指令如下：

M00——程序暂停。

M02——程序结束。

M05——接触感知解除。

M96——主程序调用子程序。

M97——主程序调用子程序结束。

8. 数控电火花线切割加工的综合应用

【例 7-1】　如图 7-27 所示,采用电极丝半径补偿加工简单的凸模正方形零件。

其程序如下：

G92　X0　Y0；

G41　D100；

G01　X5000　Y0；

G01　X5000　Y5000；

G01　X15000　Y5000；

G01　X1500　Y-5000；

G01　X5000　Y-5000；

G01　X5000　Y0；

G40；

G01　X0　Y0；

M02；

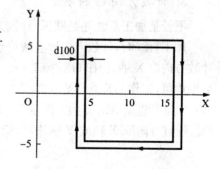

图 7-27　凸模正方形零件的线切割加工

说明:采用电极丝半径补偿切割时,进刀线和退刀线不能与程序第一条边和最后一条边重

合或平行,切多边形时应选择 45°方向或垂直进刀,如果选择平行或重合或极小角度进刀时,则容易出错。

7.3.3 3B 格式程序编制

3B 程序格式是目前我国数控快速走丝线切割机床最常用编程格式。该程序格式中无间隙补偿,但可以通过机床的数控装置和一些自动编程软件,自动实现间隙补偿。其格式如表 7-6 所示。

表 7-6 无间隙补偿的程序格式(3B 型)

B	X	B	Y	B	J	G	Z
分隔符号	X 坐标值	分隔符号	Y 坐标值	分隔符号	计数长度	计数方向	加工指令

1. 分隔符号 B

因为 X、Y、J 均为数字,用分隔符号 B 将其隔开,以免混淆。如果 B 后的数字为 0,则此 0 可以不写。

2. 坐标系和坐标值 X、Y 的确定

平面坐标系是这样规定的,面对机床操作台,工作台平面为坐标平面,左右方向为 X 轴,且右方为正;前后方向为 Y 轴,且前方为正。

坐标系的原点随程序段的不同而变化,加工直线时,以该直线的起点为坐标系的原点,X、Y 取该直线终点的坐标值。允许将 X 和 Y 的值按相同的比例放大或缩小;加工圆弧时,以该圆弧的圆心为坐标系的原点,X、Y 取该圆弧起点的坐标值。坐标值只输入绝对值,单位为 μm。

3. 计数方向 G 的确定

不管是加工直线还是圆弧,计数方向均按终点的位置来确定。具体确定的原则如下:

加工直线时,计数方向取直线终点靠近的那一坐标轴。例如,在图 7-28 中,加工直线 OA,计数方向取 X 轴,记作 GX;加工 OB,计数方向取 Y 轴,记作 GY;加工 OC,计数方向取 X 轴或 Y 轴均可,记作 GX 或 GY;加工圆弧时,终点靠近何轴,则计数方向取另一轴。例如,在图 7-29 中,加工圆弧 AB,计数方向取 X 轴,记作 GX;加工 MN,计数方向取 Y 轴,记作 GY;加工 PQ,计数方向取 X 轴或 Y 轴均可,记作 GX 或 GY。

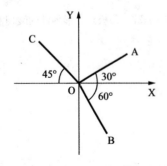

图 7-28 直线的计数方向

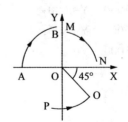

图 7-29 圆弧的计数方向

4. 计数长度 J 的确定。

计数长度是在计数方向的基础上确定的,是被加工的直线或圆弧在计数方向的坐标轴上投影的绝对值总和,单位为 μm。例如,在图 7-30 中,加工直线 OA,计数方向为 X 轴,计数长度为 OB,数值等于 A 点的 X 坐标值。在图 7-31 中,加工半径为 0.8mm 的圆弧 MN,计数方向为 X 轴,计数长度为 $800 \times 3 = 2\,400\mu m$,即 MN 中三段 90° 圆弧在 X 轴在投影的绝对值总和,而不是 $800 \times 2 = 1\,600\mu m$。

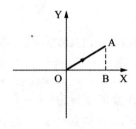

图 7-30　直线的计数长度

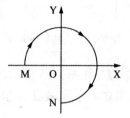

图 7-31　圆弧的计数长度

5. 加工指令 Z

加工指令 Z 是用来表达被加工图形的形状、所在象限和加工方向等信息的。控制系统根据这些指令,正确选择偏差公式,进行偏差计算,控制工作台的进给方向,从而实现机床的自动化加工。加工直线共有 4 种指令:L1、L2、L3、L4。如图 7-32 所示当直线处于第 I 象限(包括 X 轴而不包括 Y 轴)时,加工指令记作 L1;当处于第 II 象限(包括 Y 轴而不包括 X 轴)时,记作 L2,L3,L4 依此类推。加工顺圆弧时有 4 种加工指令:SR1、SR2、SR3、SR4,如图 7-33 所示。当圆弧的起点在第 I 象限(包括 Y 轴而不包括 X 轴)时,加工指令记作 SR1;当起点在第 II 象限(包括 X 轴而不包括 Y 轴)时,记作 SR2,SR3、SR4 依此类推。加工逆圆弧时也有 4 种加工指令:NR1、NR2、NR3、NR4,如图 7-34 所示。当圆弧的起点在第 I 象限(包括 X 轴而不包括 Y 轴)时,加工指令记作 NR1;当起点在第 II 象限(包括 Y 轴而不包括 X 轴)时,记作 NR2、NR3、NR4 依此类推。

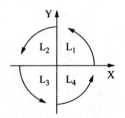

图 7-32　加工直线

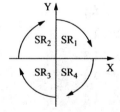

图 7-33　加工顺圆弧

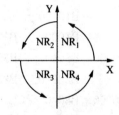

图 7-34　加工逆圆弧

3B 格式编程举例:

【例 7-2】　如图 7-35 所示,试编写直线 AB 的程序。

首先建立坐标系,把加工坐标系原点取在直线的起点 A,则线段的终点坐标为($Xe = 2\,000$,$Ye = 3\,000$)。因为 $Xe < Ye$,所以取 $G = Gy$,$J = Jy = 3\,000$。由于直线位于第 I 象限,所以取加工指令 Z 为 L1。故直线 AB 的程序为

B2000　B3000　B3000　Gy　L1 或 B2　B3　B3000　Gy　L1。

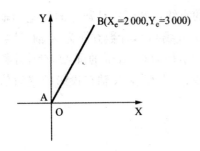

图 7-35　直线插补加工

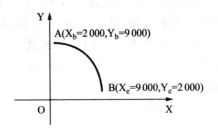

图 7-36　圆弧插补加工

【例 7-3】　如图 7-36 所示,试编写圆弧 AB 的程序。

首先建立坐标系,把工件坐标系原点取在圆心 O 点上,则 A 点的坐标为($X_b = 2\,000$,$Y_b = 9\,000$),终点的坐标($X_e = 9\,000$,$Y_e = 2\,000$)。因为 $X_e > Y_e$,所以取 $G = Gy$,$J = Jy = Y_b - Y_e = 9\,000 - 2\,000 = 7\,000$。由于圆弧起点 A 点位于第 I 象限,而且圆弧 AB 为顺圆,所以取加工指令(Z)为 SR1。

故圆弧 AB 的程序为:B2000　B9000　B7000　Gy　SR1。

【例 7-4】　如图 7-37 所示的零件,按 3B 格式编写该零件的线切割加工程序。

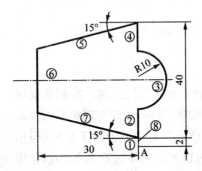

图 7-37　3B 格式编程综合应用

（1）确定加工路线:起始点为 A,加工路线按照图中所标的①→②→…→⑧段的顺序进行。①段为切入,⑧段为切出,②～⑦段为程序零件轮廓。

（2）分别计算各段曲线的坐标值。

（3）按 3B 格式编写程序,程序清单如下:

B0　　　B2000　　B2000　　GY　L2

B0　　　B10000　B10000　GY　L2

B0　　　B10000　B20000　GX　NR4

B0　　　B10000　B10000　GY　L2

B30000　B8040　　B30000　GX　L3

B0　　　B23920　B23930　GY　L4

B30000　B8040　　B30000　GX　L4

B0　　　B20000　B20000　GY　L4

【本章小结】

本章主要讲述以下内容:

（1）数控线切割电火花加工的原理、加工特点及加工适用对象。

（2）影响线切割加工工艺指标的主要因素。

（3）数控线切割加工工艺的制定过程。内容包括零件图的工艺分析、毛坯的准备、切割路线的确定、工件的装夹及位置的校正、加工参数的选择等。

（4）数控线切割加工程序的编制。内容包括数控线切割加工编程基础、ISO 格式及 3B 格式的编程规则和编程方法等。

习题与思考题

1. 电火花线切割加工的原理是什么？
2. 线切割加工工件时，电极丝和工件分别与电源的什么极相接？
3. 线切割加工中常用的电极丝有哪几种？
4. 快走丝和满走丝机床的区别是什么？
5. 线切割加工时，工件的装夹方式有哪几种？
6. 影响电火花线切割加工工艺指标的主要因素有哪些？
7. 分别用 3B 和 ISO 格式编制下列轨迹的数控线切割加工程序。

（1）图 7-38 所示的斜线段，终点 A 的坐标为 Xe＝14mm，Ye＝5mm。

（2）图 7-39 所示的圆弧，逆圆弧的起点 A，终点 B。

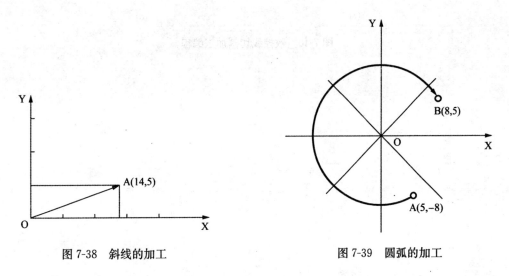

图 7-38　斜线的加工　　　　　　图 7-39　圆弧的加工

8. 利用 ISO 格式编制图 7-40 所示工件的线切割加工程序，电极丝为 φ0.2mm 的钼丝，单边放电间隙为 0.01mm。

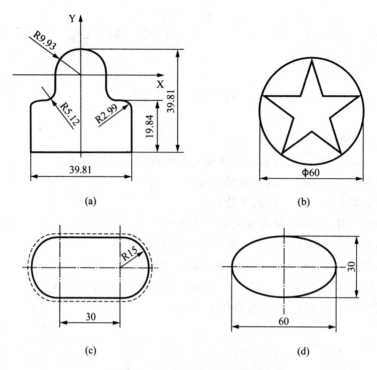

(a)

(b)

(c)

(d)

图 7-40　数控线切割加工编程

参 考 文 献

[1] 刘万菊. 数控加工工艺及编程[M]. 北京. 机械工业出版社,2006.

[2] 李银涛. 数控车床高级工操作技能鉴定[M]. 北京:化学工业出版社,2009.

[3] 苑士学,陈广兵. 轴类零件车削加工[M]. 北京:科学出版社,2011.

[4] 丛娟. 数控加工工艺与编程[M]. 北京:机械工业出版社,2007.

[5] 吴志清. 数控车床综合实训[M]. 北京:中国人民大学出版社,2010.

[6] 胡相斌. 数控加工工艺[M]. 北京:中国石化出版社,2008.

[7] 尚广庆. 数控加工工艺及编程[M]. 上海:上海交通大学出版社,2007.

[8] 田坤,聂广华,陈新亚等. 数控机床编程、操作与加工实训[M]. 北京:电子工业出版社,2008.

[9] 侯培红,石更强. 数控编程与工艺[M]. 上海:上海交通大学出版社,2008.

[10] 陈文杰. 数控加工工艺与编程[M]. 北京:机械工业出版社,2009.

[11] 陈海舟. 数控铣削加工宏程序及应用实例[M]. 北京:机械工业出版社,2007.

[12] 张德荣. 数控车床/加工中心工艺编程与加工[M]. 武汉:华中科技大学出版社,2011.

[13] 沈建峰,金玉峰. 数控编程[M]. 北京:中国电力出版社,2008.

[14] 吴明友. 数控铣床培训教程[M]. 北京:机械工业出版社,2007.

[15] 陈子银. 加工中心操作工技能实践演练[M]. 北京:国防工业出版社,2007.

[16] 阳夏冰. 数控加工工艺设计与编程(项目式)[M]. 北京:人民邮电出版社,2011.

[17] 人力资源和社会保障部教材办公室组织编写. 加工中心操作工[M]. 北京:中国劳动社会保障出版社,2010.

[18] 人力资源和社会保障部教材办公室组织编写. 数控车工[M]. 北京:中国劳动社会保障出版社,2010.

[19] 田春霞. 数控加工工艺[M]. 北京:机械工业出版社,2006.

[20] 詹华西. 零件的数控车削加工[M]. 北京:电子工业出版社,2011.

[21] 周虹. 数控机床操作工职业技能鉴定指导[M]. 北京:人民邮电出版社,2008.

[22] 熊光华. 数控机床[M]. 北京:机械工业出版社,2001.

[23] 余英良,耿在丹. 数控铣生产案例型实训教程[M]. 北京:机械工业出版社,2009.

[24] 黄晓华,徐建成. Pro/ENGINEER 机械设计与制造[M]. 北京:电子工业出版社,2010.

[25] 唐利平. 数控车削加工技术[M]. 北京:机械工业出版社,2011.

[26] 胡如祥. 数控加工编程与操作[M]. 大连:大连理工大学出版社,2006.

[27] 周晓宏. 数控加工技能综合实训(中级数控车工、数控铣工考证)[M]. 北京:机械工业出版社,2010.

[28] 赵正文. 数控铣床/加工中心加工工艺与编程[M]. 北京:中国劳动社会保障出版社,2006.

[29] 葛研军. 数控加工关键技术及应用[M]. 北京:科学出版社,2005.

[30] 余涛,张德荣. 数控车床高级工考证实习指导[M]. 大连:大连理工大学出版社,2010.

[31] 崔元刚. 数控机床技术应用[M]. 北京:北京理工大学出版社,2006.

[32] 苑士学,苏斌. 二维轮廓铣削加工[M]. 北京:科学出版社,2011.